JN033408

ルベーグ積分講義

[改訂版]

ルベーグ積分と面積0の不思議な図形たち

新井仁之

Arai Hitoshi

日本評論社

改訂版　はじめに

　ルベーグ測度，ルベーグ積分の教科書は数多く出版されており，本のスタイルも専門書レベルのものから，学習参考書のようなものまで多種多様です．そのような出版物の中で本書の持つ特色は，面積に関する素朴な疑問からルベーグ測度の思想的基盤に光をあて，ユークリッド空間の幾何的な議論を積み重ねることによりルベーグ測度・ルベーグ積分の理論をボトムアップに解説していることです．

　この方針とは対極的なものとしては，抽象的測度論・抽象的積分論を機軸にしたものがあります．こちらは必要なものを抽象化し，ある意味洗練されたスタイルを保持しながら具体例としてルベーグ測度などを扱います．抽象論はいろいろな設定に適用可能で，汎用性が高いという大きなメリットがあります．しかし，その一方で，抽象論だけでは古典的な解析学の深い世界に立ち入ることは易しくありません．抽象的な解析学は，一時期，現代解析学，あるいはソフトアナリシスと呼ばれることがありました．これに対して抽象論では解決できず，深い解析を必要とする古典的な解析学はしばしばハードアナリシスと呼ばれています．ハードアナリシスのセンスは後から身に付けることがなかなか難しく，解析学を学ぶ初期の段階で親しんでおくことが推奨されます．本書ではユークリッド空間における集合の幾何的な考察に根ざした議論を積み重ねることにより，初学者にハードアナリシスの素地を身に付けてもらうということも意図しています．これはより進んだ実解析学の学習の準備ともなります．ハードアナリシスのセンスは偏微分方程式論，調和解析などでは有用なものです．

　ところで抽象的な測度論・積分論は，古典的な理論とほとんど形式的に並行している部分も多く（そうではない重要なものも数多くありますが），本書では主に並行している部分の解説もしました．これは抽象的測度論・積分論への導入になるはずです．さらに確率論とのつながりについても触れました．

　本書の内容は大きく三つの部分に分けられます．第一の部分では筆者自身がルベーグ測度とはどのようなものかを詳しく検討した結果をもとに，ルベーグ測度の仕組みを丁寧に解説しました．また，古典的実解析の素養を学べるように，ユークリッド空間の幾何に重点をおいた理論展開をしています．特にユークリッド空間の 2 進分解を初期の段階で導入してあります．ユークリッド空間の 2 進分解は現代の調和解析でも重要な役割を果たしています．

　第二の部分ではルベーグ積分を学びます．ルベーグ積分の基本的な収束定理を学んだ後，フーリエ解析，偏微分方程式論などで使われるルベーグ積分に関する定理を多数解説しました．たとえば，積分と微分の交換定理，合成積（たたみ込み積），L^p $(1 \le p < \infty)$ に属する関数のコンパクト台をもつ C^∞ 関数による L^p 近似，C^1 級微分同相写像による変数変換の公式 etc. などを丁寧に解説してあります．

　そして最後の部分は，ルベーグ測度では解析できない図形——本書の副題にもなっている測度 0 の図形——について解説します．そしてハウスドルフ測度やフラクタル幾何の基礎に立ち入ります．また，さらにユークリッド空間の図形の解析から離れて，確率論の世界につながる道も示します．ここでは，無限次元空間における測度が登場します．

　このように本書は抽象論も見据えつつ，ユークリッド空間上の解析学に力点を置いてあります．繰り返しになりますが，本書では抽象的な数学では培うことが難しい古典的な実解析学の基本的な素地の一端も学ぶことができるでしょう．

　今回の改訂内容について，主だったものを記しておきます．まず初版の考え方とストーリーはほぼ残してあります．これについてはこの「改訂版 はじめに」の末尾に掲載してある初版の「はじめに」をご覧ください．改訂したのは主に本の後半です．まずフーリエ解析や偏微分方程式論などでよく使われる有用な事項の解説を前面に押し出すように補充しました．主なものを挙げますと，初版では付録として扱っていた次の項目を大幅に書き改め本文の中に組み入れました．また証明も（微積分・線形代数の基礎知識は仮定するものの）より self-contained なものにしました．

　1. L^p 関数の C_c^∞ 関数による L^p ノルム近似，

2. 微分同相写像によるルベーグ積分の変数変換の公式,

3. 抽象的な測度と積分.

特に抽象的な測度については，抽象的外測度からの測度の構成と確率論への応用など，確率論への橋渡しもしました．

なお本書が入門書であることを鑑みて，改訂にあたっては掛谷問題に関する専門に特化したいくつかの事項の解説を省きました．その分，上に述べたようなルベーグ積分に関する重要事項を盛り込みました．

そのほか，詳しくは述べませんが，証明を大幅に変えたところ，解説等を補充した箇所も複数あります．

【講義動画について】

最後に今回の改訂版のもう一つの大きな特徴を述べておきます．それは筆者による講義動画と連動している部分があることです．本書を理解するための補助となる解説や本書で触れなかった話題が学べます．本を読むだけでなく，実際の講義をオンデマンド講義の形で視聴することにより，本書の内容の理解の助けになると思います．本書と併せてご視聴ください．解説動画については，関連する動画のある章の章末に動画の URL を記してあります．また全体的な動画のリストは次の URL をご覧ください．

補助解説動画リスト（全体）

http://www.araiweb.matrix.jp/Lebesgue.html

なお本書に関する補足・訂正等は

http://www.araiweb.matrix.jp/LebesgueRev.html

に適宜載せていきます．

今回の改訂版の刊行について，日本評論社の佐藤大器さんにはいろいろとお世話になりましたことを感謝します．

2023 年 3 月

新井仁之

初版　はじめに（こちらもお読みください）

　直線，平面，そして空間とは何でしょうか？　数学では多くの場合，直線は実数全体のなす集合，平面は二つの実数の組 (x, y) 全体のなす集合，そして空間は三つの実数の組 (x, y, z) 全体のなす集合であると考えられています．これらはそれぞれ 1 次元実数空間，2 次元実数空間，3 次元実数空間とよばれています．直線，平面，空間をなぜ実数空間とみなすかというと，その根拠は直交座標を一つ定めると，たとえば平面の場合，点の位置が横軸の値 x と縦軸の値 y を用いて一意的に表せるという事実にあります．

　この講義の目的は，このような実数空間内の図形の長さ，面積，体積について解説することです．ここで図形というのは，実数空間内の点の集合（点集合）のことを指します．点集合には，もちろん三角形や円など古くからなじみ深い図形もありますが，しかしもっと複雑でその図を描くことすら困難なものもあります．そのような点集合の長さ，面積，体積を測るにはどのようにすればよいか，それが本講義の主題です．

　もともと実数空間内の点集合の研究は 19 世紀にドイツの数学者ゲオルグ・カントル（Georg Cantor）によって始められました．そして点集合の長さ，面積，体積はフランスのアンリ・ルベーグ（Henri Lebesgue）によって本格的に研究され，その成果は今からちょうど 100 年前の 1902 年に学位論文「積分，長さおよび面積」として発表されました．この論文でルベーグが提案した長さ，面積，体積はルベーグ測度とよばれ，今日の解析学の基礎をなしています．

　本書の前半はルベーグ測度とそれをもとに定義されたルベーグ積分の解説に当てられています．この部分を読めばルベーグ測度とは何か，ルベーグ積分とはどのようなものかが理解いただけると思います．後半は主として面積が 0 でしかも長さが無限大となるような図形の大きさを測定する方法を述べます．このような図形はしばしば「病的集合」というレッテルを貼られて数学の表舞台からは葬られていました．しかし，近年フラクタル幾何学において新たな視点から脚光を浴びるようになりました．また実解析学においては，そのような図形が原因となって 1 変数関数の実解析学のいくつかの重要な定理が多変数に一般化できないこともわかってきました．この本の後半はそのような図形の

解析について詳しく述べてあります.

　本書では「面積とは何だろうか」という基本的な問いかけからはじめ，ルベーグ測度，ハウスドルフ次元を解説し，さらに掛谷問題を通して現代解析学の最先端の話をとりあげました．その際，ルベーグ測度の思想を浮き彫りにするため，ジョルダン測度の定義をアレンジしてルベーグ測度と比較するなどいくつかの工夫も加えました．ここでのストーリーは，ルベーグ測度とルベーグ積分の意義を深く理解してもらうために筆者が考えたものです.

　ところでこの本の原稿を用いて，「第7回湘南数学セミナー——高校生のための現代数学（2001年12月）」で二日間の連続講義をしました．講義では定理の証明までは述べませんでしたが，ルベーグ測度，ハウスドルフ次元の意味を丁寧に解説し，面積0の不思議な図形たちと掛谷問題にからんだ話題を多くの動画を使って説明しました．じつはルベーグ積分を理解するためにはそれほど予備知識は必要なく，また問題意識も「図形の面積を測定するにはどうすればよいか」という素朴で単純なところにあるため，細部にこだわらなければ，高校生以下の学生でも十分理解できるテーマなのです．しかもそのテーマは現代の実解析学の最先端の話題の一端に直接的につながっています．実際本書のストーリーをもとに，京都大学における「高校生と社会人のための現代数学入門講座（2001年1月）」でも講義をしましたが，幸い湘南数学セミナーでも現代数学入門講座でもおもしろかったという感想をもらうことができました．また証明をつけた形では本書のいくつかの部分を2001年から2002年にかけて東京大学で講義しました.

　この本は大学生むけのルベーグ積分の独習書あるいは講義のテキスト，参考書として書かれていますが，このほかに数学に興味のある高校生の参考書としても利用できるのではないかと思います.

　ところで本書の原案は『数学のたのしみ』11号（1999年，日本評論社）に掲載された拙稿『測度』にあります．拙稿『測度』をもとに本を執筆するという企画は日本評論社の横山伸さんからの提案でした．それがなければ本書を書くことはなかったに違いありません．この場を借りて感謝の意を表したいと思います.

　最後になりますが本書の図版を作製し，著者校正も手伝ってくれた新井しのぶに感謝いたします．図版作製には MATLAB® と Adobe® Illustrator® を使いました．

　2002 年 11 月

新井仁之

目　次

改訂版　はじめに i

● 第 I 部　面積とは何か

第 1 章　素朴な面積の理論（ルベーグ以前）   3
　1.1　ジョルダンによる面積の定義 4
　　1.1.1　面積はどうやって測定するか？ 5
　　1.1.2　ジョルダンによる面積の定義 6
　1.2　ジョルダンの意味で面積が測定できない図形 14

第 2 章　ルベーグの意味の面積   19
　2.1　有限の世界と無限の世界 19
　2.2　ルベーグによる面積の定義 22

第 3 章　面積を測定できる図形とルベーグ測度   39
　3.1　ルベーグ測度の完全加法性 39
　3.2　どのような図形がルベーグ可測か 45
　　3.2.1　ルベーグ測度とジョルダンの意味の面積 45
　　3.2.2　単純な図形のルベーグ測度 47
　　3.2.3　閉集合のルベーグ可測性 49
　　3.2.4　開集合のルベーグ可測性 52
　　3.2.5　面積を測定できる図形の位相数学的な特徴づけ 57
　3.3　外測度が ∞ の図形のルベーグ可測性について 60

第 4 章　ルベーグ測度の代数的および幾何的性質   65
　4.1　ルベーグ可測集合族の代数と等測包 65
　4.2　ルベーグ測度の平行移動と回転不変性について 71

第 5 章 　カラテオドリによるルベーグ可測性の特徴づけ　　　　　　　　77

第 6 章 　d 次元ルベーグ測度　　　　　　　　　　　　　　　　　　　84

● 第 II 部 　ルベーグ積分

第 7 章 　ルベーグ可測関数　　　　　　　　　　　　　　　　　　　　95

　7.1 　ルベーグ可測関数の定義と性質 95

　7.2 　可測関数の単関数による近似 103

第 8 章 　ルベーグ積分　　　　　　　　　　　　　　　　　　　　　　107

　8.1 　ルベーグ積分の定義 107

　　8.1.1 　非負値可測単関数のルベーグ積分 107

　　8.1.2 　非負値可測関数に対するルベーグ積分 111

　　8.1.3 　実数値・複素数値可測関数のルベーグ積分 116

　8.2 　「ほとんどすべての点で成り立つ」という考え方 121

● 第 III 部 　ルベーグ積分の重要な定理

第 9 章 　ルベーグの収束定理　　　　　　　　　　　　　　　　　　　131

　9.1 　概収束 131

　9.2 　ルベーグの収束定理 133

　9.3 　ルベーグ積分とリーマン積分 136

　9.4 　積分と微分記号の交換について 138

第 10 章 　ルベーグ積分と L^p 空間　　　　　　　　　　　　　　　　141

　10.1 　L^p 不等式 141

　10.2 　バナッハ空間と L^p 空間 149

　　10.2.1 ルベーグ積分のどのような点が有用なのか? 152

第 11 章 　フビニの定理とその応用例　　　　　　　　　　　　　　　156

　11.1 　フビニの定理 156

　11.2 　フビニの定理の応用例 164

　　　11.2.1 分布等式 164

　　　11.2.2 ミンコフスキーの積分不等式 165

　　　11.2.3 アフィン変換による変数変換 166

　　　11.2.4 合成積 169

第 12 章　L^p 関数のコンパクト台をもつ C^∞ 級関数による近似とその応用　172

第 13 章　ルベーグ積分の変数変換の公式　180

　　13.1　微分同相写像と写像の微分 180

　　13.2　ルベーグ積分に関する変数変換の公式 183

　　13.3　補題 13.4 の証明の準備 185

　　13.4　補題 13.4 の証明 188

　　13.5　変数変換の公式の証明（近似理論を駆使） 193

● 第 IV 部　ルベーグ測度以外の測度
　　　　　- ハウスドルフ測度と抽象的測度 -

第 14 章　無視できない測度 0 の図形 —— カントル集合　199

　　14.1　カントル集合 199

　　14.2　カントルの悪魔の階段 205

　　14.3　正方形を埋め尽くすほとんどいたるところ微分可能な曲線 207

第 15 章　不思議な測度 0 の図形 —— ベシコヴィッチ集合　210

　　15.1　ベシコヴィッチ集合と実解析学 210

　　15.2　ペロンの木によるベシコヴィッチ集合の構成 213

第 16 章　ハウスドルフ測度　222

　　16.1　曲線の長さ 222

　　16.2　曲線の長さを測定できる 1 次元ハウスドルフ測度 225

　　16.3　1 次元ハウスドルフ測度では測れない曲線 236

　　16.4　s 次元ハウスドルフ外測度 238

　　16.5　$\mathbb{R}^d$ 上の s 次元ハウスドルフ外測度 243

第 17 章　ハウスドルフ次元　247

　　17.1　ハウスドルフ次元 248

x

17.2 さまざまな図形のハウスドルフ次元 250

17.2.1 カントル集合のハウスドルフ次元 250

17.2.2 平面上のカントル集合のハウスドルフ次元 256

17.2.3 コッホ曲線のハウスドルフ次元 257

17.2.4 シェルピンスキー・ガスケットのハウスドルフ次元 260

17.3 定理 17.6 の証明 261

17.4 掛谷集合と掛谷予想 266

第 18 章 抽象的な測度と積分   269

18.1 σ-集合体と抽象的測度 269

18.2 積分の定義 273

18.3 ルベーグの収束定理 275

18.4 測度を作る——抽象的外測度を使った構成 277

18.5 ホップの拡張定理と確率分布関数への応用 281

18.6 測度論的な確率論 287

付録

付録 A 実数の基本的な性質   295

A.1 数列の収束 295

A.2 上限と下限 297

付録 B 有界閉集合   300

付録 C p 進小数   304

付録 D 可算集合，非可算集合，カントルの定理   311

付録 E 図形の収束 —— ハウスドルフ収束   314

付録 F ジョルダン可測性の定義について   321

問題の解答   325

参考文献   343

索引   347

第I部

面積とは何か

第1章

素朴な面積の理論（ルベーグ以前）

私たちは日常，『長さ』，『面積』，『体積』といった言葉を何気なく使い，実際に長さ，面積，体積の計算もしています. たとえば，

> 長方形の面積は，"縦"×"横"，
> 三角形の面積は，"底辺"×"高さ"÷2,
> 円の面積は，"半径"×"半径"×π

のようにです.

図 1.1　長方形・三角形・円

しかし，そもそも長さ，面積，体積とは一体何なのでしょうか？　一般の図形に対して長さ，面積，体積はどのように定義されているのでしょうか？

この講義では，このへんの話からはじめることにします. まずは「面積」について述べ，「長さ」と「体積」については後で話すことにしたいと思います.

普段私たちは「面積」をどのような意味の言葉として使っているでしょう. 国語辞典を調べてみると次のように書かれています.

　　　　"一定の面の広さ。閉曲線で囲まれた平面・曲面などの広さを
　　表す数値。（広辞苑, 第 5 版)"[1]

　確かに，面積といわれたとき私たちに思い浮かぶものは「広さを表す数値」
です．この部屋の広さは 30 平方メートルだとか，この土地は 100 坪あるといっ
たように面積は日常的には広さを表す量として使っています．しかし，これで
面積が完全に定義されているかというと，そうでもありません．国語辞典では
「広さを表す数値」といっていますが，「広さ」とは一体何なのでしょうか？
　もう一度国語辞典をひいてみることにしましょう．広さとは,

　　　　"広いこと．また，広いか狭いかの程度．面積．（広辞苑, 第 5
　　版)"

とでています．ここで「面積」という言葉に戻ってきてしまいました．このよ
うに，日常的には，面積という言葉は大分あいまいに使われているようです．

　それでは面積（あるいは長さ，体積）は数学として厳密にはどのように定義
されているのでしょうか？　これが本講義のメインテーマです．

1.1　ジョルダンによる面積の定義

　古代よりさまざまな図形の面積を計算する研究が行われていました．しかし
一般の図形に対して面積を定義するという目的意識をもって，面積の研究が
始められたのは 19 世紀になってからのことです．そして今日面積の定義とし
て広く認められているものは，20 世紀になってフランスの数学者アンリ・ル
ベーグによって考えられました．第 I 部ではルベーグによる面積の理論を詳し
く解説していきたいと思います．

　はじめに，ルベーグ以前の 19 世紀における面積の研究がどのようなもので
あったのかを振り返っておきましょう．19 世紀に面積の一般的な理論の研究

---

[1]本講義初版出版時（2003 年）に参照した第 5 版ではこのようになっていたが，2008 年
に出版された広辞苑, 第 6 版では「一定の面の広さ。閉曲線で囲まれた平面・曲面などの広
さを表す数値。厳密には定積分により定義する。」のように追記があった．

にたずさわった数学者は何人かいます．たとえばドイツの数学者 H. ハンケル，G. カントル，またフランスでは E. ボレル，C. ジョルダンといった人達です．この中で面積に関するもっとも完成度の高い理論を考えたのはジョルダンだと思われます．ここではジョルダンによる面積の定義を紹介することにしましょう．ジョルダンの考え方は，私たちが実際に行ってきた「面積」の測定方法を素直に数学化したものといえます．

　なおこの講義では，もともとのジョルダンの定義の仕方を少し変えて，若干まわりくどいやり方で定義します．おそらくその方が面積の定義の手順がより鮮明に浮き彫りになり，ルベーグの定義との違いが明確になるからです．後で示されるように，ここでの定義とジョルダンの定義とは同値になっています（付録 F 参照）．

1.1.1　面積はどうやって測定するか？

　これから紹介するジョルダンによる面積の定義[2)]は，人々が普段面積を測定するために行ってきた行為をそのまま数学の言葉で書き表したものといえます．

　ある二つの形の異なる土地があって，この二つの土地のどちらが広いかを調べるとき，私たちはどのような方法をとってきたでしょうか？

図 **1.2**　どれが広い？

　一つの方法は，たとえば一辺の長さが 1 メートルの正方形の板をそれぞれの土地の上に敷き詰めていき，どちらが多くの枚数を敷けるかによって土地の広さを比較することでしょう．

　もし図 1.3（左の図）のように板が 10 枚敷ければ 10 平方メートル，図 1.3（中央の図）のように 12 枚敷ければ 12 平方メートルと数えます．また，図

[2)]正確にはジョルダンの方法をアレンジしたもの.

1.3 （右の図）のように 10 枚丁度は敷けないものの，9 枚と一辺の長さが 0.5 メートルの板が 1 枚敷けるときには，9.25 平方メートルと数えます．なぜ 9.5 平方メートルではなく，9.25 平方メートルとするかというと，一辺の長さ 1 メートルの正方形の中には一辺の長さが 0.5 メートルの板を 4 枚敷けるからです．つまり一辺 0.5 メートルの板は

$$1（平方メートル）\div 4 = 0.25（平方メートル）$$

とするのです．このような方法で土地の広さを数で表したものが，その**土地の面積**といわれているものです．

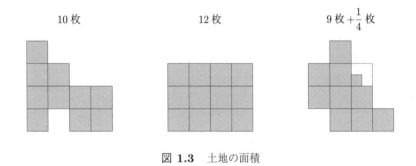

図 **1.3** 土地の面積

この考え方を一般的な図形に適用したものが，ジョルダンによる面積の定義です．

練習問題

問題 1.1 上記の考えに基づいて，一辺の長さが $1/n$ メートルの正方形の土地の面積を求めよ．ただし n は正の整数．

1.1.2 ジョルダンによる面積の定義

準備（図形に関する記号と定義)

平面上の図形に関するいくつかの約束をしておきましょう．

平面に直交座標系を一つ定めると，平面上の点 x はこの座標系を使って，二

つの実数の組 (x_1, x_2) によって表すことができます．本書では最初に座標系を一つ定め，それは固定しておくことにします．

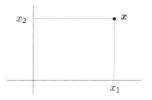

図 **1.4**　平面上の点

よく使う記号ですが，

$$\mathbb{R} = \{ \text{実数全体} \}$$

と表すことにします．また

$$\mathbb{R}^2 = \{(x_1, x_2) : x_1 \in \mathbb{R},\ x_2 \in \mathbb{R}\}$$
$$\mathbb{R}^3 = \{(x_1, x_2, x_3) : x_1 \in \mathbb{R},\ x_2 \in \mathbb{R},\ x_3 \in \mathbb{R}\}$$

とします．$\mathbb{R}$ は **1 次元実数空間**とよばれ，$\mathbb{R}^2$, $\mathbb{R}^3$ はそれぞれ **2 次元実数空間**，**3 次元実数空間**とよばれています．ところでこれまであいまいに「図形」という言葉を用いてきましたが，図形の定義もしておかねばなりません．この講義では「図形」を次のように定義します．

　定義 1.1　$\mathbb{R}^2$ 内の点の集合を $\mathbb{R}^2$ 内の**図形**あるいは**平面図形**という．同様に，$\mathbb{R}^d$ $(d = 1, 3)$ 内の点の集合を $\mathbb{R}^d$ 内の**図形**という．$\mathbb{R}^3$ 内の図形を**空間図形**という．

　たとえば

$$\{(x_1, x_2) : 0 \le x_1 \le 1,\ 1 \le x_2 \le 2\},$$
$$\{(x_1, x_2) : 0 \le x_1 \le 1,\ x_2 = 1\},$$
$$\{(x_1, x_2) : x_1^2 + x_2^2 \le 4\}$$

などは $\mathbb{R}^2$ 内の図形です．この他にたとえば

$$\{(x_1, x_2) : (x_1, x_2) = (0,0), (1,0), (1,1)\}$$

も $\mathbb{R}^2$ の点の集合なので $\mathbb{R}^2$ 内の図形の一つと考えます.

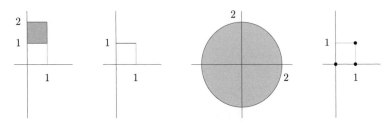

図 **1.5**　$\mathbb{R}^2$ 内の図形

　この節ではおもに 2 次元実数空間内の図形に焦点をあて，ジョルダンによる面積の理論を紹介したいと思います．ジョルダンによる面積の定義では，特に次の図形が基本的な役割を果たします.

　定義 1.2　$a, b \in \mathbb{R}, l_1, l_2 > 0$ とする.

$$\{(x_1, x_2) : a \le x_1 < a + l_1,\ b \le x_2 < b + l_2\}$$

を**基本長方形**といい[3]，$[a, a + l_1) \times [b, b + l_2)$ と表します．特に

$$l_1 = l_2 = l$$

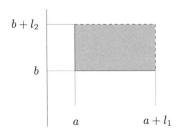

図 **1.6**　基本長方形

---

[3]すなわち各辺が座標軸に平行な長方形のことです．基本長方形というのは，座標軸と平行でない辺をもつ長方形と区別するために便宜上本書で名づけた造語で，一般的なものではありません.

であるとき**基本正方形**，あるいは**一辺が l の基本正方形**ということにします．

二つの図形 A, B に対して，

$$A \cup B = \{(x_1, x_2) : (x_1, x_2) \in A \text{ または } (x_1, x_2) \in B\}$$

とし，これを A と B の**合併**あるいは**和**といいます．また

$$A \cap B = \{(x_1, x_2) : (x_1, x_2) \in A \text{ かつ } (x_1, x_2) \in B\}$$

を A と B の**共通部分**，あるいは **交わり**といいます．

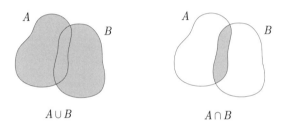

図 1.7　合併と共通部分

合併と共通部分は，一般に有限個の図形に対して次のように定義されます．

定義 1.3　$A_1, A_2, \cdots, A_n$ を n 個の図形とする．このとき，

$$\bigcup_{j=1}^{n} A_j = \{(x_1, x_2) : (x_1, x_2) \text{ は } A_1, \cdots, A_n \text{のいずれかに属する}\}$$

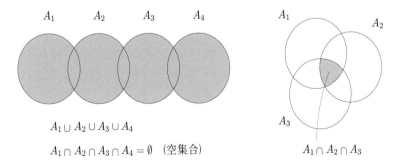

図 1.8　有限個の図形の合併と共通部分

$$\bigcap_{j=1}^{n} A_j = \{(x_1, x_2) : (x_1, x_2)\,$$はすべての$\, A_1, \cdots, A_n$に属する$\,\}$

とする.

1.1.2.1   ジョルダンによる面積

$\mathbb{R}^2$ 内の図形の面積を定めていきましょう. まず, 一辺が l の基本正方形 $Q = \{(x_1, x_2) : a \leq x_1 < a+l,\ b \leq x_2 < b+l\}$ に対して,

$$|Q| = l^2 \tag{1.1}$$

とおき, これを Q の面積ということにします.

ここで注意すべきことは, 面積の定義がすでにあって, それにあてはめると基本正方形の面積が (1.1) として求まるというのではなく, 基本正方形の面積を (1.1) によって定義するということです.

図 **1.9** Q の面積

ところで, 第 1.1.1 節で土地の面積には「平方メートル」という単位がついていました. しかしこれからはこのような単位をつけることはしません. 一般に現実の世界では, 数に単位がついていることがほとんどです. たとえば, 1 個だとか 2 匹のように, 何を数えるかによりいろいろな単位がついてきます. しかし数学では, このようなことを超越して, 数には単位をつけず 1 であるとか 2 であるというように数字だけを扱います. これと同じで, 数学では面積に対しても単位をつけることはしません.

さて基本正方形の面積をもとに, より一般の図形の面積を定めていくことにしましょう. $\mathbb{R}^2$ 内の有界な図形 A を考えます. **有界な図形**とは, 十分大きな基本正方形 Q によって A を囲うことができるような図形のこととします.

図 **1.10**　有界な図形

　いま，ある有界な図形 A が与えられているとします．この A の中に 一辺が ε の基本正方形を重なり合わないように敷きます．A が小さい図形の場合，一辺が ε の基本正方形を一つも入れることができないこともありますが，その場合については後で議論することにして，とりあえず一辺 ε の基本正方形を少なくとも一つ以上入れることができる場合を考えます．この場合，一般には一辺 ε の基本正方形を A 内に敷く敷き方はいろいろありえますが，その中でもっとも多くの枚数を敷ける敷き方を考え，そのときの一辺 ε の基本正方形の面積の総和を

$$c_\varepsilon(A)$$

とおきます．

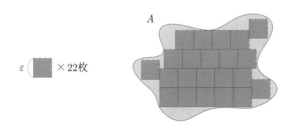

ε $\left(\begin{array}{c}\blacksquare\end{array}\right) \times 22$枚

図 **1.11**　一辺が ε の正方形を敷き詰める

　もし A の中に一枚も一辺 ε の基本正方形を入れることができない場合は，便宜上

$$c_\varepsilon(A) = 0$$

とおきます.

さて，図形 A が単純な形をしていて，ある ε に対して一辺 ε の基本正方形で隙間なく敷き詰めることができれば，$c_\varepsilon(A)$ を A の面積と考えることができます．しかし，一般には一辺 ε の基本正方形をどんなに工夫して敷き詰めても，どうしても隙間が現れてしまうことがあります（図 1.11 参照）.

そこで，そのような場合には ε よりもさらに小さな基本正方形で敷き詰めることを考えます．たとえば $\varepsilon/2$ の基本正方形で敷き詰めると，ε のときに比べてより隙間を少なくすることができます（図 1.12 参照）.

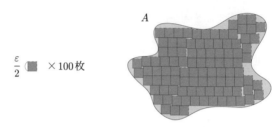

図 **1.12**　一辺が $\dfrac{\varepsilon}{2}$ の正方形を敷き詰める

このようなことから，ε としてさまざまな小さい数をとって $c_\varepsilon(A)$ を計算し，その中で隙間がもっとも少なくなるもの，いいかえれば $c_\varepsilon(A)$ がもっとも大きくなるものを考えます．正確には

$$c(A) = \sup_{\varepsilon>0} c_\varepsilon(A)$$

（ここで sup は上限を表す記号[4]）を考えれば，これが A の面積をもっとも良く近似している値になっていることが期待されます．この講義では $c(A)$ を **A のジョルダン内容量**とよぶことにします.

ところで，$c(A)$ は一見すると面積の定義としてふさわしいもののように思えますが，しかし必ずしもそうとはいえません．というのは，これによって本

---

[4]本書を通して，上限ならびに後出の下限という概念はひんぱんに使います．まだこれらについて学んだことのない人は，微積分の本ないしは本書の付録 A で予備知識をつけておいてください.

当に隙間なく面積を測定できているかどうか保証されていないからです.

そこで隙間なく面積を測定できているかどうかを知るために,ジョルダン外容量とよばれる量を使います.ジョルダン外容量は次のように定義されます.まず有限個の一辺 ε の基本正方形により A を覆います.たとえば

$$A \subset \bigcup_{j=1}^{N} Q_j, \quad Q_j は一辺 \varepsilon の基本正方形$$

とします.このとき,基本正方形は重なり合っていてもかまわないこととします.一辺 ε の基本正方形を使って A を覆う覆い方にはいろいろあり,覆い方によっては,使った一辺 ε の基本正方形の面積の総和も変わってきます.そこで,A を被覆するのに使われた一辺 ε の基本正方形の面積の総和のうち,もっとも小さい値を $C_\varepsilon(A)$ とします.さらに

$$C(A) = \inf_{\varepsilon > 0} C_\varepsilon(A)$$

(ここで inf は下限を表す記号(付録 A 参照))とおきます.これを A のジョルダン外容量ということにします.$\varepsilon, \varepsilon' > 0$ に対して

$$c_\varepsilon(A) \leq C_{\varepsilon'}(A)$$

であるので,ε' に関する下限をとれば,$c_\varepsilon(A) \leq C(A)$.したがって

$$c(A) \leq C(A)$$

が成り立つことがわかります.

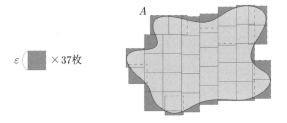

図 **1.13**　ジョルダン外容量

さて,私たちはまだ「面積」を定義していませんが,私たちが何となく持っ

ている「面積」のイメージからすると，

$$c(A) \leq \text{``}A\text{ の面積''} \leq C(A)$$

であると思うことはそれほど不自然なことではないでしょう．したがって，もしも

$$c(A) = C(A)$$

が成り立っていれば，この共通の値を A の面積と定義することは自然な定義のように思えます．またこのときには，$c(A)$ が隙間なく A の面積を測り尽くしているともいえます．

そこで次の定義をします．

定義 1.4   有界な図形 $A \subset \mathbb{R}^2$ が

$$c(A) = C(A)$$

をみたすとき，A は**ジョルダンの意味で面積が測定可能**（あるいは**ジョルダン可測**）であるといい，

$$J(A) = c(A) = C(A)$$

を A の**ジョルダンの意味の面積**という．

1.2   ジョルダンの意味で面積が測定できない図形

ジョルダンの意味で面積が測定できる図形は，たくさんあります．しかし，測定不可能な図形もかなりあります．この講義の目的はジョルダンの意味の面積の理論を改良したルベーグの理論を紹介することなので，ここではジョルダンの意味で面積が測定できない図形の例を二つほどあげることにします．一つはぎっしり詰まっているようでスカスカの集合です．

例 1.5 $\mathbb{Q}$ を有理数全体のなす集合とし，

$$A = \{(x_1, x_2) : x_1, x_2 \in \mathbb{Q}, \, 0 \leq x_i < 1 \,(i = 1, 2)\}$$

とおく．このとき，A はジョルダンの意味で面積の測定できない図形である．

証明 まず，A の中にはどのように小さな空でない基本正方形も入れられないことに注意してください．なぜならどのような基本正方形

$$[a, a+l) \times [b, b+l)$$

も必ず無理点を含んでしまうからです．したがって，$c(A) = 0$ です．

一方，A を覆う基本正方形として $I = [0,1) \times [0,1)$ が考えられますが，これより小さな正方形では A は覆えません．また複数の基本正方形の合併によって $A \subset \bigcup_{j=1}^{n} I_j$ となるようにすると $I \subset \bigcup_{j=1}^{n} I_j$ となるので，容易に

$$|I| \leq \sum_{j=1}^{n} |I_j|$$

となることがわかります．したがって，$C(A) = |I| = 1$ が成り立ち，

$$0 = c(A) < C(A) = 1$$

となってしまいます．よって A はジョルダンの意味で面積が測定可能ではありません．■

もう一つジョルダンの意味で面積の測定できない図形を紹介しておきたいと思います．2 次元ハルナック集合とよばれる図形です．これは次のような幾何的な操作を繰り返して得られるものです．まず

$$H_0 = [0,1] \times [0,1]$$

とおきます．次に H_0 から図 1.14 のように幅 4^{-1} の十字の帯を抜き取り，残ったものを H_1 とおきます．ここで用語を一つ定めておきましょう．これから先

$$[a, a+l] \times [b, b+l]$$

の形の図形を基本閉正方形とよぶことにします．

H_1 は一辺が $(1 - 1/4)/2 = 3/8$ の 4 個の基本閉正方形からできています．さらに H_1 を構成する各小正方形から図のように幅 4^{-2} の十字の帯を抜き取

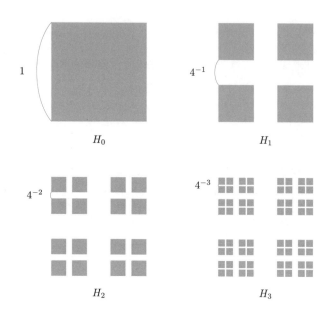

H_0　　　　　　　H_1

H_2　　　　　　　H_3

図 **1.14**　ハルナック集合

り，残ったものを H_2 とおきます．H_2 は一辺の長さ $(1 - 1/4 - 2/4^2)/2^2$ の 4^2 個の基本閉正方形からなっています．さらにこの小正方形から幅 4^{-3} の十字の帯を抜き取った図形を H_3 とおきます．H_3 は一辺の長さ $(1 - 1/4 - 2/4^2 - 2^2/4^3)/2^3$ の 4^3 個の基本閉正方形からなっています．このような操作を続け，$H_1, H_2, H_3, H_4, \cdots$ と作り続けていきます．

そして最後に

$$H = \bigcap_{n=0}^{\infty} H_n \tag{1.2}$$

とおきます．ただしここで，$\bigcap_{n=0}^{\infty} H_n$ はすべての H_n に含まれているような点の集合，すなわち

$$\bigcap_{n=0}^{\infty} H_n = \{x : \text{すべての } n \text{ に対して } x \in H_n\}$$

とします．これを **2 次元ハルナック集合**といいます．

例 1.6　　(1.2) で定義した H はジョルダンの意味で面積が測定できない.

証明　　まず各 H_n は一辺

$$\left(1 - \frac{1}{4} - \frac{2}{4^2} - \frac{2^2}{4^3} - \cdots - \frac{2^{n-1}}{4^n}\right) \frac{1}{2^n}$$

の基本正方形 4^n 個を含んでいます.

$$
\left(1 - \frac{1}{4} - \frac{2}{4^2} - \frac{2^2}{4^3} - \cdots - \frac{2^{n-1}}{4^n}\right) \frac{1}{2^n}
$$
$$
= \left\{1 - \frac{1}{4}\left(1 + \frac{1}{2} + \left(\frac{1}{2}\right)^2 + \cdots + \left(\frac{1}{2}\right)^{n-1}\right)\right\} \frac{1}{2^n}
$$
$$
= \frac{1}{2^{n+1}}\left(1 + \left(\frac{1}{2}\right)^n\right)
$$

より, H_n のジョルダンの意味での面積は

$$C(H_n) \geq \left\{\frac{1}{2^{n+1}}\left(1 + \left(\frac{1}{2}\right)^n\right)\right\}^2 \times 4^n = \frac{1}{4}\left(1 + \left(\frac{1}{2}\right)^n\right)^2$$

です. したがって

$$C(H_n) \geq \frac{1}{4}\left(1 + \left(\frac{1}{2}\right)^n\right)^2$$

です. 後で証明する定理等から

$$C(H) \geq \lim_{n\to\infty} C(H_n) = \frac{1}{4}$$

となることがわかります (注意 1.1 参照). ところが, H はどのような小さな正方形も含み得ないので, $c(H) = 0$ となります. よって H はジョルダンの意味で面積が測定できない図形であることがわかります. ∎

注意 1.1　　たとえば後述の定理 3.5 および例 4.6 の証明よりを用いると,

$$C(H) \geq m(H) = \frac{1}{4}$$

が示せます.

【補助動画案内】

http://www.araiweb.matrix.jp/Lebesgue2/
LebesgueMeasure.html

イメージがわかるルベーグ測度入門（ルベーグ測度の意味徹底解剖)

　本章から第 4 章まで，ルベーグ積分の意味を徹底解剖してあります．概略
を知りたい方は上記の動画をご覧いただくとよいでしょう．また復習として視
聴することも可能です.

第 2 章

ルベーグの意味の面積

　前章で紹介したジョルダンによる面積の定義は，すべての図形に対して面積を定義できたわけではありませんが，ごく自然な発想に基づくものだったといえましょう．ルベーグはジョルダンの考え方をさらに改良して，より多くの図形に対して面積を定義できるようにしました．一体どのようにジョルダンの定義を変えたのでしょうか？ 本章ではルベーグの方法によって定義された面積とはどのようなものかを述べたいと思います．

2.1　有限の世界と無限の世界

　まず前章で述べたジョルダンの意味の面積の定義が，おおよそどのような発想に基づいたかを簡単に振り返っておきましょう．複雑な図形 $A \subset \mathbb{R}^2$ が与えられたとします．この面積を測定するため，まず A に細かい砂粒（ただしそれは正方形をしているものとします）を敷き詰めます．次にそれを全部回収して今度は底辺が a の長方形の図形に敷き詰め直します．そして砂粒が高さ b のところまで敷き詰められたとき，A の面積を ab とするのです．

　ところで，立体図形の場合の話になってしまいますが，たとえば複雑な形をした壺があったとき，この壺の容積をどのようにして量るでしょうか？ おそらく砂粒を壺の中に入れて測定する人はあまりいないでしょう．多くの人は，砂粒ではなく水を使うと思います．実際，この方が砂粒で測るよりも誤差が少なくなります．しかしながら，これまで述べてきたことからわかるようにジョ

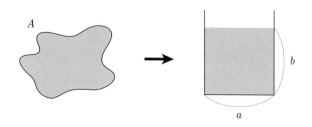

図 **2.1**　砂粒を敷き詰める

ルダンの方法は砂粒を使った測定方法であるといえます．これに対して，これから紹介するルベーグの方法は水を使った方法にかなり近いものになっているのです．ここで近いと断わっているのは，じつは水のような連続体を用いて面積を測定する理論は現在のところできておらず，正確にはルベーグのアイデアは砂粒よりは細かいが，連続体よりは粗いもので面積を測定するというものだからです．それでもルベーグの方法はジョルダンのものに比べて面積の研究に革新的な進歩をもたらしました．

　ルベーグのアイデアをもう少し詳しく説明しておきましょう．そのため，くどいようですがジョルダンの意味の面積の考え方を今度はもう少し別の視点から見直しておきます．

　架空の話ですが，「ε の世界」という世界があるとします．この世界では，人々は一辺が $\varepsilon > 0$ の正方形より小さい図形を作ることはできません．「ε の世界」の図形は一辺が ε の正方形を最小の構成単位として作られているのです．

図 **2.2**　ε の世界——これ以上小さい図形は作れない

　この「ε の世界」に私たちが考えた複雑な図形 A をもっていって面積を測定してもらいます．すると「ε の世界」の人達は一辺が ε の正方形を使って A

の面積を測定しようとします. しかし, どうしても測定した面積には誤差がでてきてしまいます.

そこで, 次に一辺 $\varepsilon/2$ の正方形を作れる「$\varepsilon/2$ の世界」を訪ね, そこで A の面積を測定してもらいます. ここでは一辺 $\varepsilon/2$ の正方形を使って面積を測るので, 「ε の世界」での測定値よりは測定誤差が小さくなりますが, やはり測定誤差がでてきてしまいます.

さらに, さまざまな「ε の世界」を訪ねて, 図形 A の面積を測定してもらいます. そして, その中でもっとも良い測定値を A の面積とします. これが大雑把にいってジョルダン流の面積の測定方法です.

これに対して, ルベーグはいきなりどんな小さな正方形でも作れる「無限の世界」を訪れます.

図 **2.3** 無限の世界—任意の大きさの正方形を作れる

この世界では, 様々な大きさの正方形を無限個使って面積を測ることができます. つまり, 無限個の正方形を使って A を覆ったりすることができるのです.「無限の世界」の住人は, 無限枚のいくらでも小さな正方形のタイルを並べることができるのですから, とんでもない超能力をもっているといえなくもありません.

しかし, ともかくこういう「無限の世界」を想定して, その世界での面積の測定に基づいて面積を定義するというのが, ルベーグのだいたいのアイデアです.（じつはこれ以外にももう一つアイデアがあるのですが, それについては次節で触れることにします.）

以上述べたことを, 数学的に記述したものがルベーグによる面積の定義です.

2.2　ルベーグによる面積の定義

まず「ルベーグ外測度」というものを定義します．これは発想としてはほぼジョルダン外容量の定義に相当するものです．

さてその際，有界とは限らない図形の面積を考えることもあり，有界でない図形によってはその面積を $+\infty$ と考えなくてはならないこともあります．そのため，実数に $+\infty$, $-\infty$ という記号を付加した広義の実数を使うことにします．広義の実数全体のなす集合を $\mathbb{R}^*$ とおきます．広義の実数には実数の通常の演算の他に次のような演算規則が定められています．

a を実数とするとき，

$$(\pm\infty) + a = a + (\pm\infty) = \pm\infty$$
$$(\pm\infty) \cdot a = a \cdot (\pm\infty) = \pm\infty \ (a > 0)$$
$$(\pm\infty) \cdot a = a \cdot (\pm\infty) = \mp\infty \ (a < 0)$$
$$(\pm\infty) \cdot 0 = 0 \cdot (\pm\infty) = 0$$
$$(\pm\infty) + (\pm\infty) = \pm\infty$$
$$(\pm\infty) - (\mp\infty) = \pm\infty$$
$$(\pm\infty) \cdot (\pm\infty) = +\infty$$
$$(\pm\infty) \cdot (\mp\infty) = -\infty \ (\text{以上複号同順})$$
$$|+\infty| = |-\infty| = +\infty$$

ただし，$(+\infty) - (+\infty)$, $(-\infty) - (-\infty)$ は定義しません．また次のように順序も定めておきます．$a \in \mathbb{R}$ に対して

$$a < +\infty, \quad -\infty < a.$$

次のことを規約として定めておきます．集合 $A \subset \mathbb{R}^*$ が上に有界であるとは，ある $a \in \mathbb{R}$ で，任意の $x \in A$ に対して $x \leq a$ となるものが存在することとします．また，集合 $A \subset \mathbb{R}^*$ が下に有界であるとは，ある $a \in \mathbb{R}$ で，任意の $x \in A$ に対して $a \leq x$ となるものが存在することとします．上に有界かつ下に有界な集合を有界であるといいます．集合 $A \subset \mathbb{R}$ が上に有界（あるいは下に有界）であるための必要十分条件は，実数の性質から $\sup A \in \mathbb{R}$（あるい

は $\inf A \in \mathbb{R}$）が存在することです（付録 A　定理 A.5, A.7 と上限，下限の定義参照）．$A \subset \mathbb{R}^*$ に対して，A が上に有界でないときは，

$$\sup A = +\infty,$$

下に有界でないときは

$$\inf A = -\infty$$

と定義します．また $\sup\{-\infty\} = -\infty$, $\inf\{+\infty\} = +\infty$ とします．

さて広義の実数列 $\{a_n\}_{n=1}^{\infty}$ についても，実数列のときと同様に

$$\limsup_{n\to\infty} a_n = \inf_{n\geq 1}\left(\sup_{k\geq n} a_k\right), \quad \liminf_{n\to\infty} a_n = \sup_{n\geq 1}\left(\inf_{k\geq n} a_k\right)$$

とします．そして $\limsup\limits_{n\to\infty} a_n = \liminf\limits_{n\to\infty} a_n \in \mathbb{R}^*$ のとき，

$$\lim_{n\to\infty} a_n = \limsup_{n\to\infty} a_n \left(= \liminf_{n\to\infty} a_n\right)$$

と定めます．すると，もしどのように正の実数 M をとってきても，必ずある番号 N 以上のすべての番号 n に対して $a_n \geq M$ となるとき，すなわち任意の正の実数 M に対して，ある自然数 N が存在し $n \geq N$ なる任意の n に対して $a_n \geq M$ となるとき

$$\lim_{n\to\infty} a_n = +\infty$$

となります．このことを $a_n \to +\infty$ $(n \to \infty)$ とも表します．またどのように正の実数 M をとってきても，必ずある番号 N 以上の番号 n に対して $a_n \leq -M$ となるとき，

$$\lim_{n\to\infty} a_n = -\infty$$

となります．これを $a_n \to -\infty$ $(n \to \infty)$ とも表します．なお以下では

$$[-\infty, +\infty] = \mathbb{R} \cup \{+\infty, -\infty\}, \quad [a, +\infty] = \{x \in \mathbb{R} : x \geq a\} \cup \{+\infty\}$$

とおきます．記号を簡略化するため，しばしば $+\infty$ を単に ∞ と表します．

ルベーグ外測度の定義をします．以下，本書では**空集合** $\varnothing$ **も一つの基本正方形**と考え，$|\varnothing| = 0$ と定めておきます．

定義 2.1　$A \subset \mathbb{R}^2$ に対して

$$m^*(A) = \inf \left\{ \sum_{j=1}^{\infty} |Q_j| : \begin{array}{c} Q_j \ (j = 1, 2, \cdots) \text{ は基本正方形で,} \\ A \subset \bigcup_{j=1}^{\infty} Q_j \end{array} \right\}$$

とおき，$m^*(A)$ を A の**ルベーグ外測度**という[1]．

次にジョルダン内容量の考え方を変更して「ルベーグ内測度」を定義します．変更点を述べる前に，ジョルダンの意味で面積の測定ができなかった図形の例，例 1.5，例 1.6 を思い出してみましょう．これらはジョルダン外容量が正の値を持つにもかかわらず，どのような空でない基本正方形も図形の中に入れることができず，ジョルダン内容量は 0 となってしまうのでした．

そこで，ジョルダン内容量を定めるための図形を基本正方形ではなく，もっと複雑な形も許容するようなものを用いることにします．基本正方形の代わりに有界閉集合とよばれるものを使います．まず閉集合と有界閉集合の定義および例を述べておきましょう．

── 閉集合，有界閉集合の定義と例 ──

二点 $x = (x_1, x_2), y = (y_1, y_2) \in \mathbb{R}^2$ に対して，x と y の距離を

$$d(x, y) = \sqrt{(x_1 - y_1)^2 + (x_2 - y_2)^2}$$

と定義します．

$A \subset \mathbb{R}^2$ が**閉集合**とは，A に含まれる点列 $x^{(n)} \ (n = 1, 2, \cdots)$ がある点 x に収束した場合，すなわち

$$\lim_{n \to \infty} d(x^{(n)}, x) = 0$$

---

[1]一般には $m^*(A) < \infty$ とは限らず，$m^*(A) = \infty$ のこともあります．$\bigcup_{j=1}^{\infty} Q_j$ はいずれかの Q_j に属する点全体のなす集合（問題 3.2 参照）．

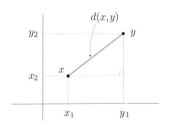

図 **2.4** x と y の距離

となる場合，必ずその収束先 x が $x \in A$ となるような図形のことです．なお空集合も閉集合とします．特に閉集合で有界なものを**有界閉集合**といいます．

定義を述べただけでは閉集合がどのような図形であるのかわかりにくいと思うので，閉集合の例と閉集合ではない例をあげて比較したいと思います．

例 2.2 $\overline{Q} = [a_1, a_1 + l_1] \times [a_2, a_2 + l_2]$ は閉集合である．（このような図形を**基本閉長方形**といい，特に $l_1 = l_2$ の場合は**基本閉正方形**ということにする．）

証明 $x^{(n)} = (x_1^{(n)}, x_2^{(n)}) \in \overline{Q}$ が，ある $x = (x_1, x_2)$ に対して

$$d(x^{(n)}, x) \to 0 \quad (n \to \infty)$$

となっているとします．このとき，$a_1 \leq x_1^{(n)} \leq a_1 + l_1$ であり，

$$|x_1^{(n)} - x_1| \leq d(x^{(n)}, x) \to 0 \quad (n \to \infty)$$

ですから，$a_1 \leq x_1 \leq a_1 + l_1$ が成り立ちます．同様にして $a_2 \leq x_2 \leq a_2 + l_2$ です．したがって，$x \in \overline{Q}$ となります．ゆえに $\overline{Q}$ は閉集合です．■

例 2.3 $Q = [0, 1) \times [0, 1)$ は閉集合ではない．

証明 たとえば $x^{(n)} = (0, 1 - 1/n)$, $x = (0, 1)$ とすると，$d(x^{(n)}, x) \to 0$ $(n \to \infty)$ ですが，$x \notin Q$ です．■

ここであげた閉集合とそうでない例の大きな違いは何でしょうか．それは，

$\overline{Q}$ は Q の境界線を含んでいるのに対して，Q は境界線をすべては含んでいないという点です.

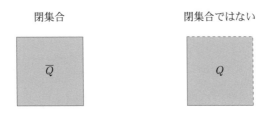

図 **2.5**　閉集合の例

少し大雑把ないい方ですが，図 2.6 のような場合，境界を含む図形は閉集合であり，境界を必ずしも含んでいないような図形は閉集合にはなっていません.

図 **2.6**　閉集合の例

もう少し違ったタイプの閉集合もあるので，それも紹介しておきましょう.

例 2.4　有限個の点からなる集合 $A = \left\{ x^{(1)}, \cdots, x^{(n)} \right\}$ は閉集合である.

例 2.5　無限個の点の集合 $A = \left\{ x^{(n)} : n = 1, 2, \cdots \right\}$ は，もしある正数 δ が存在し，$d(x^{(i)}, x^{(j)}) \geq \delta \ (i \neq j)$ となっているならば，閉集合である. しかし，たとえば

$$B = \left\{ \left(\frac{1}{n}, 0 \right) : n = 1, 2, \cdots \right\} \quad (\text{図 2.7})$$

は閉集合ではない.

証明　もし $y^{(k)} \in A = \left\{ x^{(n)} : n = 1, 2, \cdots \right\}$, $y \in \mathbb{R}^2$ で，$d(y^{(k)}, y) \to 0$

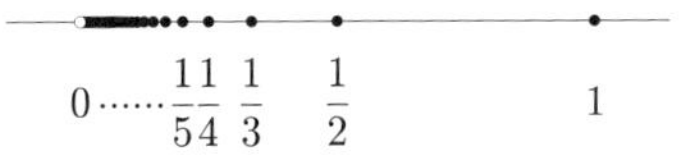

$$0 \cdots\cdots \frac{1}{54} \ \frac{1}{3} \quad \frac{1}{2} \qquad\qquad 1$$

図 **2.7**　閉集合でない例

$(k \to \infty)$ であるとします．このとき，ある N が存在し，$k \geq N$ であれば

$$\left| y^{(k)} - y \right| < \frac{\delta}{2}$$

が成り立ちます．したがって，$k, l \geq N$ ならば

$$\left| y^{(k)} - y^{(l)} \right| \leq \left| y^{(k)} - y \right| + \left| y - y^{(l)} \right| < \delta$$

となりますから，定義より $y^{(k)} = y^{(l)} \ (k, l \geq N)$ でなければなりません．したがって，$y = y^{(N)} \in A$ となります．

一方 $z^{(n)} = \left(\dfrac{1}{n}, 0 \right) \in B$ で，$d(z^{(n)}, (0,0)) \to 0 \ (n \to \infty)$ ですが，$(0,0) \notin B$ です．■

例 2.6　$x_1(t), x_2(t)$ を $[0,1]$ 上の連続な実数値関数とする．このとき

$$\Gamma = \{(x_1(t), x_2(t)) : t \in [0,1]\}$$

は閉集合である．（これは連続な曲線の軌跡を表している．図 2.8 参照．）

証明　$x^{(n)} \in \Gamma$, $x \in \mathbb{R}^2$, $d(x^{(n)}, x) \to 0 \ (n \to \infty)$ とします．$x^{(n)} = (x_1(t_n), x_2(t_n))$ とすると，$t_n \in [0,1]$ ですから，$\{t_n\}_{n=1}^{\infty}$ は有界数列です．有界数列はある収束部分列を含んでいるので（定理 B.2），$\{t_n\}_{n=1}^{\infty}$ のある部分

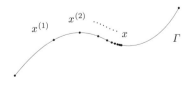

図 **2.8**　閉集合の例

列 $\{t_{n(j)}\}_{j=1}^{\infty}$ とある $t \in [0,1]$ が存在し，$t_{n(j)} \to t \ (j \to \infty)$ となっています．$x_i \ (i = 1, 2)$ は連続関数なので，$x_i(t_{n(j)}) \to x_i(t) \ (j \to \infty)$ が成り立ちます．また明らかに $d(x^{(n(j))}, x) \to 0 \ (n(j) \to \infty)$ なので，$x = (x_1(t), x_2(t)) \in \Gamma$ となることがわかります．■

さて，閉集合を用いてルベーグ内測度を定義しましょう．

定義 2.7　$A \subset \mathbb{R}^2$ に対して，

$$m_*(A) = \sup \{m^*(K) : K \text{ は有界閉集合で，} \ K \subset A\}$$

を A の**ルベーグ内測度**という（注：ルベーグによる元の定義とは異なる）．

なぜ基本正方形でなく，有界閉集合を採用するのでしょうか．その理由として二つのことがあげられます．一つはジョルダン内容量の定義の仕方から生じた不都合を取り除くためです．ジョルダン内容量の場合は基本正方形を測りたい図形の内側から埋めていったのですが，基本正方形をまったく含まないような薄い図形に対しては内容量が測れず不都合が生じました．しかし，有界閉集合としては基本閉正方形だけでなく，たとえば例 2.4, 2.5 にあげたような点の集まりで閉集合をなすもの，また例 2.6 のような連続曲線の軌跡といった非常に薄い図形も考えることができます．したがって，ジョルダンの方法では測定できなかった薄い図形の面積も測ることができるのです．第二の理由は有界閉集合がいくつかの良い性質をもっていることにあります．ここではそのうちの一つを紹介しておきましょう．証明はたいていの位相数学の教科書に出ているので省略します（たとえば [13]，p.162 参照）．

定理 2.8　$K \subset \mathbb{R}^2$ を有界閉集合とし，

$$Q_i^o = (a_i, a_i + l_i) \times (b_i, b_i + l_i) \quad (i = 1, 2, \cdots)$$

が $K \subset \bigcup_{i=1}^{\infty} Q_i^o$ をみたしているとする．このとき，$\{Q_i^o\}_{i=1}^{\infty}$ の中から有限個の $Q_{i(n)}^o \ (n = 1, \cdots, N)$ を選んで

$$K \subset \bigcup_{n=1}^{N} Q_{i(n)}^{o}$$

とすることができる[2].

さてまず $m_*(A) \leq m^*(A)$ となることを証明しましょう. そのため次の補題が成り立つことに注意しておきます.

補題 2.9 $A \subset B \subset \mathbb{R}^2$ であるならば

$$m^*(A) \leq m^*(B) \tag{2.1}$$

$$m_*(A) \leq m_*(B) \tag{2.2}$$

である.

証明 もしも $B \subset \bigcup_{j=1}^{\infty} Q_j$ (Q_j は基本正方形) ならば $A \subset \bigcup_{j=1}^{\infty} Q_j$ ですから

$$m^*(A) \leq \sum_{j=1}^{\infty} |Q_j|$$

となります. この不等式が $B \subset \bigcup_{j=1}^{\infty} Q_j$ をみたす任意の基本正方形 Q_j に対して成り立っているので,（2.1）がわかります. 一方, $K \subset A$ をみたす任意の有界閉集合に対して, $K \subset B$ なので, m_* の定義より $m^*(K) \leq m_*(B)$ です. これが $K \subset A$ なる任意の有界閉集合に対して成り立っているので,（2.2）が得られます. ∎

この補題の（2.1）より, K が有界閉集合で, $K \subset A$ ならばいつでも $m^*(K) \leq m^*(A)$ が成り立っています. ルベーグ内測度の定義から $m_*(A)$ はこのような $m^*(K)$ の上限ですから

$$m_*(A) \leq m^*(A) \tag{2.3}$$

となっています.

---

[2] 定理 2.8 はもう少し一般的な形で成り立っている. 付録の定理 B.4 参照.

ルベーグ外測度，ルベーグ内測度の定義から私達が漠然と理解している "面積" とは

$$m_*(A) \leq \text{"A の面積"} \leq m^*(A)$$

の関係があると思われます．そこで次のような定義をします．

定義 2.10　$A \subset \mathbb{R}^2$ とする．$m^*(A) < \infty$ の場合，A が

$$m_*(A) = m^*(A)$$

をみたすとき，A は**ルベーグの意味で面積測定可能な集合**あるいは**ルベーグ可測集合**あるいは**ルベーグ可測**であるといい，その共通の値を

$$m(A) = m_*(A) \ (= m^*(A))$$

とおき，A の**ルベーグ測度**という．

　$m^*(A) = \infty$ の場合にもルベーグ可測性が定義できますが，それについては第 3 章 3 節でまとめて述べることにして，しばらくは外測度が有限な図形について考察することにします．

　どのような図形がルベーグ可測であるかは，次章で詳しく学びます．たとえばジョルダンの意味で面積測定可能ならばルベーグ可測で，ジョルダンの意味の面積とルベーグ測度が一致することが証明できます（系 3.6 参照）．ここでは，理論の展開上基本的な役割りを果たすルベーグ可測集合の例をいくつか述べておきましょう．

　命題 2.11　(1)　有界閉集合はルベーグ可測である．
　(2)　$m^*(A) = 0$ であれば A はルベーグ可測である．（このような図形 A を**面積 0 の図形**，あるいは**零集合**という．）

　証明　(1)　K を有界閉集合とするとルベーグ内測度の定義より $m^*(K) \leq m_*(K)$ がわかります．また (2.3) より $m_*(K) \leq m^*(K)$ は明らかに成り立っています．ゆえに K はルベーグ可測です．
　(2)　(2.3) より

$$0 \leq m_*(A) \leq m^*(A) = 0$$

が成り立っています. ∎

この命題から, ジョルダンの方法で面積が測定できなかった例 1.5 が, ルベーグ可測になっていることがわかります.

例 2.12

$$\mathbb{Q}^2 = \{(r_1, r_2) : r_1, r_2 \text{ は有理数}\}$$

は零集合であり, したがってルベーグ可測である.

証明 $\mathbb{Q}^2$ は可算集合であるから (付録 D, 定理 D.2), $\mathbb{Q}^2 = \{r^{(n)}\}_{n=1}^{\infty}$ と $\mathbb{Q}^2$ の元を番号付けられます. 任意の正数 ε をとり,

$$Q_n = \left[r_1^{(n)} - \frac{\varepsilon}{2^{n+1}}, r_1^{(n)} + \frac{\varepsilon}{2^{n+1}} \right) \times \left[r_2^{(n)} - \frac{\varepsilon}{2^{n+1}}, r_2^{(n)} + \frac{\varepsilon}{2^{n+1}} \right)$$

とします. このとき, 明らかに $\mathbb{Q}^2 \subset \bigcup_{n=1}^{\infty} Q_n$ であり, しかも

$$\sum_{n=1}^{\infty} |Q_n| \leq \sum_{n=1}^{\infty} \left(\frac{\varepsilon}{2^n} \right)^2 = \varepsilon^2 \sum_{n=1}^{\infty} \left(\frac{1}{4} \right)^n = \frac{\varepsilon^2}{3} < \varepsilon^2$$

ですから, $m^*\left(\mathbb{Q}^2\right) < \varepsilon^2$ となりますが, ε は任意の正数であったので, $m^*\left(\mathbb{Q}^2\right) = 0$ となります. ∎

このほか, 次のような図形も零集合になっています.

命題 2.13 C^1 級の曲線 $\boldsymbol{x}(t) = (x_1(t), x_2(t))$ $(t \in [0,1])$ の軌跡

$$\Gamma = \{\boldsymbol{x}(t) : t \in [0,1]\}$$

は零集合である.

証明 C^1 級であることより, $x_j(t)$ $(j = 1, 2)$ の導関数 $x_j'(t)$ は $[0,1]$ で連続となり, したがって $\sup_{t \in [0,1]} |x_j'(t)| < \infty$ が成り立っています. $C =$

$$\max_{j=1,2} \left(\sup_{t\in[0,1]} \left| x_j'(t) \right| \right) \text{ とおくと, 平均値の定理から}$$

$$|x_j(t) - x_j(s)| \le C|t - s| \quad (t, s \in [0,1]) \tag{2.4}$$

が得られます. $[0,1]$ を N 等分した分点を

$$0 = t_0 < t_1 < \cdots < t_N = 1$$

と表します. そして, $\Delta(n) = [t_{n-1}, t_n]$,

$$a_n = \min_{t\in\Delta(n)} x_1(t), \quad b_n = \max_{t\in\Delta(n)} x_1(t)$$

$$c_n = \min_{t\in\Delta(n)} x_2(t), \quad d_n = \max_{t\in\Delta(n)} x_2(t)$$

とおき, $l = \max\{b_n - a_n, d_n - c_n\}$ とおきます. $Q_n = [a_n, a_n + 2l) \times [c_n, c_n + 2l)$ とします. このとき, $\Gamma \subset \bigcup_{n=1}^{N} Q_n$ です. また (2.4) より

$$|a_n - b_n| \le CN^{-1}, \quad |c_n - d_n| \le CN^{-1}$$

となりますから, $|Q_n| \le 4C^2 N^{-2}$ です. したがって

$$m^*(\Gamma) \le \sum_{n=1}^{N} |Q_n| \le 4C^2 N^{-1} \to 0 \ (N \to \infty)$$

となります. ■

　注意 2.1　連続曲線の軌跡はいつでも零集合とは限りません. 第 14.3 節において
ほとんどいたるところ微分可能な連続曲線で, 面積をもつようなものを紹介します.

　次に基本長方形がルベーグ可測な図形であること, およびそのルベーグ測度
が「たて × よこ」で与えられることを見ておきましょう. 以下, 基本長方形
$R = [a, a + l_1) \times [b, b + l_2)$ に対して,

$$R^o = (a, a + l_1) \times (b, b + l_2)$$

$$\overline{R} = [a, a + l_1] \times [b, b + l_2]$$

と表すことにします. R^o を R の内部, $\overline{R}$ を R の閉包といいます.

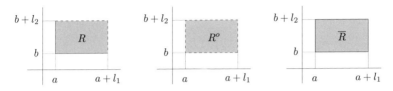

図 **2.9** 基本長方形 R と $R^o, \overline{R}$

また

$$|R| = l_1 l_2$$

と定義します. 示したいことは, $m(R) = |R|$ となることです. はじめに $\overline{R}$ の
ルベーグ外測度が $|R|$ になることを証明しておきます.

補題 2.14 $R = [a, a + l_1) \times [b, b + l_2)$ とすると

$$m^*(\overline{R}) = |R|$$

である.

証明 ルベーグ外測度は基本正方形を元に定義されています. そのため長方
形のルベーグ外測度を求めるために, 長方形を正方形の和で近似できることを
示しておくと便利です. なお次の補題は後で別の定理の証明にも使われます.

補題 2.15 R を前補題と同じものとする. ε を任意の正数とする. この
とき, ある正数 η_0 が存在し, $0 < \eta < \eta_0$ なる任意の η に対してつぎの条件
をみたす一辺 η の有限個の基本正方形 $Q_1, \cdots, Q_m$ をとることができる.

(1) $\overline{R} \subset \bigcup_{j=1}^{m} Q_j^o,$

(2) $|R| \leq \sum_{j=1}^{m} |Q_j| < |R| + \varepsilon.$

証明 まず正数 ε' を $\varepsilon'(l_1 + l_2 + \varepsilon') < \varepsilon$ となるようにとり, $\eta_0 = \varepsilon'/2$ と
おきます. $0 < \eta < \eta_0$ に対して

$$l_1 < N\eta < l_1 + \varepsilon', \quad l_2 < N'\eta < l_2 + \varepsilon'$$

なる自然数 N, N' をとることができます. なぜなら

$$\left(\frac{l_1}{\eta} + \frac{\varepsilon'}{\eta}\right) - \frac{l_1}{\eta} = \frac{\varepsilon'}{\eta} > 2,$$

$$\left(\frac{l_2}{\eta} + \frac{\varepsilon'}{\eta}\right) - \frac{l_2}{\eta} = \frac{\varepsilon'}{\eta} > 2$$

より

$$\frac{l_1}{\eta} < N < \frac{l_1}{\eta} + \frac{\varepsilon'}{\eta}, \quad \frac{l_2}{\eta} < N' < \frac{l_2}{\eta} + \frac{\varepsilon'}{\eta}$$

をみたす自然数 N, N' をとれるからです. これより一辺 η の基本正方形 Q_j による N' 個の列を横に N 列, 合計 NN' 個をわずかに重ねて隙間のないように敷き詰め,

$$\overline{R} \subset Q_1^o \cup \cdots \cup Q_{NN'}^o$$

となるようにできます.

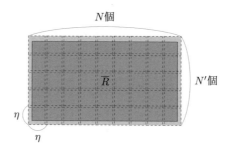

N個

$\overline{R}$

N'個

η

η

図 **2.10**　$\overline{R}$ の被覆

明らかに, $|R| \leq |Q_1| + \cdots + |Q_{NN'}|$ です. また, $|Q_j| = \eta^2$ より

$$\sum_{j=1}^{NN'} |Q_j| = NN'\eta^2 = N\eta \cdot N'\eta < (l_1 + \varepsilon')(l_2 + \varepsilon')$$

$$< l_1 l_2 + \varepsilon = |R| + \varepsilon$$

が成り立ちます. ■

　補題 2.14 の証明　任意の $\varepsilon > 0$ に対して補題 2.15 の正方形 $Q_1, \cdots, Q_m$ を考えると $m^*(\overline{R})$ の定義より

$$m^*(\overline{R}) \leq \sum_{j=1}^{m} |Q_j| < |R| + \varepsilon$$

となります. ここで ε は任意の正数なので, $m^*(\overline{R}) \leq |R|$ となることがわかります（問題 2.1 参照）.

　次に $|R| \leq m^*(\overline{R})$ を示します. 再び任意の $\varepsilon > 0$ をとります. ここで, $\overline{R} \subset \bigcup_{j=1}^{\infty} Q_j$ なる基本正方形 $Q_j = [a_j, b_j) \times [a'_j, b'_j)$ による任意の被覆を考えます. $\delta_j > 0$ を十分小さくとれば, $\widetilde{Q_j} = [a_j - \delta_j, b_j) \times [a'_j - \delta_j, b'_j)$ が $|Q_j| < |Q_j| + \varepsilon/2^j$ をみたすようにでき, さらに $Q_j \subset \widetilde{Q_j}^o$ なので $\overline{R} \subset \bigcup_{j=1}^{\infty} \widetilde{Q_j}^o$ となります. ところで $\overline{R}$ は有界閉集合ですから, 定理 2.8 より十分大きな N に対して $\overline{R} \subset \bigcup_{j=1}^{N} \widetilde{Q_j}^o$ となります. したがって, $R \subset \bigcup_{j=1}^{N} \widetilde{Q_j}$ となり

$$|R| \leq \sum_{j=1}^{N} |\widetilde{Q_j}| \leq \sum_{j=1}^{\infty} |\widetilde{Q_j}| < \sum_{j=1}^{\infty} \left(|Q_j| + \varepsilon/2^j \right)$$
$$= \sum_{j=1}^{\infty} |Q_j| + \varepsilon$$

が示せます. ゆえに

$$|R| - \varepsilon < \sum_{j=1}^{\infty} |Q_j|$$

ですが, ここで Q_j は $\overline{R} \subset \bigcup_{j=1}^{\infty} Q_j$ なる基本正方形による任意の被覆ですから, ルベーグ外測度の定義より

$$|R| - \varepsilon \leq m^*(\overline{R})$$

となります. ε は任意の正数ですから $|R| \leq m^*(\overline{R})$ が示せました. ■

定理 2.16　$R = [a, a+l_1) \times [b, b+l_2)$ とすると，$R, R^o, \overline{R}$ はみなルベーグ可測であり，

$$m(R) = m(R^o) = m(\overline{R}) = |R|$$

である．

証明　$|R| \leq m_*(R^o)$ を示します．任意に正数 ε をとります．すると

$$R_\delta = [a+\delta, a+l_1-\delta) \times [b+\delta, b+l_2-\delta)$$

は $\delta > 0$ を十分小さくとれば $|R| < |R_\delta| + \varepsilon$ とできます．ここで $\overline{R_\delta} \subset R^o$ であり，$\overline{R_\delta}$ は有界閉集合なので，ルベーグ内測度の定義と補題 2.14 より

$$m_*(R^o) \geq m^*(\overline{R_\delta}) = |R_\delta| > |R| - \varepsilon$$

が成り立ちます．したがって $m_*(R^o) \geq |R|$ を得ます．このことと補題 2.14, 補題 2.9, (2.3) より

$$|R| \leq m_*(R^o) \leq m_*(\overline{R}) \leq m^*(\overline{R}) = |R|,$$

$$|R| \leq m_*(R^o) \leq m^*(R^o) \leq m^*(\overline{R}) = |R|.$$

よって定理が得られました．■

この定理から次の系が導かれることは明らかです．

系 2.17　R を基本長方形とする．このとき，$R^o \subset R' \subset \overline{R}$ なる R' はルベーグ可測であり

$$m(R') = m(R)$$

をみたす．（本書では，便宜上 $R^o \subset R' \subset \overline{R}$ なる R' を**広義の基本長方形**ということにする．）

　最後にルベーグ外測度に関する簡単な注意を述べておきます．ルベーグ外測度の定義では，図形を基本正方形で覆いましたが，覆う図形は基本正方形の代わりに基本長方形を使ってもかまいません．

命題 2.18　　$A \subset \mathbb{R}^2$ に対して

$$m^*(A) = \inf\left\{\sum_{j=1}^{\infty} |R_j| : A \subset \bigcup_{j=1}^{\infty} R_j,\ \text{各 } R_j \text{は基本長方形}\right\}$$

証明　命題の等式の右辺を $m'(A)$ とおきます．$A \subset \bigcup_{j=1}^{\infty} Q_j$ なる基本正方形 Q_j による A の任意の被覆を考えると，基本正方形は基本長方形でもあるので，$m'(A) \leq \sum_{j=1}^{\infty} |Q_j|$ です．したがって $m'(A) \leq m^*(A)$ となります．つぎに逆向きの不等式を証明します．任意の $\varepsilon > 0$ をとると，定義より

$$A \subset \bigcup_{j=1}^{\infty} R_j, \quad m'(A) \leq \sum_{j=1}^{\infty} |R_j| \leq m'(A) + \frac{\varepsilon}{2}$$

となるような基本長方形 R_j が存在します．各 R_j に対して補題 2.15 を適用すると

$$R_j \subset \bigcup_{l=1}^{m(j)} Q_{j,l}, \quad |R_j| \leq \sum_{l=1}^{m(j)} |Q_{j,l}| \leq |R_j| + \frac{\varepsilon}{2^{j+1}}$$

をみたすような基本正方形 $Q_{j,l}$ がとれます．このことから，$A \subset \bigcup_{j=1}^{\infty} \bigcup_{l=1}^{m(j)} Q_{j,l}$ であり，また

$$m^*(A) \leq \sum_{j=1}^{\infty} \sum_{l=1}^{m(j)} |Q_{j,l}| \leq \sum_{j=1}^{\infty} |R_j| + \frac{\varepsilon}{2} \leq m'(A) + \varepsilon$$

です．ここで ε は任意の正数であるので，$m^*(A) \leq m'(A)$ が成り立ちます．∎

練習問題

問題 2.1　a, b を実数とする．もし任意の $\varepsilon > 0$ に対して

$$a < b + \varepsilon$$

が成り立つならば，$a \leq b$ である．このことを証明せよ．

問題 2.2 $K_1, K_2, \cdots \subset \mathbb{R}^2$ を閉集合とする．このとき，$\bigcap\limits_{j=1}^{n} K_j$ および $\bigcup\limits_{j=1}^{n} K_j$ も閉集合である．

問題 2.3 $A = \left\{ \left(\dfrac{1}{n}, 0 \right) : n = 1, 2, \cdots \right\} \cup \{(0,0)\}$ は閉集合か．

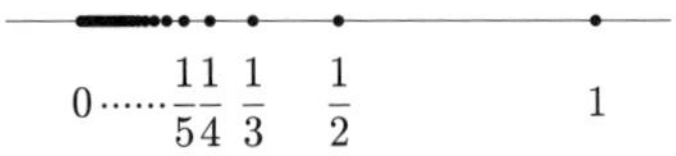

$$0 \cdots\cdots \frac{11}{54} \quad \frac{1}{3} \quad \frac{1}{2} \qquad\qquad 1$$

図 **2.11**   閉集合か

第 3 章
面積を測定できる図形とルベーグ測度

　この章ではルベーグ測度のもつさまざまな性質とどのような図形がルベーグ可測になっているかを詳しく調べていきたいと思います．すでに見たようにルベーグ測度の定義はジョルダンの意味の面積に比べると，「無限の世界」の中で定義された非常に技巧的なものです．しかし，ルベーグ測度はたいへん機能性に富んでおり，これをもとにして定義されたルベーグ積分は優れた性能をもっています．このルベーグ積分を用いることにより，20 世紀の解析学は新たな展開をとげることができました．ルベーグ積分については第 II 部で述べます．ここではルベーグ測度がもつ数々のすばらしい性質を紹介していくことにしましょう．証明など多少複雑な議論を積み重ねていくため，本章は歯ごたえのある章となっています．しかしここで紹介する定理とその証明方法はルベーグ測度を用いる解析ではしばしば使われるものなので，理解しながらじっくり読んでみてください．

　以下本講義を通して

$$\mathfrak{M}' = \left\{ A : A \subset \mathbb{R}^2, m^*(A) < \infty, A \text{ はルベーグ可測} \right\}$$

と表すことにします．

3.1　ルベーグ測度の完全加法性

　二つの交わらない図形 $A, B \subset \mathbb{R}^2$ があるとき，$A \cup B$ の面積は A の面積と B の面積の和になっていることが期待できます．ルベーグ測度の場合，ル

ベーグの意味で面積が測定可能な図形に対しては，より一般に次の定理が成り
立ちます．

定理 3.1　$A_1, A_2, \cdots \in \mathfrak{M}'$ とし，$A_i \cap A_j = \varnothing \ (i \neq j)$ であるとする．
$m^* \left(\bigcup\limits_{j=1}^{\infty} A_j \right) < \infty$ のとき，$\bigcup\limits_{j=1}^{\infty} A_j \in \mathfrak{M}'$ であり，

$$m \left(\bigcup_{j=1}^{\infty} A_j \right) = \sum_{j=1}^{\infty} m(A_j) \tag{3.1}$$

が成り立つ．

　この定理の仮定のうち，$\bigcup\limits_{j=1}^{\infty} A_j$ の外測度が有限であるという条件をはずし
た場合の定理については第 3.3 節，定理 3.1′ で述べます．
　定理 3.1 の（3.1）（より正確には，後出の定理 3.1′ で述べる性質）をルベー
グ測度の**完全加法性**あるいは **σ-加法性**といいます．ルベーグ測度の完全加法
性はルベーグ測度のもつもっとも重要な性質の一つであり，本書を通して本質
的な役割を果たします．本節では定理 3.1 を証明します．
　まず次の定理から証明しましょう．これはルベーグ外測度の**劣加法性**とよば
れています．

定理 3.2　$A_1, A_2, \cdots \subset \mathbb{R}^2$ であるとき，

$$m^* \left(\bigcup_{n=1}^{\infty} A_n \right) \leq \sum_{n=1}^{\infty} m^* (A_n)$$

である．

　証明　$\sum\limits_{n=1}^{\infty} m^* (A_n) = \infty$ の場合，定理の不等式は明らかに成り立つので，
$\sum\limits_{n=1}^{\infty} m^* (A_n) < \infty$ の場合を証明します．
　任意に正数 ε をとっておきます．このとき，ルベーグ外測度の定義より A_n
を覆う基本正方形 $Q_1^{(n)}, Q_2^{(n)}, \cdots$ を

$$m^*(A_n) \leq \sum_{k=1}^{\infty} |Q_k^{(n)}| \leq m^*(A_n) + \frac{\varepsilon}{2^n}$$

となるようにとることができます. すると

$$\bigcup_{n=1}^{\infty} A_n \subset \bigcup_{n=1}^{\infty} \bigcup_{k=1}^{\infty} Q_k^{(n)}$$

ですから, ルベーグ外測度の定義より

$$m^* \left(\bigcup_{n=1}^{\infty} A_n \right) \leq \sum_{n=1}^{\infty} \sum_{k=1}^{\infty} |Q_k^{(n)}|$$
$$\leq \sum_{n=1}^{\infty} \left(m^*(A_n) + \frac{\varepsilon}{2^n} \right) = \sum_{n=1}^{\infty} m^*(A_n) + \varepsilon$$

となります. ここで ε は任意の正数ですから

$$m^* \left(\bigcup_{n=1}^{\infty} A_n \right) \leq \sum_{n=1}^{\infty} m^*(A_n)$$

が得られます. ∎

さて問題は $A_i \cap A_j = \varnothing \ (i \neq j)$ のときに $m^* \left(\bigcup_{n=1}^{\infty} A_n \right) = \sum_{n=1}^{\infty} m^*(A_n)$ が成り立つかどうかです. しかし, じつは $A, B \subset \mathbb{R}^2$ に対して

$$A \cap B = \varnothing \Longrightarrow m^*(A \cup B) = m^*(A) + m^*(B) \tag{3.2}$$

であるかどうかですらたいへん難しい問題です. この問題には立ち入らないことにしますが, 一つの結論をいえば, 選択公理という公理を仮定すれば, (3.2) の成り立たないような $A, B \subset \mathbb{R}^2$ の存在が証明できます.

本講義では, どのような図形に対して (3.1), あるいは (3.2) が成り立つかを調べていくことにしましょう. はじめに, もし A と B が互いに交わらないだけでなく, 二つの図形の距離が離れていれば, (3.2) は成り立つことを証明します. A と B の距離が離れているとは,

$$d(A, B) = \inf\{d(x, y) : x \in A, \ y \in B\} \tag{3.3}$$

が正の値をとることです. $d(A, B)$ を A と B の距離 といいます. 特に A が

1 点 x からなる集合の場合

$$d(x, B) = d(\{x\}, B)$$

と表します.

定理 3.3　$A_1, \cdots, A_n \subset \mathbb{R}^2$ とし，$i \neq j$ のとき $d(A_i, A_j) > 0$ であるとする．このとき，

$$m^* \left(\bigcup_{j=1}^{n} A_j \right) = \sum_{j=1}^{n} m^*(A_j) \tag{3.4}$$

が成り立つ.

次の補題を示すことから始めます.

補題 3.4　$A \subset \mathbb{R}^2$ とする．任意の $\varepsilon > 0$ と任意の $\delta > 0$ に対して，1 辺が δ よりも小さい可算個の基本正方形 $Q_1, Q_2, \cdots$ で

$$A \subset \bigcup_{n=1}^{\infty} Q_n^o, \quad m^*(A) \leq \sum_{n=1}^{\infty} |Q_n| \leq m^*(A) + \varepsilon$$

となるものが存在する.

証明　$m^*(A) = \infty$ の場合は 一辺が δ の基本正方形で，$\mathbb{R}^2 = \bigcup_{n=1}^{\infty} Q_n^o$ となるものをとれば補題が示せます．以下 $m^*(A) < \infty$ の場合を証明します．任意の $\varepsilon > 0$ に対して，ルベーグ外測度の定義から基本正方形 $I_1, I_2, \cdots$ を

$$A \subset \bigcup_{j=1}^{\infty} I_j, \quad m^*(A) \leq \sum_{j=1}^{\infty} |I_j| < m^*(A) + \frac{\varepsilon}{2}$$

となるようにとれます．また補題 2.15 より一辺の長さが δ より小さい正方形 $I_{j,1}, \cdots, I_{j,k(j)}$ を

$$\overline{I_j} \subset \bigcup_{k=1}^{k(j)} I_{j,k}^o, \quad |I_j| \leq \sum_{k=1}^{k(j)} |I_{j,k}| < |I_j| + \frac{\varepsilon}{2^{j+1}}$$

と選ぶことができます．すると $I_{j,k}^o$ $(j = 1, 2, \cdots ; k = 1, \cdots, k(j))$ は A の

被覆なので

$$m^*(A) \leq \sum_{j=1}^{\infty} \sum_{k=1}^{k(j)} |I_{j,k}| < \sum_{j=1}^{\infty} |I_j| + \frac{\varepsilon}{2} < m^*(A) + \varepsilon$$

となります. $\{I_{j,k}\}$ の番号を適当に付け直したものを $\{Q_n\}$ とすれば, これが求めるものになっています. ∎

定理 3.3 の証明　もし $m^*(A_j) = \infty$ なる A_j があるときは, (3.4) の右辺は ∞ になります. 一方

$$\infty = m^*(A_j) \leq m^*\left(\bigcup_{j=1}^{n} A_j\right)$$

より, $\infty = \infty$ として (3.4) が成り立ちます. 以下, $m^*(A_j) < \infty$ $(j = 1, \cdots, n)$ の場合を証明しましょう.

$d(A_i, A_j) > \delta > 0$ $(i \neq j)$ なる正数 δ をとって固定します. $A = \bigcup_{j=1}^{n} A_j$ とおくと, 補題 3.4 より, 任意の $\varepsilon > 0$ に対して一辺が $\delta/3$ より小さい基本正方形 $Q_1, Q_2, \cdots$ で

$$A \subset \bigcup_{k=1}^{\infty} Q_k, \quad m^*(A) \leq \sum_{k=1}^{\infty} |Q_k| \leq m^*(A) + \varepsilon$$

をみたすものが存在します. このとき, Q_k が A_i と A_j $(i \neq j)$ に同時に交わることはないので Q_k のうち A_i と交わるものを $Q_1^{(i)}, Q_2^{(i)}, \cdots$ とおくと, $A_i \subset Q_1^{(i)} \cup Q_2^{(i)} \cup \cdots$ であり,

$$\sum_{i=1}^{n} m^*(A_i) \leq \sum_{i=1}^{n} \left(\sum_{k=1, \cdots} |Q_k^{(i)}| \right) \leq \sum_{j=1}^{\infty} |Q_j| \leq m^*(A) + \varepsilon$$

となります. ここで ε は任意の正数なので $\sum_{i=1}^{n} m^*(A_i) \leq m^*(A)$ を得ます. 一方, 定理 3.2 を $A_{n+1} = \cdots = \emptyset$ として適用すれば

$$m^*(A) \le \sum_{i=1}^{n} m^*(A_i)$$

が得られ，定理が証明されました． ∎

定理 3.3 は，$d(A, B) > 0$ に対しては (3.2) が成り立つことを示していますが，$d(A, B) = 0$, $A \cap B = \varnothing$ の場合については何も語っていません．しかし図形をルベーグの意味で面積が測定可能であるとすると，より強い完全加法性が成り立ちます．このことを主張するものが本節の初めに述べた定理 3.1 です．これを最後に証明しておきましょう．

定理 3.1 の証明 ルベーグ外測度の劣加法性より，

$$m^* \left(\bigcup_{j=1}^{\infty} A_j \right) \le \sum_{j=1}^{\infty} m^* (A_j) = \sum_{j=1}^{\infty} m (A_j) \tag{3.5}$$

が成り立ちます．

任意に正数 ε をとります．ルベーグ内測度の定義から

$$m(A_j) - \frac{\varepsilon}{2^j} = m_*(A_j) - \frac{\varepsilon}{2^j} \le m^*(K_j) \tag{3.6}$$

なる有界閉集合 $K_j \subset A_j$ をとることができます．各 K_j は互いに交わらない有界閉集合ですから $d(K_i, K_j) > 0$ $(i \ne j)$ となっています（問題 3.1 参照）．したがって，$B_n = \bigcup_{j=1}^{n} K_j$ とおくと定理 3.3 より $m^*(B_n) = \sum_{j=1}^{n} m^*(K_j)$ が成り立っています．ここで $B_n \subset \bigcup_{j=1}^{\infty} A_j$ で，B_n は有界閉集合ですから，ルベーグ内測度の定義より

$$\sum_{j=1}^{n} m^*(K_j) = m^*(B_n) \le m_* \left(\bigcup_{j=1}^{\infty} A_j \right)$$

となっています．そこで，$n \to \infty$ とすれば

$$\sum_{j=1}^{\infty} m^*(K_j) \le m_* \left(\bigcup_{j=1}^{\infty} A_j \right)$$

が得られます. さらに (3.6) より

$$\sum_{j=1}^{\infty} m^*(K_j) \geq \sum_{j=1}^{\infty} \left(m(A_j) - \frac{\varepsilon}{2^j} \right) = \sum_{j=1}^{\infty} m(A_j) - \varepsilon.$$

ゆえに

$$m_* \left(\bigcup_{j=1}^{\infty} A_j \right) \geq \sum_{j=1}^{\infty} m(A_j) - \varepsilon$$

が任意の正数 ε に対して成り立ちます. したがって (3.5) より

$$m_* \left(\bigcup_{j=1}^{\infty} A_j \right) \geq \sum_{j=1}^{\infty} m(A_j) \geq m^* \left(\bigcup_{j=1}^{\infty} A_j \right)$$

です. よって $\bigcup_{j=1}^{\infty} A_j$ の可測性と (3.1) が得られます. ∎

練習問題

問題 3.1 $K, L \subset \mathbb{R}^2$ を有界閉集合で, $K \cap L = \varnothing$ とすると $d(K, L) > 0$ である.

3.2 どのような図形がルベーグ可測か

この節では, ルベーグ可測集合の重要な例, ルベーグ可測であるための必要十分条件を述べようと思います.

3.2.1 ルベーグ測度とジョルダンの意味の面積

はじめに本節ではジョルダンの意味で面積測定可能な図形は, ルベーグの意味でも面積測定可能であり, そのジョルダンの意味の面積とルベーグ測度が一致することを証明します.

定理 3.5 $A \subset \mathbb{R}^2$ を有界集合とする. このとき

$$c(A) \leq m_*(A) \leq m^*(A) \leq C(A)$$

である.

証明 $A \subset \bigcup_{j=1}^{n} Q_j$ なる有限個の基本正方形による任意の被覆を考えます. さらに $Q_{n+1} = Q_{n+2} = \cdots = \varnothing$ とおくと, $A \subset \bigcup_{j=1}^{\infty} Q_j$ であり, したがって,

$$m^*(A) \leq \sum_{j=1}^{\infty} |Q_j| = \sum_{j=1}^{n} |Q_j|$$

となります. ゆえに $m^*(A) \leq C(A)$ が得られます.

A がいかなる正方形も含まなければ $c(A) = 0$ より $c(A) \leq m_*(A)$ が成り立ちます. そうでないとき, 十分小さな一辺 $\alpha > 0$ の基本正方形 Q_j $(j = 1, \cdots, n)$ を互いに交わらず, $\bigcup_{j=1}^{n} Q_j \subset A$ となるようにとります. $Q_j = [a_j, a_j + \alpha) \times [b_j, b_j + \alpha)$ とおき, 任意の $\varepsilon > 0$ に対して, $\delta > 0$ を $Q_{j,\delta} = [a_j, a_j + \alpha - \delta] \times [b_j, b_j + \alpha - \delta]$ が

$$|Q_j| - \frac{\varepsilon}{n} < |Q_{j,\delta}|$$

をみたすようにとります. $\bigcup_{j=1}^{n} Q_{j,\delta}$ は A に含まれる有界閉集合なので (問題 2.2 参照), ルベーグ内測度の定義と定理 3.1 から

$$\sum_{j=1}^{n} |Q_{j,\delta}| = \sum_{j=1}^{n} m(Q_{j,\delta}) = m\left(\bigcup_{j=1}^{n} Q_{j,\delta}\right) \leq m_*(A)$$

がわかります. したがって,

$$\sum_{j=1}^{n} |Q_j| < m_*(A) + \varepsilon$$

が成り立ちます. ここで Q_j は $\bigcup_{j=1}^{n} Q_j \subset A$ をみたす互いに交わらない一辺 α の任意の基本正方形であったので, $c_\alpha(A) \leq m_*(A) + \varepsilon$ がわかります. 右辺は α に無関係な量なので, $c(A) \leq m_*(A) + \varepsilon$ を得ます. これが任意の $\varepsilon > 0$ に対して成り立っているので, $c(A) \leq m_*(A)$ となります. ∎

この定理から容易に次のことがわかります.

系 3.6　有界集合 $A \subset \mathbb{R}^2$ がジョルダンの意味で面積測定可能ならば, ルベーグ可測であり,

$$J(A) = m(A)$$

が成り立つ.

しかしこの系の逆は成り立ちません. 実際, すでに証明したようにジョルダンの意味で面積が測定不可能であった例 1.5 はルベーグ可測になっています (例 2.12 参照). また (1.2) もルベーグ可測になっています (このことは, もう少しルベーグ測度のもつ性質を調べてから示す方が簡単なので, 証明は次章にまわすことにします).

3.2.2　単純な図形のルベーグ測度

微分積分学では, ある非負のリーマン積分可能な関数 $y = f(x)$ $(x \in [a,b])$ のリーマン積分

$$S = (R) \int_a^b f(x)dx$$

は, この関数のグラフで囲まれる部分

$$A = \{(x,y) : a \le x \le b,\, 0 \le y \le f(x)\} \tag{3.7}$$

の面積であるとみなされています.

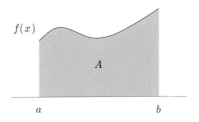

図 3.1　$f(x)$ と A

　ここでは，S が A のルベーグの意味での面積になっているかどうかを調べてみましょう．

　まずリーマン積分の定義を復習しておきます．$[a, b]$ 上の実数値関数 $h(x)$ が有界であるとは，$\displaystyle\sup_{x\in[a,b]}|h(x)| < \infty$ となることです．有界な実数値関数に対してそのリーマン積分は次のように定義されます．$[a, b]$ の分割

$$\Delta : a = x_0 < x_1 < \cdots < x_n = b$$

を考え，$i = 1, 2, \cdots, n$ に対して

$$m_i = \inf\left\{h(x) : x \in [x_{i-1}, x_i]\right\},$$

$$M_i = \sup\left\{h(x) : x \in [x_{i-1}, x_i]\right\}$$

とし，

$$s_\Delta(h) = \sum_{i=1}^{n} m_i(x_i - x_{i-1}), \quad S_\Delta(h) = \sum_{i=1}^{n} M_i(x_i - x_{i-1}) \tag{3.8}$$

と定めます．もし $[a, b]$ のあらゆる分割 Δ にわたってとった $s_\Delta(h)$ の上限と $S_\Delta(h)$ の下限が一致するとき，すなわち

$$\sup_\Delta s_\Delta(h) = \inf_\Delta S_\Delta(h)$$

となるとき関数 $h(x)$ は**リーマン積分可能**であるといい，その共通の値を

$$(R)\int_a^b h(x)dx$$

と表します．

　以下では (3.7) の A がルベーグ可測であり，そのルベーグ測度が S と一致することを証明しましょう．

　定理 3.7　リーマン積分可能な関数 $y = f(x)$ $(x \in [a, b])$ が $f(x) \geq 0$ $(x \in [a, b])$ をみたすとき，

$$A = \{(x, y) : a \leq x \leq b,\ 0 \leq y \leq f(x)\}$$

はルベーグ可測であり，さらに

$$m(A) = (R) \int_a^b f(x)dx$$

が成り立つ.

証明 $[a,b]$ の任意の分割 Δ に対して明らかに

$$s_\Delta(f) \leq m_*(A) \leq m^*(A) \leq S_\Delta(f)$$

であることがわかります.

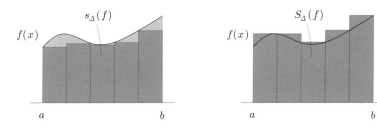

図 **3.2** A と $s_\Delta(f)$, A と $S_\Delta(f)$

ゆえに，$S = m_*(A) = m^*(A)$ となり，A はルベーグ可測であり，$m(A) = S$ となります. ∎

この定理の図形 A はジョルダンの意味で面積測定可能であり，$S = J(A)$ であることも証明できますが，ここでは省略します.

定理 3.7 と微分積分学で学んだ定積分の計算を用いて，さまざまな図形の面積を具体的に計算することができます. しかしリーマン積分では求められない複雑な図形もあり，そのようなものに対してこそルベーグ測度は面目躍如たるものをもっています. このことはこれから述べていく結果を通して理解することができると思います.

3.2.3 閉集合のルベーグ可測性

すでに有界閉集合がルベーグ可測であることは証明しましたが，ここでは有界でない閉集合のルベーグ可測性について述べます. まずある補題（補題 3.8）

を証明しますが，その補題自身は別の節でも用いられます．

以下，$R > 0$ に対して

$$\mathcal{Q}_R = [-R, R) \times [-R, R)$$

とし，$\overline{\mathcal{Q}}_R$ を $\mathcal{Q}_R$ の閉包とします．また $A, B \subset \mathbb{R}^2$ に対して

$$A \setminus B = A \cap B^c$$

と定義します．

補題 3.8　$A \subset \mathbb{R}^2$ が $m^*(A) < \infty$ をみたすとする．このとき，

$$\lim_{N \to \infty} m^* \left(A \cap \overline{\mathcal{Q}}_N \right) = m^*(A)$$

である．

証明　$N = 1, 2, \cdots$ に対して，$A_N = A \cap \overline{\mathcal{Q}}_N$ とおきます．$m^*(A_N) \leq m^*(A)$ より

$$\lim_{N \to \infty} m^*(A_N) \leq m^*(A)$$

は明らかです．以下では

$$m^*(A) \leq \lim_{N \to \infty} m^*(A_N) \tag{3.9}$$

を証明します．$n = 1, 2, \cdots$ に対して

$$B_n = A \cap \left(\overline{\mathcal{Q}}_n \setminus \overline{\mathcal{Q}}_{n-1} \right) \quad \left(\text{ただし } \overline{\mathcal{Q}}_0 = \varnothing \right)$$

とします．すると $A = A_N \cup B_{N+1} \cup B_{N+2} \cup \cdots$ なので，定理 3.2 より

$$m^*(A) \leq m^*(A_N) + \sum_{n=N+1}^{\infty} m^*(B_n)$$

となっています．もし $\displaystyle\sum_{n=N+1}^{\infty} m^*(B_n) \to 0 \ (N \to \infty)$ であれば，(3.9) が得られるので，このことを証明することにします．いま B_n を少し縮めて

$$B_n' = A \cap \left(\overline{\mathcal{Q}}_n \setminus \overline{\mathcal{Q}}_{n-1+\delta_n} \right) \quad (0 < \delta_n < 1)$$

とすると $d(B_j', B_k') > 0 \ (j \neq k)$ となっているので,定理 3.3 を使うことができ,

$$\sum_{n=1}^{\infty} m^* (B_n') = \lim_{M \to \infty} \sum_{n=1}^{M} m^* (B_n') = \lim_{M \to \infty} m^* \left(\bigcup_{n=1}^{M} B_n' \right)$$

$$\leq \lim_{M \to \infty} m^* (A) = m^* (A) < \infty$$

となっています.したがって,B_n' については $\sum_{n=N+1}^{\infty} m^* (B_n') \to 0 \ (N \to \infty)$ となっています.また

$$B_n \subset B_n' \cup \left(\overline{\mathcal{Q}}_{n-1+\delta_n} \setminus \overline{\mathcal{Q}}_{n-1} \right)$$

です.そこで任意の $\varepsilon > 0$ に対して,十分小さな $\delta_n > 0$ を $m^* \left(\overline{\mathcal{Q}}_{n-1+\delta_n} \setminus \overline{\mathcal{Q}}_{n-1} \right) < \varepsilon/2^n$ となるようにとります.このような δ_n がとれることは $\overline{\mathcal{Q}}_{n-1+\delta_n} \setminus \overline{\mathcal{Q}}_{n-1}$ が 4 個の互いに交わらない広義の基本長方形の合併で表されることからわかります.したがって,

$$\sum_{n=N+1}^{\infty} m^* (B_n) \leq \sum_{n=N+1}^{\infty} m^* (B_n') + \sum_{n=N+1}^{\infty} m^* \left(\overline{\mathcal{Q}}_{n-1+\delta_n} \setminus \overline{\mathcal{Q}}_{n-1} \right)$$

$$< \sum_{n=N+1}^{\infty} m^* (B_n') + \sum_{n=N+1}^{\infty} \frac{\varepsilon}{2^n} < \sum_{n=N+1}^{\infty} m^* (B_n') + \varepsilon$$

です.ここで $N \to \infty$ とすると,

$$\lim_{N \to \infty} \sum_{n=N+1}^{\infty} m^* (B_n) \leq \varepsilon$$

が得られます.ε は任意の正数であり,一方左辺は ε に依存していないので,$\lim_{N \to \infty} \sum_{n=N+1}^{\infty} m^* (B_n) = 0$ となります.∎

この補題から次のことが証明できます.

定理 3.9 $F \subset \mathbb{R}^2$ が $m^*(F) < \infty$ をみたす閉集合ならば,F はルベーグ可測である.

証明　$F_N = F \cap \overline{\mathcal{Q}}_N$ とおきます．F_N は有界閉集合であり，$F_N \subset F$ ですからルベーグ内測度の定義から $m^*(F_N) \leq m_*(F)$ です．したがって補題 3.8 より，

$$m^*(F) = \lim_{N \to \infty} m^*(F_N) \leq m_*(F)$$

が得られます．よって $m^*(F) = m_*(F)$ です．∎

3.2.4　開集合のルベーグ可測性

本節では開集合とよばれる図形がルベーグ可測であることを証明しましょう．開集合とは次のように定義されるものです．$x \in \mathbb{R}^2$ と $r > 0$ に対して中心 x，半径 r の円板（ただし円周は除く）を

$$B(x,r) = \left\{ y : y \in \mathbb{R}^2, d(x,y) < r \right\}$$

とします．

定義 3.10　$A \subset \mathbb{R}^2$ が**開集合**であるとは，任意の点 $x \in A$ に対して，

$$B(x,r) \subset A$$

となるように $r > 0$ をとることができるような図形のことをいう．ただし空集合も開集合であるとする．（したがって空集合は開集合であり，かつ閉集合である．）

図 3.3　開集合

開集合の簡単な例をいくつかあげておきましょう．

例 3.11 (1) R^o（ただし R は基本長方形）は開集合である.

(2) $B(x,r)$ は開集合である.

証明 (1) $R^o = (a, a+l_1) \times (b, b+l_2)$ とおきます. 任意に点 $x = (x_1, x_2)$ を R^o の中からとってきます. このとき, $a < x_1 < a+l_1, b < x_2 < b+l_2$ なので, $\delta_1 > 0$ と $\delta_2 > 0$ を

$$a < x_1 - \delta_1 < x_1 < x_1 + \delta_1 < a + l_1$$
$$b < x_2 - \delta_2 < x_2 < x_2 + \delta_2 < b + l_2$$

となるようにとります. $r = \min(\delta_1, \delta_2)$ とすると,

$$B(x,r) \subset (x_1 - \delta_1, x_1 + \delta_1) \times (x_2 - \delta_2, x_2 + \delta_2) \subset R^o$$

となります.

(2) $y \in B(x,r)$ とすると $d(x,y) < r$ です. $\delta = \min(d(x,y), r - d(x,y))/2$ とすれば, 明らかに $B(y,\delta) \subset B(x,r)$ となっています. ∎

開集合と閉集合の間には次の定理 3.12 のような密接な関係があります. 今後たびたび使うことになるので, ここで証明しておきましょう. なお $A \subset \mathbb{R}^2$ に対して $A^c = \{x : x \in \mathbb{R}^2, x \notin A\}$ と定め, A の**補集合**といいます.

定理 3.12 $K \subset \mathbb{R}^2$ を閉集合とする. このとき K の補集合 K^c, すなわち $K^c = \{x : x \in \mathbb{R}^2, x \notin K\}$ は開集合である. また $U \subset \mathbb{R}^2$ を開集合とすると U^c は閉集合である.

証明 $K^c = \varnothing$ ならば明らかなので, $K^c \neq \varnothing$ の場合を示します. $x \in K^c$ とします. もしもどのような $r > 0$ をとってきても $B(x,r) \subset K^c$ とできない, すなわち $B(x,r) \not\subset K^c$ となってしまうと仮定して矛盾を導きます. この仮定より, すべての $r > 0$ に対して $x_r \in B(x,r)$ かつ $x_r \notin K^c$（すなわち $x_r \in K$）なる x_r が存在します. $r = 1/n$ $(n = 1, 2, \cdots)$ に対して $x_r = x_n$ とすると

$$d(x, x_n) < 1/n \to 0 \quad (n \to \infty)$$

です. いま K は閉集合ですから, 閉集合の定義に従えば $x \in K$ となります
が, これは $x \in K^c$ に矛盾します. よって, ある $r > 0$ をとれば $B(x, r) \subset$
K^c とできることになり, K^c が開集合であることが示されました.

　さて $U^c = \varnothing$ のときは明らかなので $U^c \neq \varnothing$ の場合を示します. $x_n \in U^c$,
$d(x_n, x) \to 0 \ (n \to \infty)$ であるとします. もし $x \notin U^c$, すなわち $x \in U$ であ
るとすると, U が開集合ですから, $B(x, \varepsilon) \subset U$ なる $\varepsilon > 0$ が存在します. こ
れは $x_n \notin U$, $d(x_n, x) \to 0$ に反します. ゆえに $x \in U^c$ となり, U^c が閉集
合であることがわかります. ∎

　以下では, 開集合がルベーグ可測になっていることを証明します. そのため
どのような開集合も, 互いに交わらない可算個の基本正方形の合併によって表
せることを証明しておきます. ここでは平面の 2 進分解というものを使いま
す. 2 進分解は実解析学で広く使われている重要なものです.

開集合と平面の 2 進分解　$\mathbb{Z}$ を整数全体のなす集合とします. $n \in \mathbb{Z}$ と, $j, k \in$
$\mathbb{Z}$ に対して

$$I_{j,k}^{(n)} = \left[\frac{j}{2^n}, \frac{j+1}{2^n} \right) \times \left[\frac{k}{2^n}, \frac{k+1}{2^n} \right)$$

とおきます. このとき

$$\mathcal{C}_n = \left\{ I_{j,k}^{(n)} : j, k \in \mathbb{Z} \right\}, \quad \mathcal{C} = \bigcup_{n \in \mathbb{Z}} \mathcal{C}_n$$

とし, $\mathcal{C}_n$ に属する正方形を**第 n 世代の 2 進正方形**, $\mathcal{C}$ を **2 進正方形網**, そ
してこれに属する正方形を **2 進正方形**といいます.

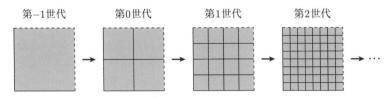

第−1世代　　　第0世代　　　第1世代　　　第2世代

図 **3.4**　平面の 2 進分解

次のことが容易にわかります．証明は各自試みてください．ほとんど 2 進正方形の定義から明らかです．

定理 3.13 　(1) $\mathcal{C}$ は可算集合である．

(2) $\mathbb{R}^2 = \bigcup\{I : I \in \mathcal{C}_n\}$ 　$(n \in \mathbb{Z})$

(3) $I, J \in \mathcal{C}_n$ ならば $I = J$ か，さもなくば $I \cap J = \varnothing$ である．

(4) 任意の $I \in \mathcal{C}_{n+1}$ に対して $J \in \mathcal{C}_n$ で $I \subset J$ となるものがただ一つ存在する．

(5) $m < n$ とする．$I \in \mathcal{C}_m$, $J \in \mathcal{C}_n$ ならば $J \subset I$ か $J \cap I = \varnothing$ のいずれかが成り立つ．

(6) $I \in \mathcal{C}_n$ ならば $|I| = 2^{-2n}$ である．

(7) $m < n$ とし，$I \in \mathcal{C}_m$, $J \in \mathcal{C}_n$ で $J \subset I$ とする．このとき，$I \setminus J = I \cap J^c$ は $\mathcal{C}_n$ に属する有限個の正方形の和集合として表せる．

本節で使いたいのは，2 進正方形網に関する次の定理です．

定理 3.14 　$G \subset \mathbb{R}^2$ を空でない開集合とすると，G は互いに交わらない可算個の 2 進正方形の和集合として表せる．すなわち，$I_1, I_2, \cdots \in \mathcal{C}$, $I_i \cap I_j = \varnothing$ $(i \neq j)$ で

$$G = \bigcup_{j=1}^{\infty} I_j$$

となるものが存在する．

証明 　定理の条件をみたす 2 進正方形を次のように作っていきます．まず $\mathcal{G}_1 = \{I \in \mathcal{C}_1 : I \subset G\}$ とし，$G_1 = \bigcup\{I : I \in \mathcal{G}_1\}$ とおき，次に

$$\mathcal{G}_2 = \{I \in \mathcal{C}_2 : I \subset G,\ I \cap G_1 = \varnothing\},\ G_2 = \bigcup\{I : I \in \mathcal{G}_2\}$$

$$\mathcal{G}_3 = \{I \in \mathcal{C}_3 : I \subset G,\ I \cap (G_1 \cup G_2) = \varnothing\},\ G_3 = \bigcup\{I : I \in \mathcal{G}_3\}$$

$$\vdots$$

$$\mathcal{G}_n = \left\{I \in \mathcal{C}_n : I \subset G,\ I \cap \left(\bigcup_{j=1}^{n-1} G_j\right) = \varnothing\right\},\ G_n = \bigcup\{I : I \in \mathcal{G}_n\}$$

$\vdots$

（ただし $\mathcal{G}_i = \varnothing$ のときは $G_i = \varnothing$）と定めていきます．$G' = \bigcup_{n=1}^{\infty} G_n$ とおきます．$G = G'$ となっていることを証明しましょう．明らかに $G' \subset G$ ですから，逆向きの包含関係を示せば十分です．任意に $(x, y) \in G$ をとります．任意の自然数 n に対して，$(x, y) \in J_n$ なる $J_n \in \mathcal{C}_n$ がただ一つ存在します．また，G は開集合ですから十分大きな自然数 n をとれば $J_n \subset G$ とできます．そこで $(x, y) \in J_n \subset G$ なる自然数 n のうち最小のものを $n(0)$ とします．このとき $J_{n(0)} \in \mathcal{G}_{n(0)}$ であることが次のようにしてわかります．まずもし $n(0) = 1$ のときは $\mathcal{G}_1$ の定義から明らかです．また $n(0) > 1$ の場合は，もしも $J_{n(0)} \notin \mathcal{G}_{n(0)}$ であるとすると，

$$J_{n(0)} \cap \left(\bigcup_{j=1}^{n(0)-1} G_j \right) \neq \varnothing$$

なので，$n(0)$ より小さい自然数 j が存在し，$J_{n(0)} \cap G_j \neq \varnothing$ となります．G_j は第 j 世代のいくつかの 2 進正方形の合併であり，また第 j 世代の任意の 2 進正方形 I に対して $J_{n(0)} \subset I$ または $J_{n(0)} \cap I = \varnothing$ なので

$$(x, y) \in J_{n(0)} \subset I \subset G_j \subset G, \ I \in \mathcal{C}_j$$

であるような I がとれます．しかしこれは $n(0)$ の最小性に反します．ゆえに $J_{n(0)} \in \mathcal{G}_{n(0)}$ です．以上のことから，$(x, y) \in G_{n(0)} \subset G'$ となることがわかり，よって $G = G'$ となります．∎

この定理と定理 3.1 から次のことがわかります．

系 3.15 $m^*(G) < \infty$ なる開集合 $G \subset \mathbb{R}^2$ はルベーグ可測である．

第 3.3 節で外測度が無限大の場合のルベーグ可測性について述べますが，そこで外測度が無限大の開集合がルベーグ可測であることが証明されます．

練習問題

問題 3.2　空でない集合 Λ の元を添字とするような集合 $A_\lambda \subset \mathbb{R}^2$ が与えられているとする.

$$\bigcup_{\lambda \in \Lambda} A_\lambda = \{x: \text{少なくとも一つの } A_\lambda \text{ に } x \text{ は属する}\}$$

$$\bigcap_{\lambda \in \Lambda} A_\lambda = \{x: \text{すべての } A_\lambda \text{ に } x \text{ は属する}\}$$

とする. このとき

$$\left(\bigcup_{\lambda \in \Lambda} A_\lambda\right)^c = \bigcap_{\lambda \in \Lambda} A_\lambda^c, \quad \left(\bigcap_{\lambda \in \Lambda} A_\lambda\right)^c = \bigcup_{\lambda \in \Lambda} A_\lambda^c$$

である.

問題 3.3　F_λ $(\lambda \in \Lambda)$ が閉集合ならば

$$\bigcap_{\lambda \in \Lambda} F_\lambda$$

は閉集合である.

問題 3.4　$G_1, \cdots, G_n$ が開集合ならば $G_1 \cap \cdots \cap G_n$ は開集合である. また G_λ $(\lambda \in \Lambda)$ が開集合ならば

$$\bigcup_{\lambda \in \Lambda} G_\lambda$$

は開集合である.

3.2.5　面積を測定できる図形の位相数学的な特徴づけ

第 3.2.4 節までに外測度有限な開集合や閉集合がルベーグ可測であることを示しました. じつは開集合と閉集合でいくらでも近似できる集合がルベーグ可測になっていることがわかります. このことを示すのが本節の目標です. 次の定理を証明します. この定理は後で本質的に使うことになります.

定理 3.16　$A \subset \mathbb{R}^2$ で $m^*(A) < \infty$ であるとする. このとき次の (1), (2) は同値である.

(1)　A はルベーグ可測である.

(2)　任意の $\varepsilon > 0$ に対して，閉集合 K と開集合 G を

$$K \subset A \subset G, \quad m^*(G \setminus K) < \varepsilon$$

となるようにとることができる．

はじめに，次の補題を証明しておきます．

補題 3.17　(i)　$A \subset \mathbb{R}^2$ とする．任意の $\varepsilon > 0$ に対して，ある開集合 $G \subset \mathbb{R}^2$ を

$$A \subset G, \quad m^*(G) \leq m^*(A) + \varepsilon \tag{3.10}$$

となるようにとることができる．特に

$$m^*(A) = \inf \{ m^*(G) : A \subset G,\ G \text{ は開集合} \}$$

が成り立つ．

(ii)　$G \subset \mathbb{R}^2$ を開集合，$K \subset \mathbb{R}^2$ を閉集合で，$K \subset G$ かつ $m^*(G) < \infty$ なるものとする．このとき $G \setminus K \in \mathfrak{M}'$ であり

$$m(G \setminus K) = m(G) - m(K)$$

である．

証明　(i)　$m^*(A) = \infty$ の場合は $G = \mathbb{R}^2$ ととれば，$\infty = \infty$ として成り立つので，$m^*(A) < \infty$ の場合に証明します．A に対して補題 3.4 の基本正方形 $Q_1, Q_2, \cdots$ をとり，$G = \bigcup_{j=1}^{\infty} Q_j^o$ とすれば $A \subset G$ かつ m^* の劣加法性から

$$m^*(G) \leq \sum_{j=1}^{\infty} |Q_j| \leq m^*(A) + \varepsilon$$

をみたし，さらに問題 3.4 より G は開集合であることがわかります．

(ii)　$G \setminus K$ は開集合，K は閉集合で $m^*(G \setminus K) < \infty$，$m^*(K) < \infty$，$G \setminus K, K \in \mathfrak{M}'$ です．また $(G \setminus K) \cap K = \varnothing$ でもあります．したがって定理 3.1 より

$$m(G) = m((G \setminus K) \cup K) = m(G \setminus K) + m(K)$$

がわかり，$m(K) < \infty$ より補題 3.17 が証明されます. ■

定理 3.16 の証明　まず（1）$\Rightarrow$（2）の証明から始めましょう. ルベーグ内測度の定義から，任意の $\varepsilon > 0$ に対してある有界閉集合 $K \subset A$ を

$$m(A) - \frac{\varepsilon}{2} < m(K)$$

となるようにとれます. また補題 3.17（i）から，ある開集合 $G \supset A$ を

$$m^*(G) \leq m(A) + \frac{\varepsilon}{2} \quad (< \infty)$$

となるようにもとれます. したがって補題 3.17（ii）より

$$m(G \setminus K) = m(G) - m(K) < \varepsilon$$

が成り立ちます.

次に（2）$\Rightarrow$（1）を示します. ルベーグ内測度の定義より $K_N = K \cap \overline{\mathcal{Q}_N}$ $(N = 1, 2, \cdots)$ とすると，$m(K_N) = m^*(K_N) \leq m_*(A)$ です. 補題 3.8 より

$$m^*(K) = \lim_{N \to \infty} m^*(K_N) \leq m_*(A)$$

が得られます. また $G = K \cup (G \setminus K)$ と（2）の仮定から

$$m^*(A) \leq m^*(G) \leq m^*(K) + m^*(G \setminus K)$$

$$< m^*(K) + \varepsilon \leq m_*(A) + \varepsilon$$

が成り立ちます. ここで ε は任意の正数ですから $m^*(A) \leq m_*(A)$ となり，A のルベーグ可測性が導かれます.

練習問題

問題 3.5　$A \subset \mathbb{R}^2$ で $m^*(A) < \infty$ であるとする. このとき次の（1），（2）は同値であることを定理 3.16 の証明から確認せよ.

（1）A はルベーグ可測である.

(2)　任意の $\varepsilon > 0$ に対して，有界閉集合 K と開集合 G を

$$K \subset A \subset G, \quad m^*(G \setminus K) < \varepsilon$$

となるようにとることができる.

3.3　外測度が ∞ の図形のルベーグ可測性について

これまで図形が有限な外測度 $m^*(A) < \infty$ をもつ場合のルベーグ可測性とルベーグ測度について述べてきましたが，ここで $m^*(A) = \infty$ の場合について言及しておきましょう. すでに定めた記号ですが，$R > 0$ に対して

$$\mathcal{Q}_R = [-R, R) \times [-R, R)$$

とし，$\overline{\mathcal{Q}}_R$ を $\mathcal{Q}_R$ の閉包とし，$\mathcal{Q}_R^o$ を $\mathcal{Q}_R$ の内部とします.

定義 3.18　$A \subset \mathbb{R}^2$ とし，$m^*(A) = \infty$ とする. この場合，すべての自然数 n に対して，$A \cap \overline{\mathcal{Q}}_n$ がルベーグ可測集合であるとき，A は**ルベーグ可測集合**であるといい，

$$m(A) = \infty$$

と定め，A の**ルベーグ測度**という.

以下本講義を通して

$$\mathfrak{M} = \left\{ A : A \subset \mathbb{R}^2, A \text{ はルベーグ可測} \right\}$$

と表すことにします.

まず次の定理から証明しておきましょう.

定理 3.16′　$A \subset \mathbb{R}^2$ とする. このとき次の (1)，(2) は同値である.
(1)　A はルベーグ可測である.
(2)　任意の $\varepsilon > 0$ に対して，閉集合 K と開集合 G を

$$K \subset A \subset G, \quad m^*(G \setminus K) < \varepsilon$$

となるようにとることができる.

証明　$m^*(A) < \infty$ の場合はすでに証明したので，$m^*(A) = \infty$ の場合を証明します．まず $(1) \Rightarrow (2)$ を示します．仮定より $A \cap \overline{\mathcal{Q}}_N$ はルベーグ可測で，$m(A \cap \overline{\mathcal{Q}}_N) < \infty$ ですから，すでに証明したように，任意の $\varepsilon > 0$ に対して

$$K_N \subset A \cap \overline{\mathcal{Q}}_N \subset L_N, \quad m(L_N \setminus K_N) < \varepsilon/2^{N+1}$$

なる開集合 L_N と閉集合 K_N が存在します．$\delta_N > 0$ を十分小さくとって

$$\mathcal{Q}'_{N-1} = (-(N-1) - \delta_N, N-1 + \delta_N) \times (-(N-1) - \delta_N, N-1 + \delta_N)$$

が $|\mathcal{Q}'_{N-1}| \le |\mathcal{Q}_{N-1}| + \varepsilon/2^{N+1}$ をみたすようにします．ただし $\mathcal{Q}'_0 = \varnothing$ とします．そして

$$F_N = K_N \cap \left(\mathcal{Q}'_{N-1}\right)^c, \quad G_N = L_N \cap \left(\overline{\mathcal{Q}}_{N-1}\right)^c$$

（ただし $\overline{\mathcal{Q}}_0 = \varnothing$）とおくと，$F_N$ は閉集合であり，G_N は開集合となり，さらに $R_N = \overline{\mathcal{Q}}_N \setminus \overline{\mathcal{Q}}_{N-1}$ とおくと

$$F_N \subset A \cap R_N \subset G_N$$

が成り立ちます．また，

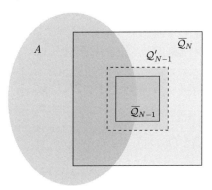

図 3.5　$\overline{\mathcal{Q}}_{N-1} \subset \mathcal{Q}'_{N-1} \subset \overline{\mathcal{Q}}_N$ と A の位置関係の例．

$$G_N \setminus F_N \subset (L_N \setminus K_N) \cup \left(\mathcal{Q}'_{N-1} \setminus \overline{\mathcal{Q}}_{N-1}\right)$$

より，$m(G_N \setminus F_N) < \varepsilon/2^N$ となります．さて

$$F = \bigcup_{N=1}^{\infty} F_N, \ G = \bigcup_{N=1}^{\infty} G_N \tag{3.11}$$

とおくと $F \subset A \subset G$ で, G は開集合です. また, F が閉集合であることも容易にわかります (問題 3.6 参照). $F^c \subset F_N^c$ より

$$G \setminus F = \bigcup_{n=1}^{\infty} (G_n \setminus F) \subset \bigcup_{N=1}^{\infty} (G_N \setminus F_N) \tag{3.12}$$

なので,

$$m(G \setminus F) \le \sum_{N=1}^{\infty} m(G_N \setminus F_N) < \varepsilon$$

となり (2) が証明されます. 次に $m^*(A) = \infty$ の場合に (2) $\Rightarrow$ (1) を証明します. そのため, 次の主張を証明します.

主張　$A \subset \mathbb{R}^2$ が定理 3.16′ の条件 (2) をみたすならば, 任意の N に対して $A \cap \overline{\mathcal{Q}}_N \in \mathfrak{M}$ である.

主張の証明　任意の $\varepsilon > 0$ に対して, (2) で得られる K, G を考えます. 各 N に対して十分小さな $\delta > 0$ をとり, $\mathcal{Q}_{N+\delta}^o$ が $m^*(\mathcal{Q}_{N+\delta}^o \setminus \overline{\mathcal{Q}}_N) < \varepsilon$ となるようにしておきます. (このようにできることは, 補題 3.8 の証明と同じ理由によります). このとき, $K \cap \overline{\mathcal{Q}}_N$ は閉集合, $G \cap \mathcal{Q}_{N+\delta}^o$ は開集合であり,

$$K \cap \overline{\mathcal{Q}}_N \subset A \cap \overline{\mathcal{Q}}_N \subset G \cap \mathcal{Q}_{N+\delta}^o$$

をみたしています. さらに

$$\left(G \cap \mathcal{Q}_{N+\delta}^o \right) \setminus \left(K \cap \overline{\mathcal{Q}}_N \right) = \left(G \cap \mathcal{Q}_{N+\delta}^o \right) \cap \left(K^c \cup \overline{\mathcal{Q}}_N^c \right)$$
$$\subset (G \setminus K) \cup \left(\mathcal{Q}_{N+\delta}^o \setminus \overline{\mathcal{Q}}_N \right)$$

です. したがって

$$m^* \left(\left(G \cap \mathcal{Q}_{N+\delta}^o \right) \setminus \left(K \cap \overline{\mathcal{Q}}_N \right) \right) \le m^* (G \setminus K) + m^* \left(\mathcal{Q}_{N+\delta}^o \setminus \overline{\mathcal{Q}}_N \right) < 2\varepsilon$$

となり, $m^* \left(A \cap \overline{\mathcal{Q}}_N \right) < \infty$ ですから, 定理 3.16 (2) $\Rightarrow$ (1) より $A \cap \overline{\mathcal{Q}}_N$ がルベーグ可測であることがわかります. 　(主張の証明終)

この主張から, $m^*(A) = \infty$ の場合の (2) $\Rightarrow$ (1) は明らかです. これで定理 3.16′ の証明が終りました. ∎

次のことは本質的にはすでに定理の証明中で示されたことです.

系 3.19　$A \in \mathfrak{M}$ ならば, 任意の自然数 N に対して $A \cap \overline{\mathcal{Q}}_N \in \mathfrak{M}$ である.

証明　$A \in \mathfrak{M}$ ならば定理 3.16′ (1) $\Rightarrow$ (2) より条件 (2) が成り立つので, 定理 3.16′ の証明中に示した「主張」からこの系が導かれます. ∎

この系から定理 3.1 および系 3.15 が, 外測度が有限とは限らない場合にも成り立つことが容易に証明できます.

定理 3.1′（m **の完全加法性**）　$A_1, A_2, \cdots \in \mathfrak{M}$ とし, $A_i \cap A_j = \varnothing$ $(i \neq j)$ とする. このとき, $\displaystyle\bigcup_{j=1}^{\infty} A_j \in \mathfrak{M}$ であり,

$$m\left(\bigcup_{j=1}^{\infty} A_j\right) = \sum_{j=1}^{\infty} m(A_j) \tag{3.13}$$

が成り立つ.

証明　$m^*\left(\displaystyle\bigcup_{j=1}^{\infty} A_j\right) < \infty$ の場合は証明済みなので, $m^*\left(\displaystyle\bigcup_{j=1}^{\infty} A_j\right) = \infty$ の場合を示します. $\left(\displaystyle\bigcup_{j=1}^{\infty} A_j\right) \cap \overline{\mathcal{Q}}_N = \displaystyle\bigcup_{j=1}^{\infty}(A_j \cap \overline{\mathcal{Q}}_N)$ です. A_j はルベーグ可測なので, 系 3.19 より, $A_j \cap \overline{\mathcal{Q}}_N$ はルベーグ可測です. ゆえに定理 3.1 から $\left(\displaystyle\bigcup_{j=1}^{\infty} A_j\right) \cap \overline{\mathcal{Q}}_N \in \mathfrak{M}$ であることがわかります. ゆえに $\displaystyle\bigcup_{j=1}^{\infty} A_j \in \mathfrak{M}$ であり, (3.13) は定理 3.2 より $\infty = \infty$ で成り立ちます. ∎

定理 3.1′ および定理 3.14 より次の系は明らかです.

系 3.15′　$G \subset \mathbb{R}^2$ が開集合ならばルベーグ可測である.

また次のことは定理 3.9 と可測性の定義から明らかです.

系 3.9′　$F \subset \mathbb{R}^2$ が閉集合ならばルベーグ可測である.

練習問題

問題 3.6　(3.11) の F が閉集合であることを証明せよ.

問題 3.7　$A = \{(r,s): r$ または s の少なくとも一方は無理数 $\}$ とする. 任意の $\varepsilon > 0$ に対して, $K \subset A \subset G, m(G \setminus K) < \varepsilon$ をみたす閉集合 K と開集合 G の例を あげよ.

第4章

ルベーグ測度の代数的および幾何的性質

この章ではルベーグ測度のもつ集合代数的な性質と幾何的な性質について述べたいと思います.

4.1　ルベーグ可測集合族の代数と等測包

前章で学んだルベーグ可測性の開集合と閉集合による特徴づけ（定理 3.16′）を用いて, ルベーグ可測集合からなる集合の族 $\mathfrak{M}$ がいくつかの重要な集合演算について閉じていることを示します. また, ルベーグ可測集合が G_δ 集合と零集合の差で表せるということも証明します. これはルベーグ可測集合を解析する上でしばしば用いられます.

定理 4.1　　(1)　$\varnothing, \mathbb{R}^2 \in \mathfrak{M}$

(2)　$A \in \mathfrak{M} \implies A^c \in \mathfrak{M}$

(3)　$A_1, A_2 \in \mathfrak{M} \implies A_1 \cup A_2, A_1 \cap A_2, A_1 \setminus A_2 \in \mathfrak{M}$

(4)　$A_n \in \mathfrak{M} \ (n = 1, 2, \cdots) \implies \bigcup_{n=1}^{\infty} A_n, \ \bigcap_{n=1}^{\infty} A_n \in \mathfrak{M}$

証明　　(1)　明らかです.

(2)　定理 3.16′ より,

$$F \subset A \subset G, \ m(G \setminus F) < \varepsilon$$

をみたす閉集合 F と開集合 G が存在します. また $G^c \subset A^c \subset F^c$ であり,

さらに $F^c \setminus G^c = G \setminus F$ なので再び定理 3.16′ より $A^c \in \mathfrak{M}$ が示されます.

(3)　まず $A_1 \cap A_2 \in \mathfrak{M}$ を示します.　定理 3.16′ より

$$F_j \subset A_j \subset G_j,\ m(G_j \setminus F_j) < \frac{\varepsilon}{2}$$

をみたす閉集合 F_j と開集合 G_j が存在します $(j = 1, 2)$.　そこで

$$F = F_1 \cap F_2,\ G = G_1 \cap G_2$$

とおくと F は閉集合, G は開集合, さらに $F \subset A_1 \cap A_2 \subset G$ となっています. また

$$
\begin{aligned}
G \setminus F &= (G_1 \cap G_2) \setminus (F_1 \cap F_2) = (G_1 \cap G_2) \cap (F_1^c \cup F_2^c) \\
&= (G_1 \cap G_2 \cap F_1^c) \cup (G_1 \cap G_2 \cap F_2^c) \\
&\subset (G_1 \cap F_1^c) \cup (G_2 \cap F_2^c) = (G_1 \setminus F_1) \cup (G_2 \setminus F_2).
\end{aligned}
$$

ゆえに

$$m(G \setminus F) \le m(G_1 \setminus F_1) + m(G_2 \setminus F_2) < \varepsilon$$

となります.　したがって定理 3.16′ より $A_1 \cap A_2 \in \mathfrak{M}$ が得られます.

このことと (2) より

$$A_1 \setminus A_2 = A_1 \cap A_2^c \in \mathfrak{M},\ A_1 \cup A_2 = (A_1^c \cap A_2^c)^c \in \mathfrak{M}$$

を得ます.

(4)　$B_1 = A_1,\ B_n = A_n \setminus \left(\bigcup_{j=1}^{n-1} A_j \right)\ (n \ge 2)$ とおくと, $B_i \cap B_j = \varnothing\ (i \ne j)$ です (問題 4.1 参照).　また (3) より $B_n \in \mathfrak{M}$ ですから, 定理 3.1′ より

$$\bigcup_{n=1}^{\infty} A_n = \bigcup_{n=1}^{\infty} B_n \in \mathfrak{M}$$

が示されます.　さらに (2) より,

$$\bigcap_{n=1}^{\infty} A_n = \left(\bigcup_{n=1}^{\infty} A_n^c \right)^c \in \mathfrak{M}$$

もわかります. ∎

系 4.2 $A, B \in \mathfrak{M}, \ A \subset B, \ m(A) < \infty$ ならば

$$m(B \setminus A) = m(B) - m(A).$$

証明 定理 4.1 より $B \setminus A \in \mathfrak{M}$ であり, $A \cap (B \setminus A) = \varnothing$ ですから

$$m(B) = m(B \setminus A) + m(A).$$

したがって, 系が示されました. ∎

さて, 集合 $G \subset \mathbb{R}^2$ が G_δ **集合**であるとは, ある可算個の開集合 $G_1, G_2,$ $\cdots$ の共通部分になっていること, すなわち $G = \bigcap\limits_{n=1}^{\infty} G_n$ となっていることです. また $F \subset \mathbb{R}^2$ が F_σ **集合**であるとは, ある可算個の閉集合 $F_1, F_2, \cdots$ に対して $F = \bigcup\limits_{n=1}^{\infty} F_n$ となっていることです. 定理 4.1 より G_δ 集合も F_σ 集合もルベーグ可測になっています.

定理 3.16′ より次のことがわかります.

系 4.3 $E \in \mathfrak{M}$ とする. このときつぎをみたす G_δ 集合 G と F_σ 集合 F が存在する.

$$F \subset E \subset G, \quad m(G \setminus F) = 0$$

証明 定理 3.16′ よりある閉集合 F_n と開集合 $G_n \ (n = 1, 2, \cdots)$ で

$$F_n \subset E \subset G_n, \quad m(G_n \setminus F_n) < 1/n$$

となるものをとることができます. そこで

$$F = \bigcup_{n=1}^{\infty} F_n, \quad G = \bigcap_{n=1}^{\infty} G_n$$

とすると, F は F_σ 集合, G は G_δ 集合です. また

$$G \setminus F = \left(\bigcap_{n=1}^{\infty} G_n \right) \cap \left(\bigcup_{n=1}^{\infty} F_n \right)^c = \left(\bigcap_{n=1}^{\infty} G_n \right) \cap \left(\bigcap_{n=1}^{\infty} F_n^c \right)$$

$$\subset G_k \cap F_k^c = G_k \setminus F_k \ (k = 1, 2, \cdots)$$

です．したがって，任意の自然数 k に対して

$$m(G \setminus F) \leq m(G_k \setminus F_k) < 1/k$$

です．よって $m(G \setminus F) = 0$ でなければなりません．∎

系 4.3 のような F を E の **等測核**，G を E の **等測包** といいます．

この系から，ルベーグ可測集合が必ず G_δ 集合と零集合の差で次のように表されることがわかります．

系 4.4 $E \subset \mathbb{R}^2$ とする．E がルベーグ可測であるための必要十分条件は，ある G_δ 集合 G と零集合 N で

$$E = G \setminus N, \ G \supset N$$

なるものが存在することである．

証明 E の等測包を G とし，$N = G \setminus E$ とすればよい．∎

最後にルベーグ測度に関する重要な性質を述べておきます．これはある幾何的な操作を無限回繰り返すことによって得られる図形のルベーグ測度を求めるのにしばしば使われます．

定理 4.5 $A_1, A_2, \cdots \subset \mathbb{R}^2$ がルベーグ可測であるとする．
(1) $A_1 \subset A_2 \subset \cdots$ ならば

$$\lim_{n \to \infty} m(A_n) = m\left(\bigcup_{n=1}^{\infty} A_n \right).$$

(2) $A_1 \supset A_2 \supset \cdots$ かつ $m(A_1) < \infty$ ならば

$$\lim_{n \to \infty} m(A_n) = m\left(\bigcap_{n=1}^{\infty} A_n \right).$$

証明　(1) ある A_j が $m(A_j) = \infty$ となっている場合は $\infty = \infty$ として成り立つので，すべての j に対して $m(A_j) < \infty$ の場合を示します．$B_1 = A_1,\ B_2 = A_2 \setminus A_1, \cdots, B_n = A_n \setminus A_{n-1}, \cdots$ とおくと

$$\bigcup_{n=1}^{\infty} A_n = \bigcup_{n=1}^{\infty} B_n, \quad B_i \cap B_j = \varnothing \quad (i \neq j)$$

ですから

$$m\left(\bigcup_{n=1}^{\infty} A_n\right) = m\left(\bigcup_{n=1}^{\infty} B_n\right) = \sum_{n=1}^{\infty} m(B_n)$$

となります．一方，系 4.2 より

$$\sum_{n=1}^{\infty} m(B_n) = \lim_{n \to \infty} \sum_{j=1}^{n} m(B_j)$$

$$= \lim_{n \to \infty} \left\{ \sum_{j=2}^{n} (m(A_j) - m(A_{j-1})) + m(A_1) \right\}$$

$$= \lim_{n \to \infty} m(A_n)$$

が成り立ちます．

(2) $A_1 \setminus \left(\bigcap_{n=1}^{\infty} A_n\right) = A_1 \cap \left(\bigcup_{n=1}^{\infty} A_n^c\right) = \bigcup_{n=1}^{\infty} (A_1 \setminus A_n)$. また $A_1 \setminus A_n \subset A_1 \setminus A_{n-1}$ となっています．したがって (1) より

$$m\left(A_1 \setminus \left(\bigcap_{n=1}^{\infty} A_n\right)\right) = \lim_{n \to \infty} m(A_1 \setminus A_n) = \lim_{n \to \infty} (m(A_1) - m(A_n))$$

です．ここで $m(A_n)$ は単調減少列ですから，$\lim_{n \to \infty} m(A_n)$ が存在し，したがって

$$\lim_{n \to \infty} (m(A_1) - m(A_n)) = m(A_1) - \lim_{n \to \infty} m(A_n)$$

となります．一方

$$m\left(A_1 \setminus \left(\bigcap_{n=1}^{\infty} A_n\right)\right) = m(A_1) - m\left(\bigcap_{n=1}^{\infty} A_n\right)$$

より（2）が成り立つことがわかります．■

この定理の一つの応用として次のことがわかります．

例 4.6　第 1.2 節で定義した 2 次元ハルナック集合 H はルベーグ可測であり，

$$m(H) = \frac{1}{4}$$

である．

証明　H_n を第 1.2 節で定めた図形とします．H_n は閉集合なので，明らかにルベーグ可測です．また定理 4.1 より $H = \bigcap_{n=0}^{\infty} H_n$ もルベーグ可測で，定理 4.5 から

$$m(H) = \lim_{n \to \infty} m(H_n)$$

です．ところで，第 1.2 節で示したように，H_n は一辺

$$\frac{1}{2^{n+1}} \left(1 + \left(\frac{1}{2} \right)^n \right)$$

の基本正方形 4^n 個からなっています．したがって，

$$m(H_n) = \left\{ \frac{1}{2^{n+1}} \left(1 + \left(\frac{1}{2} \right)^n \right) \right\}^2 \times 4^n = \frac{1}{4} \left(1 + \left(\frac{1}{2} \right)^n \right)^2$$

です．ゆえに $m(H) = 1/4$ となります．■

練習問題

問題 4.1　$A_n \subset \mathbb{R}^2$ $(n = 1, 2, \cdots)$ とし，$B_1 = A_1, B_n = A_n \setminus \left(\bigcup_{j=1}^{n-1} A_j \right)$ $(n = 2, 3, \cdots)$ とおく．このとき

$$\bigcup_{n=1}^{\infty} A_n = \bigcup_{n=1}^{\infty} B_n$$

を示せ.

4.2 ルベーグ測度の平行移動と回転不変性について

ルベーグ測度を定義する際,まず一つの直交座標系をとり固定したうえで,基本正方形を定義することから始めました.それでは別の直交座標系を使って定義したらどうなるでしょう.直観的には別の直交座標系から始めても結果は同じになることが予想できます.なぜならば感覚的には図形を平行移動したり,裏返したり,回転してもその面積は変化しないからです.

本節ではルベーグ測度が平行移動,裏返し,回転に関して不変であることを証明します.まずこれらの変換の定義を復習しておきましょう.$\boldsymbol{p} = (p_1, p_2) \in \mathbb{R}^2$ に対して

$$\tau_{\boldsymbol{p}}(x_1, x_2) = (x_1 - p_1, x_2 - p_2) \tag{4.1}$$

が**平行移動**です.$R(x_1, x_2) = (-x_1, x_2)$ を**裏返し**といいます.また

$$T(x, y) = (x \cos\theta - y \sin\theta, x \sin\theta + y \cos\theta)$$

が(回転角 θ の)**回転**です.一般に F を $\mathbb{R}^2$ から $\mathbb{R}^2$ への写像とするとき,$A \subset \mathbb{R}^2$ に対して

$$F(A) = \{F(x, y) : (x, y) \in A\}$$

と表すことにします.

図 4.1 平行移動・裏返し・回転

はじめに次の補題を証明しておきましょう.

補題 4.7 F を $\mathbb{R}^2$ から $\mathbb{R}^2$ への上への 1 対 1 写像で,F およびその逆写

像 F^{-1} による有界閉集合の像が有界閉集合になっているものとする. さらに
ある数 $c > 0$ が存在し, 任意の $A \subset \mathbb{R}^2$ に対して, $m^*(A) = cm^*(F(A))$ を
みたしているとする. このとき, $A \in \mathfrak{M}$ ならば $F(A) \in \mathfrak{M}$ である.

証明　$m^*(F^{-1}(A)) = cm^*(F(F^{-1}(A))) = cm^*(A)$ であることに注意し
ておきます. まず $m^*(A) < \infty$ の場合を示します. このとき $cm^*(F(A)) =$
$m^*(A) < \infty$ でもあります. ルベーグ内測度の定義に使われている sup の性
質より, 任意の $\varepsilon > 0$ に対して, ある有界閉集合 K で,

$$K \subset F(A), \quad m_*(F(A)) - \varepsilon \le m^*(K) \tag{4.2}$$

をみたすものがとれます. ここで, $F^{-1}(K) \subset A$ であり $F^{-1}(K)$ は有界閉集
合なので

$$m^*(F^{-1}(K)) \le m_*(A)$$

です. さらに $m^*(F^{-1}(K)) = cm^*(K)$ ですから, (4.2) より

$$m^*(F^{-1}(K)) = cm^*(K) \ge cm_*(F(A)) - c\varepsilon$$

となります. したがって $m_*(A) \ge cm_*(F(A)) - c\varepsilon$ ですが, ε は任意の正数
なので,

$$m_*(A) \ge cm_*(F(A))$$

が得られます.

　F の代わりに F^{-1}, A の代わりに $F(A)$ を考え, $m^*(F(B)) = c^{-1}m^*(B)$
を用いれば, 同様の議論で

$$m_*(F(A)) \ge c^{-1}m_*(A)$$

がわかります. ゆえに

$$cm_*(F(A)) \le m_*(A) \le cm_*(F(A))$$

より $m_*(A) = cm_*(F(A))$ となり, 補題の仮定から

$$cm_*(F(A)) = m_*(A) = m^*(A) = cm^*(F(A))$$

が示されます. ゆえに $F(A) \in \mathfrak{M}$ です.

$m^*(A) = \infty$ の場合は,

$$m^*(A \cap \overline{\mathcal{Q}}_N) < \infty \quad (\overline{\mathcal{Q}}_N = [-N, N] \times [-N, N])$$

であることから $F(A \cap \overline{\mathcal{Q}}_N) \in \mathfrak{M}$ です. よって

$$F(A) = \bigcup_{N=1}^{\infty} F(A \cap \overline{\mathcal{Q}}_N) \in \mathfrak{M}$$

となります. ∎

ここで $\tau_{\boldsymbol{p}}, R, T,$ ならびに $\tau_{\boldsymbol{p}}^{-1}, R^{-1}, T^{-1}$ は有界閉集合を有界閉集合に写していることに注意しておきます. このことを使って, まずルベーグ可測性が平行移動不変であることを示します.

定理 4.8 $\boldsymbol{p} \in \mathbb{R}^2$ とする. $A \subset \mathbb{R}^2$ がルベーグ可測ならば, その平行移動 $\tau_{\boldsymbol{p}}(A)$ もルベーグ可測であり,

$$m(\tau_{\boldsymbol{p}}(A)) = m(A)$$

が成り立つ.

証明 基本正方形 $Q = [a_1, b_1) \times [a_2, b_2)$ に対して

$$\tau_{\boldsymbol{p}}(Q) = [a_1 - p_1, b_1 - p_1) \times [a_2 - p_2, b_2 - p_2) \ (=: Q - \boldsymbol{p})$$

なので, $|\tau_{\boldsymbol{p}}(Q)| = |Q|$ です. したがって, $A \subset \bigcup_{k=1}^{\infty} Q_k$ なる A の基本正方形による被覆を考えると, $\tau_{\boldsymbol{p}}(A) \subset \bigcup_{k=1}^{\infty} \tau_{\boldsymbol{p}}(Q_k)$ であり,

$$m^*(\tau_{\boldsymbol{p}}(A)) \leq \sum_{k=1}^{\infty} |\tau_{\boldsymbol{p}}(Q_k)| = \sum_{k=1}^{\infty} |Q_k|.$$

$m^*(A)$ の定義より, $m^*(\tau_{\boldsymbol{p}}(A)) \leq m^*(A)$ を得ます. ここで $\tau_{\boldsymbol{p}}$ の代わりに $\tau_{-\boldsymbol{p}}$ を考えると

$$m^*(A) = m^*(\tau_{-\boldsymbol{p}}(\tau_{\boldsymbol{p}}(A))) \leq m^*(\tau_{\boldsymbol{p}}(A))$$

が得られます. よって補題 4.7 より定理が示されました. ∎

　裏返しの場合もほとんど同様に証明されます.

　定理 4.9　$A \subset \mathbb{R}^2$ がルベーグ可測ならば, $R(A)$ もルベーグ可測であり,

$$m(R(A)) = m(A)$$

が成り立つ.

　証明　$A \subset \bigcup_{j=1}^{\infty} Q_j$ なる基本正方形による任意の被覆を考えます. 一般に $I = [a_1, b_1] \times [a_2, b_2]$ に対して $R(I) = (-b_1, -a_1] \times [a_2, b_2)$ なので $m^*(R(I)) = |I|$ です. したがって $R(A) \subset \bigcup_{j=1}^{\infty} R(Q_j)$ より

$$m^*(R(A)) \leq \sum_{j=1}^{\infty} m^*(R(Q_j)) = \sum_{j=1}^{\infty} |Q_j|$$

です. したがって $m^*(R(A)) \leq m^*(A)$ でなければなりません. これより

$$m^*(A) = m^*(R(R(A))) \leq m^*(R(A))$$

もわかります. したがって補題 4.7 から定理が証明されます. ∎

　最後に回転について調べましょう.

　定理 4.10　T を回転とする. $A \subset \mathbb{R}^2$ がルベーグ可測ならば $T(A)$ もルベーグ可測であり,

$$m(T(A)) = m(A)$$

である.

　証明　$I_0 = (0, 1) \times (0, 1)$ とおきます. $\delta_\lambda(x, y) = (\lambda x, \lambda y)$ とすると, 一辺 λ の任意の基本開正方形 Q はある $\boldsymbol{p} \in \mathbb{R}^2$ によって

$$Q = \delta_\lambda(I_0) - \boldsymbol{p} \tag{4.3}$$

と表せます. まず次のことを示しておきましょう.

$$m(T(Q)) = m(Q)m(T(I_0)) \tag{4.4}$$

(なお開集合を回転したものも開集合なので, $T(Q)$ が開集合であり, したがってルベーグ可測集合であることに注意しておきます). (4.3) より

$$T(Q) = T(\delta_\lambda(I_0)) - T(\boldsymbol{p}) = \delta_\lambda(T(I_0)) - T(\boldsymbol{p})$$

ですから, 定理 4.8 より $m(T(Q)) = m(\delta_\lambda(T(I_0)))$ となります. そこで $T(I_0) = \bigcup_{k=1}^{\infty} I_k$ なる互いに交わらない 2 進正方形 I_k をとると, $\delta_\lambda(T(I_0)) = \bigcup_{k=1}^{\infty} \delta_\lambda(I_k)$ ですから

$$m(\delta_\lambda(T(I_0))) = m\left(\bigcup_{k=1}^{\infty} \delta_\lambda(I_k)\right) = \sum_{k=1}^{\infty} |\delta_\lambda(I_k)| = \lambda^2 \sum_{k=1}^{\infty} |I_k|$$
$$= \lambda^2 m(T(I_0)) = m(Q)m(T(I_0))$$

となります. したがって (4.4) が示されます.

次に任意の空でない開集合 $G \subset \mathbb{R}^2$ に対して,

$$m(T(G)) = m(G)m(T(I_0)) \tag{4.5}$$

となることを証明します. そのため, $G = \bigcup_{k=1}^{\infty} Q_k$ なる互いに交わらない 2 進正方形 Q_k をとります. Q_k^o を Q_k の内部とすると, $Q_k \setminus Q_k^o$ は 2 本の線分からなっています. したがって T が回転であることより $T(Q_k) \setminus T(Q_k^o)$ も 2 本の線分の合併になっています. さらに命題 2.13 より線分は零集合ですから, $T(Q_k) = T(Q_k^o) \cup (T(Q_k) \setminus T(Q_k^o))$ はルベーグ可測であることおよび, $m(Q_k) = m(Q_k^o)$, $m(T(Q_k)) = m(T(Q_k^o))$ がわかります. ゆえに, $T(G) = \bigcup_{k=1}^{\infty} T(Q_k)$ および (4.4) より

$$m(T(G)) = \sum_{k=1}^{\infty} m(T(Q_k)) = \sum_{k=1}^{\infty} m(T(Q_k^o))$$

$$= m(T(I_0)) \sum_{k=1}^{\infty} m(Q_k^o) = m(T(I_0))m(G)$$

となり（4.5）が得られます.

　さて，特に G として原点を中心とする開円板をとると，$G = T(G)$ です. したがって（4.5）より $m(T(I_0)) = 1$ でなければならなりません. すなわち任意の開集合 G に対して

$$m(T(G)) = m(G) \tag{4.6}$$

が成り立ちます.

　一般の $A \subset \mathbb{R}^2$ に対して，

$$m^*(A) = \inf \{ m(G) : A \subset G, \ G \ は \ \mathbb{R}^2 の開集合 \} \tag{4.7}$$

（補題 3.17 参照）です. したがって，（4.6）と考え合わせて，$m^*(T(A)) = m^*(A)$ を得ます. すなわち，ルベーグ外測度は回転不変です. 後は補題 4.7 より定理が証明されます. ∎

練習問題

問題 4.2　　$0 < \lambda < \infty$ とする. $E \subset \mathbb{R}^2$ がルベーグ可測ならば，$\delta_\lambda(E)$ もルベーグ可測であり，

$$m(\delta_\lambda(E)) = \lambda^2 m(E)$$

が成り立つ.

第 5 章

カラテオドリによるルベーグ可測性の特徴づけ

　本章ではカラテオドリ（C. Carathéodory）によるルベーグ可測性の特徴づけを述べます．ここでの考察は，後で s 次元ハウスドルフ測度を定義するときにも使うことになります．

　カラテオドリはルベーグ可測性の定義と見かけ上異なる次のような可測性を導入しました．

　定義 5.1　$A \subset \mathbb{R}^2$ とする．A が**カラテオドリの意味で可測**であるとは，任意の集合 $E \subset \mathbb{R}^2$ に対して

$$m^*(E) = m^*(E \cap A) + m^*(E \cap A^c) \tag{5.1}$$

が成り立つことである．

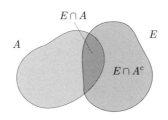

図 5.1　E は互いに交わらない $E \cap A$ と $E \cap A^c$ の和集合

ルベーグの可測性とカラテオドリの可測性の定義の考え方には大きな違いが

あります. それは, ルベーグ測度の定義 (定義 2.10, 3.18) は思想的にはジョルダンのものと同じく, 外測度と内測度の一致により可測性を定義したのに対して, カラテオドリの定義は, 可測性をある意味でルベーグ外測度の加法性ともいえる性質で定義していることです. このことはつぎに述べる命題 5.2 をみればより明確に理解できると思います. しかし, じつはこのカラテオドリの可測性とルベーグの可測性は同値なものになっています. 本節の目標はその同値性を証明することです (→ 定理 5.5).

命題 5.2　$A \subset \mathbb{R}^2$ とする. A がカラテオドリの意味で可測であるための必要十分条件は, 任意の集合 $E_1 \subset A$ と 任意の集合 $E_2 \subset A^c$ に対して

$$m^*(E_1 \cup E_2) = m^*(E_1) + m^*(E_2)$$

となることである.

証明　十分性は $E_1 = E \cap A$, $E_2 = E \cap A^c$ とすれば明らか. 必要性は $E = E_1 \cup E_2$ とおくと $E_1 = E \cap A$, $E_2 = E \cap A^c$ なので (5.1) より示せます. ∎

本書では, カラテオドリの意味で可測な集合 $A \subset \mathbb{R}^2$ 全体のなす集合族を $\mathfrak{M}^*$ と表すことにします.

カラテオドリの可測性の定義が興味深い一つの点は, ルベーグ外測度のもつ次の三つの集合代数的な性質

$$0 \leq m^*(A) \leq \infty, \, m^*(\varnothing) = 0 \qquad \textbf{(非負性)} \qquad (5.2)$$

$$A \subset B \Longrightarrow m^*(A) \leq m^*(B) \qquad \textbf{(単調性)} \qquad (5.3)$$

$$m^* \left(\bigcup_{n=1}^{\infty} A_n \right) \leq \sum_{n=1}^{\infty} m^*(A_n) \qquad \textbf{(劣加法性)} \qquad (5.4)$$

のみを使って (位相数学的な考察を介さず) たとえば, $A_n \in \mathfrak{M}^*$ $(n = 1, 2, \cdots)$ に対する m^* の完全加法性

$$A_i \cap A_j = \varnothing \, (i \neq j) \Longrightarrow m^* \left(\bigcup_{n=1}^{\infty} A_n \right) = \sum_{n=1}^{\infty} m^*(A_n)$$

などを証明できることです. このことは, 後でハウスドルフ測度を論ずるとき

にその重要性が示されます.

以下, 完全加法性の証明をしてみましょう.

まず任意の集合 $E_1 \subset A$ と 任意の集合 $E_2 \subset A^c$ に対して

$$m^*(E_1 \cup E_2) \geq m^*(E_1) + m^*(E_2)$$

であれば A はカラテオドリの意味で可測になっていることに注意しておきます. なぜならルベーグ外測度の劣加法性から

$$m^*(E_1 \cup E_2) \leq m^*(E_1) + m^*(E_2)$$

は常に成り立っているからです.

$\mathfrak{M}^*$ は集合演算に関して次のような性質をもっていることを示しておきましょう.

命題 5.3 (1) $\varnothing, \mathbb{R}^2 \in \mathfrak{M}^*$.

(2) $A \in \mathfrak{M}^*$ ならば $A^c \in \mathfrak{M}^*$.

(3) $A_1, A_2, \cdots \in \mathfrak{M}^*$ ならば $\displaystyle\bigcap_{j=1}^{\infty} A_j \in \mathfrak{M}^*$, $\displaystyle\bigcup_{j=1}^{\infty} A_j \in \mathfrak{M}^*$.

証明 (1), (2) は定義から明らかです. (3) を示します. E を $\mathbb{R}^2$ の任意の部分集合とするとき $A_1 \in \mathfrak{M}^*$ より

$$m^*(E) = m^*(E \cap A_1) + m^*(E \cap A_1^c)$$

です. また $A_2 \in \mathfrak{M}^*$ より上式の右辺第 2 項は

$$m^*(E \cap A_1^c) = m^*(E \cap A_1^c \cap A_2) + m^*(E \cap A_1^c \cap A_2^c)$$

となります. さらに $A_3 \in \mathfrak{M}^*$ より上式の右辺第 2 項は

$$m^*(E \cap A_1^c \cap A_2^c) = m^*(E \cap A_1^c \cap A_2^c \cap A_3) + m^*(E \cap A_1^c \cap A_2^c \cap A_3^c)$$

となります. 以上の考察を繰り返せば, 帰納的に

$$m^*(E) = m^*(E \cap A_1) + \sum_{k=2}^{n} m^* \left(E \cap \bigcap_{j=1}^{k-1} A_j^c \cap A_k \right) + m^* \left(E \cap \bigcap_{j=1}^{n} A_j^c \right)$$

を得ます．これより

$$m^*(E) \geq m^*(E \cap A_1) + \sum_{k=2}^{n} m^* \left(E \cap \bigcap_{j=1}^{k-1} A_j^c \cap A_k \right) + m^* \left(E \cap \bigcap_{j=1}^{\infty} A_j^c \right)$$

がわかります．ここで $n \to \infty$ とすると

$$m^*(E) \geq m^*(E \cap A_1) + \sum_{k=2}^{\infty} m^* \left(E \cap \bigcap_{j=1}^{k-1} A_j^c \cap A_k \right) + m^* \left(E \cap \bigcap_{j=1}^{\infty} A_j^c \right)$$

$$= m^*(E \cap A_1) + \sum_{k=2}^{\infty} m^* \left(E \cap A_k \setminus \bigcup_{j=1}^{k-1} A_j \right)$$

$$+ m^* \left(E \cap \left(\bigcup_{j=1}^{\infty} A_j \right)^c \right) \tag{5.5}$$

が得られます．さて，外測度の劣加法性（5.4）より

$$m^*(E \cap A_1) + \sum_{k=2}^{\infty} m^* \left(E \cap A_k \setminus \bigcup_{j=1}^{k-1} A_j \right)$$

$$\geq m^* \left((E \cap A_1) \cup \bigcup_{k=2}^{\infty} \left(E \cap A_k \setminus \bigcup_{j=1}^{k-1} A_j \right) \right)$$

です．さらに

$$\bigcup_{k=2}^{\infty} \left(E \cap A_k \setminus \bigcup_{j=1}^{k-1} A_j \right) = E \cap \left(\bigcup_{k=2}^{\infty} \left(A_k \setminus \bigcup_{j=1}^{k-1} A_j \right) \right)$$

$$= E \cap \left((A_2 \setminus A_1) \cup \left(A_3 \setminus \bigcup_{j=1}^{2} A_j \right) \cup \cdots \right)$$

なので

$$(E \cap A_1) \cup \bigcup_{k=2}^{\infty} \left(E \cap A_k \setminus \bigcup_{j=1}^{k-1} A_j \right)$$

$$= E \cap \left(A_1 \cup (A_2 \setminus A_1) \cup \left(A_3 \setminus \bigcup_{j=1}^{2} A_j \right) \cup \cdots \right)$$

$$= E \cap \left(\bigcup_{j=1}^{\infty} A_j \right)$$

となります. したがって

$$m^*(E) \geq m^* \left(E \cap \left(\bigcup_{j=1}^{\infty} A_j \right) \right) + m^* \left(E \cap \left(\bigcup_{j=1}^{\infty} A_j \right)^c \right)$$

が得られます. ゆえに $\bigcup_{j=1}^{\infty} A_j \in \mathfrak{M}^*$ が成り立ちます. また (2) を用いて,

$$\bigcap_{j=1}^{\infty} A_j = \left(\bigcup_{j=1}^{\infty} A_j^c \right)^c \in \mathfrak{M}^*$$ です. ■

定理 5.4　$A_n \in \mathfrak{M}^* \ (n = 1, 2, \cdots)$, $A_i \cap A_j = \varnothing \ (i \neq j)$ ならば

$$m^* \left(\bigcup_{n=1}^{\infty} A_n \right) = \sum_{n=1}^{\infty} m^*(A_n)$$

が成り立つ.

証明　(5.5) を $E = \bigcup_{n=1}^{\infty} A_n$ に対して適用します.

$$E \cap A_k \setminus \bigcup_{j=1}^{k-1} A_j = A_k, \quad E \cap \left(\bigcup_{j=1}^{\infty} A_j \right)^c = \varnothing$$

ですから (5.5) より

$$m^*(E) \geq \sum_{k=1}^{\infty} m^* (A_k)$$

を得ます. (5.4) から逆向きの不等式も成り立ちます. ■

　最後にカラテオドリの意味の可測性とルベーグ可測性が一致していることを証明しておきます.

定理 5.5　$A \subset \mathbb{R}^2$ とする. このとき次の (1), (2) は同値である.

(1)　A はルベーグ可測である.

(2)　A はカラテオドリの意味で可測である.

　証明　(1) $\Rightarrow$ (2)：任意に $E \subset \mathbb{R}^2$ をとります. 任意の $\varepsilon > 0$ に対して, 補題 3.17 より

$$E \subset G, \ m(G) \le m^*(E) + \varepsilon$$

なる開集合 G が存在します. A のルベーグ可測性と $G = (G \cap A) \cup (G \cap A^c)$ および $(G \cap A) \cap (G \cap A^c) = \varnothing$ より

$$m(G) = m(G \cap A) + m(G \cap A^c).$$

　ゆえに

$$m^*(E) \ge m(G) - \varepsilon = m(G \cap A) + m(G \cap A^c) - \varepsilon$$
$$\ge m^*(E \cap A) + m^*(E \cap A^c) - \varepsilon.$$

　したがって

$$m^*(E) \ge m^*(E \cap A) + m^*(E \cap A^c)$$

となります. 逆向きの不等式は外測度の劣加法性によります.

　(2) $\Rightarrow$ (1)：まず $m^*(A) < \infty$ の場合を証明します. 任意の $\varepsilon > 0$ に対して

$$A \subset G, \ m^*(G) < m^*(A) + \varepsilon$$

をみたすような開集合 G をとることができ, また

$$G \setminus A \subset U, \ m^*(U) < m^*(G \setminus A) + \varepsilon$$

なる開集合 U も存在します. A はカラテオドリの意味で可測なので

$$m^*(G) = m^*(G \cap A) + m^*(G \cap A^c) = m^*(A) + m^*(G \setminus A).$$

　ゆえに

$$m^*(G \setminus A) = m^*(G) - m^*(A) < \varepsilon.$$

したがって

$$m^*(U) < 2\varepsilon$$

です. $V = U \cap G$ とおき, $K = G \setminus V$ とおくと, K はルベーグ可測ですから, ある有界閉集合 $K' \subset K$ で,

$$m^*(K') + \varepsilon > m_*(K) = m^*(K)$$

なるものが存在します. また

$$K' \subset K = G \cap V^c = G \cap (U^c \cup G^c) = G \cap U^c$$
$$\subset G \cap (G \setminus A)^c = G \cap (G^c \cup A) = G \cap A$$
$$= A$$

です. さらに補題 3.17（ii）より

$$m^*(G \setminus K') = m^*(G) - m^*(K') \leq m^*(G) - m^*(K) + \varepsilon$$
$$= m^*(G) - m^*(G) + m^*(V) + \varepsilon$$
$$< 3\varepsilon$$

がわかります. ゆえに定理 3.16′ より A はルベーグ可測となります.

$m^*(A) = \infty$ の場合, 命題 5.3（3）より $A_n = A \cap ([-n, n] \times [-n, n])$ もカラテオドリの意味で可測なので（注：すでに示した（1）$\Rightarrow$（2）より $[-n, n] \times [-n, n]$ がカラテオドリの意味で可測）, すでに示したように A_n はルベーグ可測になります. ∎

注意 5.1　カラテオドリの可測性によってルベーグ可測性を定義することもあります.

第 6 章

d 次元ルベーグ測度

今まで，平面内の図形のルベーグの意味での面積を考えてきました．この考え方は「長さ」，「体積」にも拡張することができます．このことについて考えてみましょう．本節では，一般の d 次元実数空間

$$\mathbb{R}^d = \{(x_1, \cdots, x_d) : x_1, \cdots, x_d \in \mathbb{R}\}$$

内の図形を扱うことにします．$d = 1$ ならば

$$\mathbb{R}^1 = \{(x_1) : x_1 \in \mathbb{R}\}$$

は数直線であり，$d = 2$ の場合が今まで見てきた平面，そして $d = 3$ の場合がいわゆる空間，すなわち 3 次元ユークリッド空間です．$d = 4, 5, 6, \cdots$ の場合私たちは $\mathbb{R}^d$ の広がりを見ることはできませんが，数学上は考えることができます．

さて，$\mathbb{R}^2$ 上で「面積」の数学的な定義としてルベーグ測度を考えましたが，同様の方法で $\mathbb{R}^d$ 上には d 次元ルベーグ測度が定義できます．それは $d = 1$ ならば長さ，$d = 3$ ならば体積に相当するものです．d 次元ルベーグ測度を定義するためには，基本正方形の代わりに基本立方体を使います．

定義 6.1 $\mathbb{R}^d$ の図形で

$$[a_1, a_1 + l_1) \times \cdots \times [a_d, a_d + l_d)$$

$$(= \{(x_1, \cdots, x_d) : a_1 \le x_1 < a_1 + l_1, \cdots, a_d \le x_d < a_d + l_d\})$$

なるものを d 次元基本直方体とよぶ. 特に $l_1 = \cdots = l_d$ であるときは d 次元基本立方体という. 便宜上, 空集合 $\varnothing$ も d 次元基本立方体ということにする. 1 次元基本立方体を基本線分とよび, 3 次元基本直 (立) 方体を単に基本直 (立) 方体とよぶ[1].

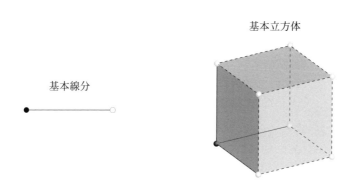

基本立方体

基本線分

図 **6.1** 基本線分と 3 次元基本立方体

以下, d 次元基本直方体 $R = [a_1, a_1 + l_1) \times \cdots \times [a_d, a_d + l_d)$ に対して

$$|R| = l_1 \cdots l_d$$

と定め, R の d 次元体積といいます. ただし $|\varnothing| = 0$ と定めます.

$\mathbb{R}^d$ 上のルベーグ外測度は平面上のルベーグ外測度と同様に次のように定義します.

定義 6.2 $A \subset \mathbb{R}^d$ に対して,

$$m_d^*(A) = \inf \left\{ \sum_{j=1}^{\infty} |Q_j| : \begin{array}{l} Q_j は\ d\ 次元基本立方体で \\ A \subset \bigcup_{j=1}^{\infty} Q_j \end{array} \right\}$$

を A の d **次元ルベーグ外測度**という.

2 次元ルベーグ外測度がこれまで考察してきた平面上のルベーグ外測度に

---

[1] 2 次元基本直 (立) 方体は基本長 (正) 方形のことです.

なっています．また $R = [a_1, a_1 + l_1) \times \cdots \times [a_d, a_d + l_d)$ に対して R の内部と閉包をそれぞれ

$$R^o = (a_1, a_1 + l_1) \times \cdots \times (a_d, a_d + l_d)$$

$$\overline{R} = [a_1, a_1 + l_1] \times \cdots \times [a_d, a_d + l_d]$$

と定めると，2 次元のときと同様にして次のことが証明できます．

定理 6.3　$R = [a_1, a_1 + l_1) \times \cdots \times [a_d, a_d + l_d)$ に対して

$$m_d^*(R) = m_d^*(R^o) = m_d^*(\overline{R}) = |R|.$$

d 次元ルベーグ外測度に対しても次の劣加法性が成り立ちます．

定理 6.4　$A_1, A_2, \cdots \subset \mathbb{R}^d$ に対して

$$m_d^*\left(\bigcup_{j=1}^{\infty} A_j\right) \leq \sum_{j=1}^{\infty} m_d^*(A_j)$$

である．

　証明は 2 次元のときと同じなので読者に委ねます．

　次に d 次元ルベーグ内測度も定義しましょう．そのために $\mathbb{R}^d$ 内の閉集合の定義をしておきます．これも平面の場合と同様です．$\mathbb{R}^d$ 内の点 $x = (x_1, \cdots, x_d)$, $y = (y_1, \cdots, y_d)$ に対して，

$$d(x, y) = \sqrt{\sum_{j=1}^{d} (x_j - y_j)^2}$$

とし，これを x と y との距離といいます．

　今後よく使う記号として，$x, 0 = (0, \cdots, 0) \in \mathbb{R}^d$ に対して

$$|x| = d(x, 0)$$

も定めておきます．d 次元基本直方体 R に対する d 次元体積 $|R|$ と同じ記号ですが，前後の文脈から混乱はないでしょう．

$\mathbb{R}^d$ 内の点列 $x^{(1)}, x^{(2)}, \cdots$ が $\mathbb{R}^d$ 内の点 x に**収束**するとは

$$d(x^{(n)}, x) \to 0 \quad (n \to \infty)$$

となることを定義します.

定義 6.5 $A \subset \mathbb{R}^d$ とする. A 内の点列 $x^{(1)}, x^{(2)}, \cdots$ が $\mathbb{R}^d$ 内の点 x に収束しているならば, 必ず $x \in A$ となるとき, A は**閉集合**であるという. なお空集合 $\varnothing$ も閉集合とする. また, ある d 次元基本長方形に含まれるような閉集合のことを**有界閉集合**という.

たとえば

$$\overline{R} = [a_1, a_1 + l_1] \times \cdots \times [a_d, a_d + l_d]$$

は有界閉集合になっています. 証明は $d = 2$ の場合と同様にしてできます.

d 次元実数空間におけるルベーグ内測度は 2 次元のときと同じように定義されます.

定義 6.6 $A \subset \mathbb{R}^d$ に対して

$$m_{d*}(A) = \sup \{ m_d^*(K) : K \subset A, \ K \text{ は有界閉集合} \}$$

を A の d 次元ルベーグ内測度という.

さて一般の d 次元空間でルベーグ外測度と内測度が定義できたので, 後は次のようにしてルベーグ可測性が定義されます.

定義 6.7 $A \subset \mathbb{R}^d$ とする. $m_d^*(A) < \infty$ の場合

$$m_{d*}(A) = m_d^*(A)$$

をみたすものを d **次元ルベーグ可測集合**あるいは単にルベーグ可測集合といい,

$$m_d(A) = m_d^*(A) \ (= m_{d*}(A))$$

とおく.

また $m_d^*(A) = \infty$ の場合は, すべての自然数 n に対して,

$$A \cap \left(\underbrace{[-n,n] \times \cdots \times [-n,n]}_{d \text{ 個}} \right)$$

がルベーグ可測集合であるとき，A はルベーグ可測集合であるといい，

$$m_d(A) = \infty$$

と定める.

$m_d(A)$ を A の d 次元ルベーグ測度という.

以下，

$$\mathfrak{M}_d = \left\{ A : A \subset \mathbb{R}^d, \ A \text{ は } d \text{ 次元ルベーグ可測} \right\}$$

とします.

いうまでもないことですが前章までの記号との関係をいえば，$m_2 = m$，$m_2^* = m^*$，$m_{2,*} = m_*$，$\mathfrak{M}_2 = \mathfrak{M}$ です.

d 次元ルベーグ測度も 2 次元の場合のルベーグ測度と同様の性質をみたします. そのいくつかを定理として述べますが, 証明は 2 次元の場合と同じなので省略します.

まず d 次元ルベーグ可測集合の閉集合および開集合による特徴付けです. $\mathbb{R}^d$ における開集合を定義しましょう. $x \in \mathbb{R}^d, r > 0$ に対して

$$B_d(x,r) = \left\{ y : y \in \mathbb{R}^d, \ d(x,y) < r \right\}$$

を中心 x, 半径 $r > 0$ の d 次元開球といいます.

定義 6.8　$A \subset \mathbb{R}^d$ が $\mathbb{R}^d$ の**開集合**であるとは，A の点 x に対して，$r > 0$ を

$$B_d(x,r) \subset A$$

となるようにとれることである. なお空集合 $\varnothing$ も開集合とする.

平面上の 2 進正方形の考え方は一般の d 次元数空間 $\mathbb{R}^d$ の場合, 次のように定義されます. これは $\mathbb{R}^d$ 上の解析で用いれらます.

$$\mathbb{Z}^d = \{(k_1, \cdots, k_d) : k_1, \cdots, k_d \in \mathbb{Z}\}$$

とします. 記述を簡略化するために, $k = (k_1, \cdots, k_d)$ と略記します. $n \in \mathbb{Z}$ と $k = (k_1, \cdots, k_d) \in \mathbb{Z}^d$ に対して

$$Q_k^{(n)} = \left[\frac{k_1}{2^n}, \frac{k_1+1}{2^n}\right) \times \cdots \times \left[\frac{k_d}{2^n}, \frac{k_d+1}{2^n}\right)$$

とおき, (第 n 世代の) d 次元 2 進立方体といいます.

$$\mathcal{Q}_n = \left\{Q_k^{(n)} : k \in \mathbb{Z}^d\right\}, \ \mathcal{Q} = \bigcup_{n \in \mathbb{Z}} \mathcal{Q}_n$$

と表します. 2 次元の場合の定理 3.14 の d 次元版として次の定理が成り立ちます.

定理 6.9 G を $\mathbb{R}^d$ の空でない開集合とする. このとき互いに交わらない可算個の d 次元 2 進立方体 $R_1, R_2, \cdots \in \mathcal{Q}$ で

$$G = \bigcup_{j=1}^{\infty} R_j$$

をみたすものが存在する.

証明は 2 次元の場合と同様です. d 次元の場合も開集合, 閉集合がルベーグ可測であることが示せます.. また, 次の定理も得られます.

定理 6.10 $A \subset \mathbb{R}^d$ とする. このとき次の (1), (2) は同値である.
(1) A はルベーグ可測である.
(2) 任意の $\varepsilon > 0$ に対して, 閉集合 K と開集合 G を

$$K \subset A \subset G, \ m_d^*(G \setminus K) < \varepsilon$$

となるようにとることができる.

定理 6.10 を使って次のことが証明できます.

定理 6.11 (1) $\mathfrak{M}_d$ は次の性質をみたす.

(i) $\varnothing,\ \mathbb{R}^d \in \mathfrak{M}_d$,

(ii) $A \in \mathfrak{M}_d \Longrightarrow A^c \in \mathfrak{M}_d$,

(iii) $A_1, A_2 \in \mathfrak{M}_d \Longrightarrow A_1 \setminus A_2 \in \mathfrak{M}_d$,

(iv) $A_1, A_2, \cdots \in \mathfrak{M}_d \Longrightarrow \bigcup\limits_{n=1}^{\infty} A_n,\ \bigcap\limits_{n=1}^{\infty} A_n \in \mathfrak{M}_d$.

(2) m_d は次の性質をみたす.

(i) $m_d(\varnothing) = 0$,

(ii) $A_1, A_2, \cdots \in \mathfrak{M}_d,\ A_i \cap A_j = \varnothing\ (i \neq j)$ のとき

$$m_d \left(\bigcup_{n=1}^{\infty} A_n \right) = \sum_{n=1}^{\infty} m_d(A_n).$$

また,カラテオドリの可測性も $\mathbb{R}^d$ で定式化でき,次のことが成り立ちます.

定理 6.12　$A \subset \mathbb{R}^d$ とする.このとき次の (1), (2) は同値である.

(1)　$A \in \mathfrak{M}_d$.

(2)　任意の集合 $E \subset \mathbb{R}^d$ に対して

$$m_d^*(E) = m_d^*(E \cap A) + m_d^*(E \cap A^c).$$

d 次元の場合も等測核,等測包が定義されます.集合 $G \subset \mathbb{R}^d$ が G_δ 集合であるとは,G がある可算個の開集合 $G_1, G_2, \cdots$ に対して $G = \bigcap\limits_{n=1}^{\infty} G_n$ となっていることです.また $F \subset \mathbb{R}^d$ が F_σ 集合であるとは,ある可算個の閉集合 $F_1, F_2, \cdots$ に対して $F = \bigcup\limits_{n=1}^{\infty} F_n$ となっていることです.定理 6.10 より次の系が成り立ちます.

系 6.13　$E \in \mathfrak{M}_d$ とする.このときつぎをみたす G_δ 集合 G と F_σ 集合 F が存在する.

$$F \subset E \subset G, \quad m_d(G \setminus F) = 0$$

このような F を E の**等測核**,G を E の**等測包**といいます.

d 次元ルベーグ測度零集合は次のように定義されます.

定義 6.14 $E \subset \mathbb{R}^d$ が **d 次元ルベーグ測度零集合**であるとは，$m_d^*(E) = 0$ なることである．特に混乱が生じないときは，d 次元ルベーグ測度零集合を単に**零集合**とよぶ．

E を d 次元ルベーグ測度零集合であるとすると，$0 \leq m_{d*}(E) \leq m_d^*(E) = 0$ ですから，ルベーグ可測であり，$m_d(E) = 0$ であることがわかります．（命題 2.11（2）も参照．）

系 6.13 より次のことがわかります．

系 6.15 $E \subset \mathbb{R}^d$ とする．$E \in \mathfrak{M}_d$ であるための必要十分条件は，ある G_δ 集合 G と零集合 N で

$$E = G \setminus N, \; G \supset N$$

なるものが存在することである．

次の定理は定理 4.5 と同様にして証明できます．

定理 6.16 $A_1, A_2, \cdots \in \mathfrak{M}_d$ とする．

（1） $A_1 \subset A_2 \subset \cdots$ ならば

$$\lim_{n \to \infty} m_d(A_n) = m_d \left(\bigcup_{n=1}^{\infty} A_n \right).$$

（2） $A_1 \supset A_2 \supset \cdots$ であり，かつ $m_d(A_1) < \infty$ ならば

$$\lim_{n \to \infty} m_d(A_n) = m_d \left(\bigcap_{n=1}^{\infty} A_n \right).$$

練習問題

問題 6.1   本章で述べた定理を 2 次元の場合の証明を参考にして証明せよ．

問題 6.2 $E = \mathbb{R}^{d-1} \times \{0\} \subset \mathbb{R}^d$ とする．E は d 次元ルベーグ測度零集合であることを示せ．

第II部
ルベーグ積分

第 I 部で学んだルベーグ測度を使ってルベーグ積分の定義をします．それか
らルベーグ積分の便利な性質を証明し，さらに具体的な応用例も述べます．ル
ベーグ積分がいかに便利なものであるかを見ていくことにしましょう．この章
では第 6 章で述べた，d 次元ルベーグ測度をもとに記述されていますが，もち
ろん $d = 2$ として読み進んでもかまいません．

第7章

ルベーグ可測関数

ルベーグ積分は，ルベーグ可測関数とよばれる関数に対して定義されます．本章では，ルベーグ可測関数の定義およびその基本的な性質について学びます．

7.1 ルベーグ可測関数の定義と性質

はじめに連続関数の定義を復習しておきましょう．この講義では，$\mathbb{R}^d$ の開集合全体のなす族を $\mathcal{O}_d$ によって表すことにします．また $E \subset \mathbb{R}^d$ に対して，$U \subset E$ が E の**相対的開集合**であるとは，ある $U' \in \mathcal{O}_d$ が存在し $U = U' \cap E$ と表せることです．E の相対的開集合全体のなす集合族を $\mathcal{O}_E$ と表します．

定義 7.1 $\mathbb{R}^d \supset E$ とする．E 上の実数値関数 $f(x)$ が E 上で連続であるとは，任意の開集合 $G \subset \mathbb{R}$ に対して

$$f^{-1}(G) = \{x : x \in E, f(x) \in G\} \in \mathcal{O}_E$$

となることである．（問題 7.2 参照）

これに対して，**ルベーグ可測関数**は次のように定義されます．

定義 7.2 $E \subset \mathbb{R}^d$ をルベーグ可測集合とする．E から $[-\infty, \infty]$ への関数 $f(x)$ が**ルベーグ可測**であるとは，任意の開集合 $G \subset \mathbb{R}$ に対して

$$f^{-1}(G) = \{x : x \in E, f(x) \in G\} \in \mathfrak{M}_d$$

かつ

$$\{x : x \in E, f(x) = \infty\}, \ \{x : x \in E, f(x) = -\infty\} \in \mathfrak{M}_d$$

となることである．また E から $\mathbb{C}$ への関数 $f(x)$ がルベーグ可測であるとは，その実部 $\mathrm{Re}\, f(x)$ および虚部 $\mathrm{Im}\, f(x)$ がルベーグ可測であることと定義する．なお本書ではルベーグ可測関数のことを省略して単に**可測関数**とよぶこともある．

連続 : $f^{-1}(G)$ が開集合　　　　　　　可測 : $f^{-1}(G)$ が可測

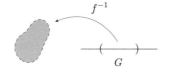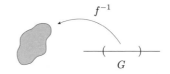

図 7.1 $f^{-1}(G)$ のイメージ図

　この講義では，関数 $f(x)$ が $\mathbb{R}$ に値をとる場合，**実数値関数**であるといい，$[0, +\infty]$ に値をとる場合，**非負値関数**であるということにします．また $\mathbb{C}$ に値をとる関数を**複素数値関数**といいます．なお特に断らない場合，関数は $[-\infty, \infty]$ に値をとるか，あるいは複素数値関数のいずれかであるとします．

　開集合はルベーグ可測集合であり，二つのルベーグ可測集合の共通部分はルベーグ可測なので次のことが成り立ちます．

　命題 7.3　$\mathbb{R}^d$ のルベーグ可測部分集合上の複素数値連続関数はルベーグ可測関数である．

　不連続なルベーグ可測関数もあります．その例を一つあげておきましょう．これは**特性関数**とよばれるもので，ルベーグ積分において基本的な役割を果たします．

　定義 7.4　$A \subset \mathbb{R}^d$ をルベーグ可測集合とする．このとき，

$$\chi_A(x) = \begin{cases} 1, & x \in A \\ 0, & x \notin A \end{cases}$$

を A の**特性関数**という.

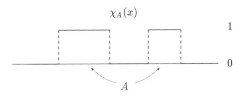

図 **7.2**　A の特性関数

　　命題 7.5　ルベーグ可測集合 $A \subset \mathbb{R}^d$ の特性関数 χ_A はルベーグ可測関数
である.

　　証明　$G \subset \mathbb{R}$ を開集合とします. このとき

$$1 \in G,\ 0 \in G であれば \{x : \chi_A(x) \in G\} = \mathbb{R}^d,$$

$$1 \in G,\ 0 \notin G であれば \{x : \chi_A(x) \in G\} = A,$$

$$1 \notin G,\ 0 \in G であれば \{x : \chi_A(x) \in G\} = A^c,$$

$$1 \notin G,\ 0 \notin G であれば \{x : \chi_A(x) \in G\} = \varnothing.$$

したがってどの場合でも $\{x : \chi_A(x) \in G\} \in \mathfrak{M}_d$ です. また明らかに

$$\{x : \chi_A(x) = \infty\} = \{x : \chi_A(x) = -\infty\} = \varnothing \in \mathfrak{M}_d$$

でもあります. ∎

　　ルベーグ可測関数の定義から次のことがわかります.

　　命題 7.6　$f(x)$ がルベーグ可測集合 $E \subset \mathbb{R}^d$ 上の $[-\infty, \infty]$ に値をとる関
数とする. このとき, 次の (1) 〜 (4) は互いに同値である.
　　(1)　$f(x)$ はルベーグ可測である.

(2) 任意の $a \in \mathbb{R}$ に対して

$$\{x : x \in E, f(x) > a\} \in \mathfrak{M}_d.$$

(3) 任意の $a \in \mathbb{R}$ に対して

$$\{x : x \in E, f(x) \geq a\} \in \mathfrak{M}_d.$$

(4) 任意の $-\infty < a < b < \infty$ に対して

$$\{x : x \in E, a \leq f(x) < b\} \in \mathfrak{M}_d$$

かつ

$$\{x : x \in E, f(x) = \infty\}, \{x : x \in E, f(x) = -\infty\} \in \mathfrak{M}_d.$$

証明をする前に，記述を簡単にするため，次のような略記法を導入しておき
ましょう.

$$\{f > a\} = \{x : x \in E, f(x) > a\},$$
$$\{f \geq a\} = \{x : x \in E, f(x) \geq a\},$$
$$\{f = \infty\} = \{x : x \in E, f(x) = \infty\},$$
$$\{f \in G\} = \{x : x \in E, f(x) \in G\} \quad \text{etc}$$

この略号はこれから先，本講義で使うことにします.

証明   (1) $\Rightarrow$ (2)：(a, ∞) は $\mathbb{R}$ の開集合ですから，$A = \{f \in (a, \infty)\} \in \mathfrak{M}_d$ が成り立ちます. したがって

$$\{f > a\} = A \cup \{f = \infty\} \in \mathfrak{M}_d.$$

(2) $\Rightarrow$ (3)：$F_n = \left\{f > a - \dfrac{1}{n}\right\}$ とおくと (2) より $F_n \in \mathfrak{M}_d$ なので

$$\{f \geq a\} = \bigcap_{n=1}^{\infty} F_n \in \mathfrak{M}_d$$

となります.

(3) ⇒ (4)：$\{a \leq f < b\} = \{f \geq a\} \cap \{f \geq b\}^c$ および定理 4.1 より，$\{a \leq f < b\} \in \mathfrak{M}_d$ です．また

$$\{f = \infty\} = \bigcap_{n \geq 1} \{f \geq n\} \in \mathfrak{M}_d, \quad \{f = -\infty\} = \bigcap_{n \geq 1} \{f \geq -n\}^c \in \mathfrak{M}_d.$$

(4) ⇒ (1)：任意の開集合 $G \subset \mathbb{R}$ は互いに交わらない 2 進区間 $I_j = [a_j, b_j)$ によって $G = \bigcup_{j=1}^{\infty} I_j$ と表せます（定理 3.14 参照．この定理では 2 進正方形に対して証明されていますが，区間の場合も同様に示せます）．したがって

$$\{f \in G\} = \bigcup_{j=1}^{\infty} \{f \in I_j\} \in \mathfrak{M}_d$$

です．■

命題 7.7　$f(x), g(x)$ をルベーグ可測集合 $E \subset \mathbb{R}^d$ 上の $[-\infty, \infty]$ に値をとるルベーグ可測関数とする．このとき，

$$\{f > g\} \, (= \{x : x \in E, f(x) > g(x)\}),$$

$$\{f \geq g\}, \{f = g\}$$

はルベーグ可測集合である．

証明　$\mathbb{Q}$ を有理数全体のなす集合とすると

$$\{f > g\} = \bigcup_{r \in \mathbb{Q}} (\{f > r\} \cap \{r > g\})$$

です．したがって命題 7.6 と 定理 4.1 よりこの集合はルベーグ可測集合であることがわかります．また

$$\{f \geq g\} = \{g = \infty, f \geq g\} \cup \{g \in \mathbb{R}, f \geq g\} \cup \{g = -\infty, f \geq g\}$$

$$= (\{f = \infty\} \cap \{g = \infty\}) \cup \left(\{g \in \mathbb{R}\} \cap \bigcap_{n=1}^{\infty} \{f > g - 1/n\}\right)$$

$$\cup \{g = -\infty\}.$$

したがって $\{f \geq g\} \in \mathfrak{M}_d$ が得られます．これより

$$\{f = g\} = \{f \geq g\} \setminus \{f > g\} \in \mathfrak{M}_d$$

です．■

命題 7.8　$f(x), g(x)$ をルベーグ可測集合 $E \subset \mathbb{R}^d$ 上のルベーグ可測関数で，$f(x), g(x)$ ともに非負値関数であるかあるいは $\mathbb{R}$ に値をとる関数であるとする．このとき

$$f(x) + g(x),\ f(x)g(x),\ cf(x) \tag{7.1}$$

（ただし c は実数）は E 上のルベーグ可測関数である．

証明　実数 a に対して

$$\{f + g > a\} = (\{f + g > a\} \cap \{f = \infty\}) \cup (\{f + g > a\} \cap \{g = \infty\})$$
$$\cup (\{f + g > a\} \cap \{f, g \in \mathbb{R}\})$$
$$= \{f = \infty\} \cup \{g = \infty\} \cup \{f, g \in \mathbb{R}, f > a - g\}.$$

$\{f = \infty\}, \{g = \infty\} \in \mathfrak{M}_d$ であり，また

$$\{f, g \in \mathbb{R}, f > a - g\} = \bigcup_{r \in \mathbb{Q}} (\{f, g \in \mathbb{R}\} \cap \{f > r\} \cap \{r > a - g\})$$
$$= \bigcup_{r \in \mathbb{Q}} (\{f, g \in \mathbb{R}\} \cap \{f > r\} \cap \{g > a - r\})$$
$$= \{f \in \mathbb{R}\} \cap \{g \in \mathbb{R}\} \cap \bigcup_{r \in \mathbb{Q}} (\{f > r\} \cap \{g > a - r\})$$
$$\in \mathfrak{M}_d$$

です．したがって，命題 7.7 より $f(x) + g(x)$ はルベーグ可測であることがわかります．

実数 a をとります．$a \geq 0$ のとき

$$\{fg > a\} = (\{fg > a\} \cap \{f = \infty\}) \cup (\{fg > a\} \cap \{g = \infty\})$$
$$\cup (\{f, g \in \mathbb{R}, fg > a\})$$

$$= (\{g > 0\} \cap \{f = \infty\}) \cup (\{f > 0\} \cap \{g = \infty\})$$
$$\cup \{f, g \in \mathbb{R}, fg > a\}$$

です. ここで $\{f > 0\}, \{g > 0\}, \{f = \infty\}, \{g = \infty\} \in \mathfrak{M}_d$ であり, また $a \geq 0$ より

$$\{f, g \in \mathbb{R}, fg > a\}$$
$$= \{f, g \in \mathbb{R}\} \cap \left(\left\{ g > 0, f > \frac{a}{g} \right\} \cup \left\{ g < 0, f < \frac{a}{g} \right\} \right)$$
$$= \{f, g \in \mathbb{R}\} \cap$$
$$\left(\bigcup_{\substack{r \in \mathbb{Q} \\ r > 0}} \left(\left\{ g > \frac{a}{r} \right\} \cap \{f > r\} \right) \cup \bigcup_{\substack{r \in \mathbb{Q} \\ r > 0}} \left(\left\{ g < -\frac{a}{r} \right\} \cap \{f < -r\} \right) \right).$$

したがって, $\{fg > a\} \in \mathfrak{M}_d$ です. $a < 0$ の場合は

$$\{fg > a\} = \{f \neq 0, g \neq 0, fg > a\} \cup \{f = 0\} \cup \{g = 0\}$$

であり, $\{f \neq 0, g \neq 0, fg > a\}$ は $a \geq 0$ の場合と同様にして $\mathfrak{M}_d$ に属することが示せます. $\{f = 0\}, \{g = 0\} \in \mathfrak{M}_d$ はすでに証明ずみです. ∎

　ルベーグ可測関数の極限によって定義される関数は, 再びルベーグ可測になります. このことを証明しておきましょう.

定理 7.9　$f_1(x), f_2(x), \cdots$ がルベーグ可測集合 $E \subset \mathbb{R}^d$ 上の $[-\infty, \infty]$ に値をとるルベーグ可測関数とする.
　（1）　関数

$$\left(\sup_{n \geq 1} f_n \right)(x) = \sup_{n \geq 1} f_n(x), \quad \left(\inf_{n \geq 1} f_n \right)(x) = \inf_{n \geq 1} f_n(x)$$

はルベーグ可測である.
　（2）　関数

$$\left(\limsup_{n \to \infty} f_n \right)(x) = \limsup_{n \to \infty} f_n(x), \quad \left(\liminf_{n \to \infty} f_n \right)(x) = \liminf_{n \to \infty} f_n(x)$$

はルベーグ可測である.

(3) もし各 $x \in E$ に対して極限 $\lim_{n \to \infty} f_n(x)$ が存在するとき, 関数

$$\left(\lim_{n \to \infty} f_n \right)(x) = \lim_{n \to \infty} f_n(x)$$

はルベーグ可測である.

証明　(1) 任意の実数 a に対して

$$\left\{ \inf_{n \geq 1} f_n \geq a \right\} = \bigcap_{n \geq 1} \{ f_n \geq a \} \in \mathfrak{M}_d$$

です. ゆえに $\inf_{n \geq 1} f_n$ はルベーグ可測となります. また明らかに f_n が可測ならば $-f_n$ も可測なので,

$$\sup_{n \geq 1} f_n = - \inf_{n \geq 1} (-f_n)$$

であることが容易に示せます (問題 7.3 参照). これより $\sup_{n \geq 1} f_n$ のルベーグ可測性もわかります.

(2)
$$\limsup_{n \to \infty} f_n(x) = \inf_{n \geq 1} \left(\sup_{k \geq n} f_k(x) \right),$$
$$\liminf_{n \to \infty} f_n(x) = \sup_{n \geq 1} \left(\inf_{k \geq n} f_k(x) \right)$$

と (1) より, これらもルベーグ可測になります.

(3) は (2) より明らかです. ∎

練習問題

問題 7.1　$f(x), g(x)$ をルベーグ可測集合 $E \subset \mathbb{R}^d$ 上の複素数値ルベーグ可測関数であるとする. このとき

$$f(x) + g(x), \ f(x)g(x), \ cf(x)$$

(ただし c は複素数) は E 上のルベーグ可測関数である.

問題 7.2 $E \subset \mathbb{R}^d$ の開集合（あるいは閉集合）とする．E 上の実数値関数 f が定義 7.1 の意味で連続であることと次が同値であることを証明せよ．$x \in E$ とする．このとき任意の $\varepsilon > 0$ に対して，ある $\delta > 0$ が存在し，

$$y \in E, |x - y| < \delta \Longrightarrow |f(x) - f(y)| < \varepsilon.$$

問題 7.3   実数値関数列 $\{f_n\}$ に対して

$$\sup_{n \geq 1} f_n(x) = -\inf_{n \geq 1} (-f_n(x))$$

を証明せよ．

7.2   可測関数の単関数による近似

可測単関数とよばれる可測関数を定義します．これは，後で学ぶルベーグ積分論で基本的な役割をはたします．

定義 7.10 $E \subset \mathbb{R}^d$ をルベーグ可測集合とする．ある複素数 a_j $(j = 0, \cdots, n)$ と，ある互いに交わらない空でないルベーグ可測集合 $A_j \subset E$ $(j = 0, \cdots, n)$ で，

$$E = \bigcup_{j=0}^{n} A_j$$

をみたすものによって

$$s(x) = \sum_{j=0}^{n} a_j \chi_{A_j}(x) \tag{7.2}$$

と表される関数を E 上の**可測単関数**という．特に $a_j \geq 0$ $(j = 0, \cdots, n)$ なるとき，$s(x)$ を**非負値可測単関数**という．

可測単関数はルベーグ可測関数になっています．

命題 7.11 $E \subset \mathbb{R}^d$ をルベーグ可測集合とする．E 上の可測単関数 (7.2) は E 上のルベーグ可測関数である．

　　証明　命題 7.5 と命題 7.8 あるいは問題 7.1 により明らか. ∎

　可測単関数が重要である理由は, 一般の非負値可測関数が非負値可測単関数の単調増加列によって近似することができる点にあります. このことを証明しておきましょう.

　　定理 7.12　$E \subset \mathbb{R}^d$ をルベーグ可測集合とする. E 上のルベーグ可測関数 $f(x)$ が非負値であるとき, E 上の可測単関数 $s_n(x)$ $(n = 1, 2, \cdots)$ で, すべての $x \in E$ に対して

$$0 \le s_1(x) \le s_2(x) \le \cdots \le s_n(x) \le \cdots \le f(x)$$

$$\lim_{n \to \infty} s_n(x) = f(x)$$

なるものをとることができる. 特に $\lim_{n \to \infty} s_n(x) = f(x)$ は $\{f < \infty\}$ 上で一様収束している.

　　証明　求める可測単関数列を構成しましょう. $n = 1, 2, \cdots$ に対して

$$A_{n,k} = \left\{ x : x \in E,\ f(x) \in \left[\frac{k-1}{2^n}, \frac{k}{2^n} \right) \right\}\ (k = 1, \cdots, 2^n n),$$

$$A_n = \{ x : x \in E,\ f(x) \ge n \}$$

とおき,

$$s_n(x) = \sum_{k=1}^{2^n n} \frac{k-1}{2^n} \chi_{A_{n,k}}(x) + n \chi_{A_n}(x)$$

とおきます.

　$s_n(x)$ は可測単関数で, これが求めるものであることを示します. 明らかに $0 \le s_n(x) \le f(x)$ です. また $A_{n,k}$ は関数 $f(x)$ の値域を 2 進分割したものなので n が大きくなるにつれ分割は細分され, したがって

$$s_n(x) \le s_{n+1}(x)$$

となっています. さらに $s_n(x) \to f(x)$ となっていることを示します. $f(x) = \infty$ なる点 x は, $x \in A_n$ $(n = 1, 2, \cdots)$ なので,

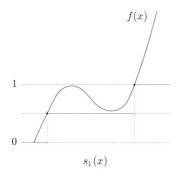 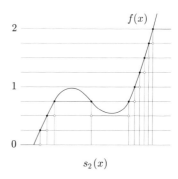

図 **7.3** 可測単関数

$$s_n(x) = n \to \infty \ (n \to \infty)$$

です．また，$f(x) < \infty$ なる点 x については，$f(x) < n$ をみたす任意の n に対して，

$$0 \le f(x) - s_n(x) \le 2^{-n}$$

なので，$s_n(x) \to f(x) \ (n \to \infty)$ となっています．■

非負値可測単関数 $s(x)$ を表す表現の仕方は一意的とは限りません．

$$s(x) = \sum_{j=0}^n a_j \chi_{A_j}(x) = \sum_{k=0}^m b_k \chi_{B_k}(x)$$

と表せることもあります．しかし次のような条件を課せば表現の仕方は一意的に決まります．

命題 7.13 E をルベーグ可測集合とする．E 上の非負値可測単関数 $s(x)$ は次のように一意的に表すことができる．

$$s(x) = \sum_{j=0}^n a_j \chi_{A_j}(x),$$

ただし，ここで，

$$0 \le a_0 < a_1 < \cdots < a_n,$$

$$A_i \in \mathfrak{M}_d, \ A_i \neq \varnothing \ (i \geq 0), \ A_j \cap A_k = \varnothing \ (j \neq k),$$

$$E = \bigcup_{j=0}^{n} A_j$$

である. これを E 上の非負値可測単関数の正規表現という.

証明 $s(x) = \sum_{k=0}^{l} b_k \chi_{B_k}(x)$ と表されていたとしましょう. 定義より $\Lambda = \{s(x) : x \in E\}$ は有限集合です. そこで Λ の元を大小順に並べ替えたものを $0 \leq a_0 < a_1 < \cdots < a_n$ とおきます.

$$A_j = \{x \in E : s(x) = a_j\}$$

とおくと, $s(x) = \sum_{j=0}^{n} a_j \chi_{A_j}(x)$ と表せ, これが求める表現になっています. 一意性は練習問題にします. ∎

練習問題

問題 7.4 非負値可測単関数の正規表現の一意性を証明せよ.

【補助動画案内】

http://www.araiweb.matrix.jp/Lebesgue2/LebesgueIntegral.html

イメージがわかるルベーグ積分入門 - ルベーグ測度とルベーグ積分

第 7 章, 第 8 章で解説したルベーグ積分の構成の概略及び第 9 章, 第 11 章で証明するいくつかの定理に関する解説をご覧いただけます. 特に非負値ルベーグ可測関数の単関数による近似の様子などが視覚的にご覧いただけます.

第 8 章

ルベーグ積分

8.1 ルベーグ積分の定義

ルベーグ積分は初めに単純な関数に対して定義し，それから次第により複雑な関数へと進めていきます．次の順序でルベーグ積分を定義します．

1. 非負値可測単関数（第 8.1.1 節）
2. 非負値可測関数（第 8.1.2 節）
3. 実数値可測関数（第 8.1.3 節）
4. 複素数値可測関数（第 8.1.3 節）

まず非負値可測単関数に対するルベーグ積分から始めます．

8.1.1 非負値可測単関数のルベーグ積分

$E \subset \mathbb{R}^d$ をルベーグ可測集合とし，

$$s(x) = \sum_{j=0}^{n} a_j \chi_{A_j}(x)$$

を E 上の非負値可測単関数の正規表現（命題 7.13 参照）とします．このとき，$s(x)$ のルベーグ積分を

$$\int_E s(x)dx = \sum_{j=0}^{n} a_j m_d(A_j) \quad (\leq \infty) \tag{8.1}$$

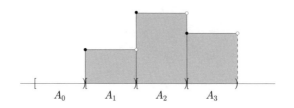

図 8.1　非負値可測単関数

と定義します.

　さて，この可測単関数 $s(x)$ が互いに交わらない空でないルベーグ可測集合 $B_0, \cdots, B_l$ と実数 $0 \le b_k \ (k = 0, \cdots, l)$ で，$E = \bigcup_{k=0}^{l} B_k$ をみたすものにより

$$s(x) = \sum_{k=0}^{l} b_k \chi_{B_k}(x)$$

と表されているとしましょう. このとき

$$\int_E s(x)dx = \sum_{k=0}^{l} b_k m_d\left(B_k\right)$$

とも表せることを示しておきます. 実際, $A_{jk} = A_j \cap B_k$ とすると, $A_{jk} \ne \varnothing$ ならば

$$a_j = s(x) = b_k \quad (x \in A_{jk})$$

が成り立っています. したがって, $\Lambda_j = \{k : A_{jk} \ne \varnothing\}$ とすると

$$
\begin{aligned}
\sum_{j=0}^{n} a_j m_d(A_j) &= \sum_{j=0}^{n} \sum_{k \in \Lambda_j} a_j m_d(A_{jk}) = \sum_{j=0}^{n} \sum_{k \in \Lambda_j} b_k m_d(A_{jk}) \\
&= \sum_{j=0}^{n} \sum_{k=0}^{l} b_k m_d(A_{jk}) \\
&= \sum_{k=0}^{l} b_k \sum_{j=0}^{n} m_d\left(A_{jk}\right) \\
&= \sum_{k=0}^{l} b_k m_d\left(B_k\right)
\end{aligned}
$$

となります.

　非負値可測単関数に対するルベーグ積分に関する命題をいくつか述べておきましょう.

命題 8.1　$s_1(x), s_2(x)$ をルベーグ可測集合 $E \subset \mathbb{R}^d$ 上の非負値可測単関数であるとする. このとき $s_1(x) + s_2(x)$ も E 上の非負値可測単関数であり, 次のことが成り立つ.

(1)

$$\int_E \{s_1(x) + s_2(x)\} \, dx = \int_E s_1(x) dx + \int_E s_2(x) dx.$$

(2)　$s_1(x) \le s_2(x) \ (x \in E)$ であれば

$$\int_E s_1(x) dx \le \int_E s_2(x) dx.$$

証明　(1)　$s_1(x), s_2(x)$ の正規表現をそれぞれ

$$s_1(x) = \sum_{j=0}^{n(1)} a_j^{(1)} \chi_{A_{1j}}(x), \quad s_2(x) = \sum_{j=0}^{n(2)} a_j^{(2)} \chi_{A_{2j}}(x),$$

とします. このとき

$$\int_E s_1(x) dx + \int_E s_2(x) dx = \sum_{j=0}^{n(1)} a_j^{(1)} m_d(A_{1j}) + \sum_{k=0}^{n(2)} a_k^{(2)} m_d(A_{2k}) \tag{8.2}$$

です. また

$$s_1(x) + s_2(x) = \sum_{j=0}^{n(1)} \sum_{k=0}^{n(2)} \left(a_j^{(1)} + a_k^{(2)} \right) \chi_{A_{1j} \cap A_{2k}}(x)$$

なので $s_1(x) + s_2(x)$ は非負値可測単関数で,

$$\int_E \{s_1(x) + s_2(x)\} \, dx = \sum_{j=0}^{n(1)} \sum_{k=0}^{n(2)} \left(a_j^{(1)} + a_k^{(2)} \right) m_d(A_{1j} \cap A_{2k}) \tag{8.3}$$

となっています. したがって,

$$\int_E \{s_1(x) + s_2(x)\}\, dx$$

$$= \sum_{j=0}^{n(1)} \sum_{k=0}^{n(2)} a_j^{(1)} m_d(A_{1j} \cap A_{2k}) + \sum_{j=0}^{n(1)} \sum_{k=0}^{n(2)} a_k^{(2)} m_d(A_{1j} \cap A_{2k})$$

$$= \sum_{j=1}^{n(1)} a_j^{(1)} \sum_{k=0}^{n(2)} m_d(A_{1j} \cap A_{2k}) + \sum_{k=1}^{n(2)} a_k^{(2)} \sum_{j=0}^{n(1)} m_d(A_{1j} \cap A_{2k})$$

$$= \sum_{j=1}^{n(1)} a_j^{(1)} m_d(A_{1j}) + \sum_{k=1}^{n(2)} a_k^{(2)} m_d(A_{2k})$$

$$= \int_E s_1(x)dx + \int_E s_2(x)dx.$$

(2)　$A_{1j} \cap A_{2k} \neq \varnothing$ のとき, $x \in A_{1j} \cap A_{2k}$ ならば

$$a_j^{(1)} = s_1(x) \leq s_2(x) = a_k^{(2)}$$

です. したがって, $\Lambda_j = \{k : A_{1j} \cap A_{2k} \neq \varnothing\}$ とすると

$$\int_E s_1(x)dx = \sum_{j=0}^{n(1)} a_j^{(1)} \sum_{k=0}^{n(2)} m_d(A_{1j} \cap A_{2k})$$

$$= \sum_{j=0}^{n(1)} a_j^{(1)} \sum_{k \in \Lambda_j} m_d(A_{1j} \cap A_{2k})$$

$$\leq \sum_{j=0}^{n(1)} \sum_{k \in \Lambda_j} a_k^{(2)} m_d(A_{1j} \cap A_{2k})$$

$$= \sum_{j=0}^{n(1)} \sum_{k=0}^{n(2)} a_k^{(2)} m_d(A_{1j} \cap A_{2k})$$

$$= \sum_{k=0}^{n(2)} a_k^{(2)} m_d(A_{2k}) = \int_E s_2(x)dx$$

となります. ■

　ところで $s(x)$ を $E \in \mathfrak{M}_d$ 上の非負値可測単関数とすると $A \in \mathfrak{M}_d, A \subset E$ なる A に対して, $s(x)\chi_A(x)$ も E 上の非負値可測単関数であり, また A 上の非負値可測単関数ともみなせます. そして

$$\int_A s(x)\chi_A(x)dx = \int_E s(x)\chi_A(x)dx$$

であることが容易に証明できます（問題 8.1 参照）．そこで $s(x)$ の A 上での積分を次の式で定義します．

$$\int_A s(x)dx = \int_E s(x)\chi_A(x)dx.$$

命題 8.2　$E \in \mathfrak{M}_d$ とし，$s(x)$ を E 上の非負値可測単関数とする．$A, B \in \mathfrak{M}_d$, $A \cap B = \varnothing$, $A \cup B = E$ であるとする．このとき

$$\int_E s(x)dx = \int_A s(x)dx + \int_B s(x)dx.$$

証明　$s_1(x) = s(x)\chi_A(x)$, $s_2(x) = s(x)\chi_B(x)$ とおくと，$s_1(x), s_2(x)$ はともに E 上の非負値可測単関数であるから命題 8.1 より示されます．■

練習問題

問題 8.1　$A, E \in \mathfrak{M}_d$, $A \subset E$ とする．$s(x)$ を E 上の可測単関数とすると，$s(x)\chi_A(x)$ も E 上の可測単関数である．また A 上の可測単関数でもあり，

$$\int_A s(x)\chi_A(x)dx = \int_E s(x)\chi_A(x)dx.$$

8.1.2　非負値可測関数に対するルベーグ積分

第 8.1.1 節の非負値可測単関数に対する積分をもとに，本節では一般の非負値可測関数に対して積分を定義します．

$f(x)$ を $E \in \mathfrak{M}_d$ 上の非負値可測関数とします．このとき $f(x)$ のルベーグ積分を次のように定義します．

$$\int_E f(x)dx = \sup \int_E s(x)dx \ (\leq \infty),$$

ただしここで，sup は $0 \leq s(x) \leq f(x) \ (x \in E)$ をみたす E 上の非負値可測

単関数 $s(x)$ 全体にわたってとるものとします. $f(x)$ 自身が E 上の非負値可測単関数であれば, ここで定義した $\displaystyle\int_E f(x)dx$ と第 8.1.1 節で定義した可測単関数に対するルベーグ積分は命題 8.1 (2) より一致することがわかります. また, この定義と命題 8.1 (2) より次のことも容易にわかります.

命題 8.3　$E \in \mathfrak{M}_d$ とし, $f(x), g(x)$ を E 上の非負値可測関数とする. $f(x) \le g(x) \ (x \in E)$ ならば

$$\int_E f(x)dx \le \int_E g(x)dx$$

である.

　非負値可測関数に対するルベーグ積分を扱う上で次の定理は非常に有用なものとなります.

定理 8.4　(単調収束定理)　$E \in \mathfrak{M}_d$ とし, $f(x)$ を E 上の関数とする. $f_n(x) \ (n = 1, 2, \cdots)$ を E 上の非負値可測関数で,

$$f_n(x) \le f_{n+1}(x), \ \lim_{n \to \infty} f_n(x) = f(x) \ (x \in E),$$

をみたすとする. このとき, $f(x)$ は E 上非負値可測であり,

$$\lim_{n \to \infty} \int_E f_n(x)dx = \int_E f(x)dx. \tag{8.4}$$

　次の補題の証明からはじめましょう.

補題 8.5　$E_n \in \mathfrak{M}_d, \ E_1 \subset E_2 \subset \cdots, \ E = \displaystyle\bigcup_{k=1}^{\infty} E_k$ とする. $s(x)$ を E 上の非負値可測単関数とすると,

$$\lim_{k \to \infty} \int_{E_k} s(x)dx = \int_E s(x)dx.$$

証明　$s(x) = \displaystyle\sum_{j=0}^{n} a_j \chi_{A_j}(x)$ を E 上の非負値可測単関数の正規表現としま

す. このとき

$$s(x)\chi_{E_k}(x) = \sum_{j=0}^{n} a_j \chi_{A_j \cap E_k}(x)$$

より, 定理 6.16 から

$$\lim_{k\to\infty} \int_{E_k} s(x)dx = \lim_{k\to\infty} \sum_{j=0}^{n} a_j m_d(A_j \cap E_k)$$
$$= \sum_{j=0}^{n} a_j \lim_{k\to\infty} m_d(A_j \cap E_k)$$
$$= \sum_{j=0}^{n} a_j m_d(A_j \cap E) = \int_E s(x)dx. \qquad \blacksquare$$

定理 8.4 の証明 $f(x)$ の可測性は定理 7.9 より明らかです. 命題 8.1 (2) より $\int_E f_n(x)dx$ は単調増加列で, $\int_E f_n(x)dx \leq \int_E f(x)dx$ であるから, (8.4) の左辺の極限は ∞ も許せば存在し,

$$\lim_{n\to\infty} \int_E f_n(x)dx \leq \int_E f(x)dx$$

となります. 以下逆向きの不等式を証明します.

$s(x)$ を $0 \leq s(x) \leq f(x)$ $(x \in E)$ なる E 上の任意の非負値可測単関数とします. a を $0 < a < 1$ なる任意の数とし, $E_n = \{x \in E : as(x) \leq f_n(x)\}$ とおくと $E_n \in \mathfrak{M}_d$ であり,

$$E_1 \subset E_2 \subset \cdots, \ \bigcup_{n=1}^{\infty} E_n = E$$

となります. したがって, 補題 8.5 より

$$\lim_{n\to\infty} \int_{E_n} s(x)dx = \int_E s(x)dx$$

が得られます. 一方,

$$\int_E f_n(x)dx \geq \int_{E_n} f_n(x)dx \geq a \int_{E_n} s(x)dx$$

です．右辺，左辺とも $n \to \infty$ とすると

$$\lim_{n \to \infty} \int_E f_n(x)dx \geq a \int_E s(x)dx$$

であり，ここで a は $0 < a < 1$ なる任意の数でしたから

$$\lim_{n \to \infty} \int_E f_n(x)dx \geq \int_E s(x)dx$$

を得ます．$s(x)$ は $0 \leq s(x) \leq f(x)$ なる任意の非負値可測単関数であったのでルベーグ積分の定義より

$$\lim_{n \to \infty} \int_E f_n(x)dx \geq \int_E f(x)dx$$

がわかります．よって定理が証明されました．■

　第 7 章の定理 7.12 より，$E \in \mathfrak{M}_d$ 上の非負値可測関数 $f(x)$ に対して

$$0 \leq s_1(x) \leq s_2(x) \leq \cdots, \quad \lim_{n \to \infty} s_n(x) = f(x)$$

となるような E 上の非負値可測単関数を作ることができます．定理 8.4 より，このような可測単関数列を一つとってくれば，$f(x)$ の積分が

$$\int_E f(x)dx = \lim_{n \to \infty} \int_E s_n(x)dx$$

によって求められることになります．

　ところで，このことからルベーグ積分とリーマン積分の定義の方法が本質的に異なることがわかります．たとえば，$[0,1]$ 上の非負値連続関数 $f(x)$ に対してリーマン積分は図 8.2 のような長方形の合併によってグラフ $y = f(x)$ で囲まれる図形の面積を近似しています．

　これに対して，ルベーグ積分では，図 8.3 のように単関数 $s_n(x)$ の定める面積 $\displaystyle\int_{[0,1]} s_n(x)dx$ によって近似しています．

　なおこのように定義は異なるのですが，閉区間上の連続関数あるいはより一般にリーマン積分可能な関数に対しては，リーマン積分とルベーグ積分が一致

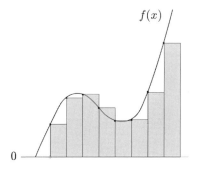

図 **8.2** リーマン積分

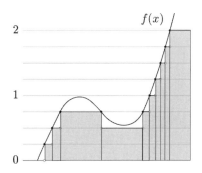

図 **8.3** ルベーグ積分

することがわかります（第 9 章で証明します）．もちろん重要なことは，リーマン積分ができない関数に対してもルベーグ積分ができたり，リーマン積分にはない優れた機能をルベーグ積分は持っていることです．

さて非負値可測関数に対して次のことが成り立ちます．

命題 8.6　$f_1(x), \cdots, f_n(x)$ を $E \in \mathfrak{M}_d$ 上の非負値可測関数であるとする．このとき，

$$\int_E \sum_{j=1}^n f_j(x)dx = \sum_{j=1}^n \int_E f_j(x)dx.$$

証明　各 $f_j(x)$ に対して

$$0 \le s_1^{(j)}(x) \le s_2^{(j)}(x) \le \cdots, \ \lim_{k\to\infty} s_k^{(j)}(x) = f_j(x)$$

となるような E 上の非負値可測単関数 $s_k^{(j)}(x)$ が存在します．すでに証明したように

$$\int_E \sum_{j=1}^n s_k^{(j)}(x)dx = \sum_{j=1}^n \int_E s_k^{(j)}(x)dx, \ k=1,2,\cdots$$

です．$\sum_{j=1}^n s_k^{(j)}(x) \nearrow \sum_{j=1}^n f_j(x) \ (k\to\infty)$ ですから，単調収束定理（定理 8.4）より定理が証明されます．■

練習問題

問題 8.2　$f_n(x)$ を $E \in \mathfrak{M}_d$ 上の非負値可測関数とする $(n=1,2,\cdots)$．このとき

$$\int_E \sum_{j=1}^\infty f_j(x)dx = \sum_{j=1}^\infty \int_E f_j(x)dx \ (\le \infty)$$

を示せ．

問題 8.3　$E \in \mathfrak{M}_d$ とし，$f(x)$ を E 上の非負値可測関数とする．もし

$$\int_E f(x)dx < \infty$$

ならば，$m_d(\{x \in E : f(x) = \infty\}) = 0$ である．

8.1.3　実数値・複素数値可測関数のルベーグ積分

まず $[-\infty, \infty]$ に値をとる可測関数 $f(x)$ の積分を定義します．

$f(x)$ は可測集合 $E \in \mathfrak{M}_d$ 上で定義された $[-\infty, \infty]$ に値をとるルベーグ可測関数とします．このとき，f の正の部分，負の部分を

$$f_+(x) = \max\{f(x), 0\}, \quad f_-(x) = \max\{-f(x), 0\} \tag{8.5}$$

と定義します．$f_+(x), f_-(x)$ は非負値ルベーグ可測関数になっています．実

際, $\alpha \in \mathbb{R}$ に対して, $\alpha < 0$ ならば

$$\{x \in E : f_+(x) > \alpha\} = E \in \mathfrak{M}_d$$

であり, $\alpha \geq 0$ ならば

$$\{x \in E : f_+(x) > \alpha\} = \{x \in E : f(x) > \alpha\} \in \mathfrak{M}_d$$

となり, $f_+(x)$ のルベーグ可測性がわかります. また $f_+(x) = \infty, f_-(x) = \infty$ が同時に成り立つことはなく,

$$f(x) = f_+(x) - f_-(x)$$

となります. ゆえに $f_-(x) (= f_+(x) - f(x))$ もルベーグ可測です. また

$$|f(x)| = f_+(x) + f_-(x)$$

なので, $|f(x)|$ のルベーグ可測性も得られます.

これら非負値ルベーグ可測関数の積分を用いて,

$$\int_E f_+(x)dx, \quad \int_E f_-(x)dx$$

の少なくとも一方が有限値であるとき, $f(x)$ の積分を

$$\int_E f(x)dx = \int_E f_+(x)dx - \int_E f_-(x)dx$$

と定義することにします. また特に

$$\int_E f_+(x)dx, \quad \int_E f_-(x)dx$$

の両方が有限値であるとき, $f(x)$ は E 上で**ルベーグ積分可能**あるいは**ルベーグ可積分**といいます.

命題 8.7　$f(x)$ が $[-\infty, \infty]$ に値をとる E 上のルベーグ積分可能な関数であるなら,

$$\left| \int_E f(x)dx \right| \leq \int_E |f(x)| \, dx < \infty.$$

証明

$$
\begin{aligned}
\left| \int_E f(x)dx \right| &= \left| \int_E f_+(x)dx - \int_E f_-(x)dx \right| \\
&\leq \left| \int_E f_+(x)dx \right| + \left| \int_E f_-(x)dx \right| \\
&= \int_E f_+(x)dx + \int_E f_-(x)dx \\
&= \int_E |f(x)|\, dx
\end{aligned}
$$

となっています. ∎

$E \in \mathfrak{M}_d$ 上の複素数値関数 $f(x)$ がルベーグ可測であるとき, その実部と虚部

$$
\mathrm{Re}\, f(x), \quad \mathrm{Im}\, f(x)
$$

は E 上ルベーグ可測です. また $f(x)$ は複素数を値とする関数としているので, $\mathrm{Re}\, f(x)$ も $\mathrm{Im}\, f(x)$ も $\mathbb{R}$ に値をとる関数であることに注意しておいてください.

$\mathrm{Re}\, f(x)$ と $\mathrm{Im}\, f(x)$ が E 上でルベーグ積分可能であるとき, $f(x)$ は E 上でルベーグ積分可能あるいはルベーグ可積分であるといい,

$$
\int_E f(x)dx = \int_E \mathrm{Re}\, f(x)dx + \sqrt{-1} \int_E \mathrm{Im}\, f(x)dx
$$

と定めます.

次の性質は, ルベーグ積分の**線形性**とよばれるもので, 積分のもつ重要な性質の一つです.

定理 8.8　$f(x), g(x)$ を $E \in \mathfrak{M}_d$ 上のルベーグ積分可能な複素数値関数とする. このとき, $\alpha, \beta \in \mathbb{C}$ に対して $\alpha f(x) + \beta g(x)$ もルベーグ積分可能であり,

$$
\int_E \{\alpha f(x) + \beta g(x)\}\, dx = \alpha \int_E f(x)dx + \beta \int_E g(x)dx
$$

となる.

証明　まず

$$\int_E \alpha f(x)dx = \alpha \int_E f(x)dx \tag{8.6}$$

を証明します. $\alpha > 0$ であり, $f(x)$ が非負値可測単関数の場合は積分の定義より明らかです. したがって非負値可測関数の場合も, それに収束するような非負値可測単関数の増大列を考えれば容易に示せます. $\alpha \in \mathbb{R}$ であり, $f(x)$ がルベーグ積分可能な実数値関数の場合を考えます. このとき, $\alpha > 0$ ならば $(\alpha f)_\pm = \alpha f_\pm$ であることより, すでに示したことから

$$\begin{aligned}
\int_E \alpha f(x)dx &= \int_E \alpha f_+(x)dx - \int_E \alpha f_-(x)dx \\
&= \alpha \int_E f_+(x)dx - \alpha \int_E f_-(x)dx = \alpha \int_E f(x)dx
\end{aligned}$$

となります. また $\alpha < 0$ の場合は, $(\alpha f)_\pm = -\alpha f_\mp$ より

$$\begin{aligned}
\int_E \alpha f(x)dx &= \int_E (-\alpha)f_-(x)dx - \int_E (-\alpha)f_+(x)dx \\
&= -\alpha \int_E f_-(x)dx + \alpha \int_E f_+(x)dx = \alpha \int_E f(x)dx
\end{aligned}$$

が得られます. $\alpha \in \mathbb{C}$, ならびに $f(x)$ がルベーグ積分可能な複素数値関数の場合, $\alpha, f(x)$ を実部と虚部に分けて考えれば, 実数値の場合に帰着されます.

次に

$$\int_E \{f(x) + g(x)\}\, dx = \int_E f(x)dx + \int_E g(x)dx \tag{8.7}$$

を示します. $f(x), g(x)$ が非負値ルベーグ可測関数の場合はすでに命題 8.6 で証明しました. $f(x), g(x)$ がルベーグ積分可能な実数値関数の場合は, $h(x) = f(x) + g(x)$ とすると, $|h(x)| \leq |f(x)| + |g(x)|$ より

$$\int_E |h(x)|\, dx \leq \int_E |f(x)|\, dx + \int_E |g(x)|\, dx < \infty$$

がわかります. さらに

$$h_+ - h_- = h = f + g = f_+ - f_- + g_+ - g_-$$

より，$h_+ + f_- + g_- = h_- + f_+ + g_+$ ですから，すでに示した場合より

$$\int_E h_+(x)dx + \int_E f_-(x)dx + \int_E g_-(x)dx$$
$$= \int_E h_-(x)dx + \int_E f_+(x)dx + \int_E g_+(x)dx$$

となっています．これから（8.7）を示すことができます．$f(x)$ がルベーグ積分可能な複素数値関数の場合は，実部と虚部に分けて考えれば，実数値の場合に帰着できます．

（8.6）と（8.7）から定理は容易に証明できます．■

$f(x)$ を $E \in \mathfrak{M}_d$ 上のルベーグ積分可能な関数とし，$A \in \mathfrak{M}_d$, $A \subset E$ とします．このとき $(\mathrm{Re}f)_\pm, (\mathrm{Im}f)_\pm$ に定理 7.12，8.4 を適用すると

$$\int_A f(x)dx = \int_E f(x)\chi_A(x)dx$$

と定義してもよいことが問題 8.1 よりわかり，次が成り立ちます．

定理 8.9　$f(x)$ を $E \in \mathfrak{M}_d$ 上のルベーグ積分可能な関数とする．$A, B \in \mathfrak{M}_d$, $A \cap B = \varnothing$, $A \cup B \subset E$ とすると

$$\int_{A \cup B} f(x)dx = \int_A f(x)dx + \int_B f(x)dx \tag{8.8}$$

である．

証明　命題 8.2 から非負値可測単関数の場合には，（8.8）が成り立ちます．$f(x)$ が非負値可測関数の場合は，

$$0 \le s_1(x) \le s_2(x) \le \cdots \to f(x)$$

をみたす非負値可測単関数 $s_j(x)$ が存在するので，単調収束定理（定理 8.4）から $f(x)$ に対しても（8.8）が成り立つことがわかります．よって実数値の場合は $f = f_+ - f_-$ とし，さらに複素数値の場合は実部と虚部に分けることにより示すことができます．■

最後に次のことを証明しておきます.

命題 8.10 $f(x)$ が $E \in \mathfrak{M}_d$ 上の複素数値ルベーグ積分可能な関数であるなら, $|f(x)|$ もルベーグ積分可能で,

$$\left| \int_E f(x)dx \right| \leq \int_E |f(x)|\, dx < \infty$$

である.

証明 $|f(x)|$ の可測性は容易に示せます. $\alpha = \displaystyle\int_E f(x)dx$ とおき, $\alpha \neq 0$ の場合を証明します.

$$\begin{aligned}
\left| \int_E f(x)dx \right| &= |\alpha| = \mathrm{Re}\,|\alpha| = \mathrm{Re}\,\frac{\overline{\alpha}\alpha}{|\alpha|} = \mathrm{Re}\,\frac{\overline{\alpha}}{|\alpha|}\int_E f(x)dx \\
&= \mathrm{Re}\int_E \frac{\overline{\alpha}}{|\alpha|}f(x)dx = \int_E \mathrm{Re}\,\frac{\overline{\alpha}}{|\alpha|}f(x)dx \\
&\leq \int_E \left| \frac{\overline{\alpha}}{|\alpha|}f(x) \right| dx = \int_E |f(x)|\, dx. \quad \blacksquare
\end{aligned}$$

8.2 「ほとんどすべての点で成り立つ」という考え方

この節ではルベーグ積分が測度が 0 の集合からの影響を受けないこと, ならびにそれにまつわるいくつかの話題をお話したいと思います.

d 次元ルベーグ測度零集合は, d 次元ルベーグ測度に関する解析をする限り, ほとんど無視してもよい集合です. 実際次の定理が示すように, 図形 A に零集合を合併したり引いたりしても, その測度は変化しません. また零集合は可算無限個合併されても, それほど大きな集合にはならず, 依然として零集合に過ぎません.

定理 8.11 (1) $E \subset \mathbb{R}^d$ が零集合であれば, $A \subset \mathbb{R}^d$ に対して

$$m_d^*(A \cup E) = m_d^*(A \setminus E) = m_d^*(A)$$

(2) $A \in \mathfrak{M}_d$ であり, $E \subset \mathbb{R}^d$ が零集合ならば, $A \cup E,\ A \setminus E \in \mathfrak{M}_d$ で

あり

$$m_d(A \cup E) = m_d(A \setminus E) = m_d(A).$$

(3)　$E_1, E_2, \cdots \subset \mathbb{R}^d$ が零集合 のとき, $\bigcup_{n=1}^{\infty} E_n$ も零集合である.

　　証明　(1) を示します.

$$m_d^*(A) \leq m_d^*(A \cup E) \leq m_d^*(A) + m_d^*(E) = m_d^*(A)$$

です. また $A \subset (A \setminus E) \cup E$ より

$$m_d^*(A) \leq m_d^*(A \setminus E) + m_d^*(E) = m_d^*(A \setminus E) \leq m_d^*(A)$$

となっています. (2) は $E \in \mathfrak{M}_d$ と (1) より明らかです.

(3)　$m_d^*(E_n) = 0 \ (n = 1, 2, \cdots)$ より明らかに

$$m_d^* \left(\bigcup_{n=1}^{\infty} E_n \right) \leq \sum_{n=1}^{\infty} m_d^*(E_n) = 0$$

です. ∎

　さて, ルベーグ積分が非常に使いやすい点の一つは, じつはルベーグ積分の値が零集合に影響されないことにあります. たとえば, $f(x)$ と $g(x)$ が $E \in \mathfrak{M}_d$ 上のルベーグ積分可能な関数で,

$$m_d \left(\{ x : x \in E, \ f(x) \neq g(x) \} \right) = 0$$

をみたすとします. このとき,

$$\int_E f(x)dx = \int_E g(x)dx$$

となるのです (後述の定理 8.14 参照).

　しかしながら, 一般に零集合といってもかなり大きなものもあります. たとえば, 有理点全体のように $\mathbb{R}^d$ で稠密なものも, また次章で述べるカントル集合のように連続濃度をもつ集合もあります. しかしいずれにせよ零集合の違い

は積分してしまえば見かけ上なくなってしまうのです．このルベーグ積分の特性は，解析学の中で重要な役割を果たしています．

まず零集合上の積分について述べておきましょう．

命題 8.12 $E \in \mathfrak{M}_d$ とし，$f(x)$ を E 上のルベーグ可測な関数とする．$A \subset E$ を $m_d^*(A) = 0$ なる集合とする．このとき

$$\int_A f(x)dx = 0$$

である．また特に $f(x)$ が E 上ルベーグ積分可能ならば

$$\int_E f(x)dx = \int_{E \setminus A} f(x)dx$$

である．

証明 非負値可測単関数の場合からはじめます．正規表現された E 上の非負値可測単関数

$$s(x) = \sum_{j=0}^{n} a_j \chi_{A_j}(x)$$

を考えます．このとき，

$$\int_A s(x)dx = \sum_{j=0}^{n} a_j m_d(A_j \cap A) = 0$$

です．したがって，非負値可測関数 $f(x)$ に対してもその定義から

$$\int_A f(x)dx = 0$$

となります．$f(x)$ が実数値可測関数の場合は $f(x) = f_+(x) - f_-(x)$ とすれば

$$\int_A f(x)dx = \int_A f_+(x)dx - \int_A f_-(x)dx = 0$$

であり，このことから複素数値の場合も明らかにわかります．

後半の主張は，定理 8.9 より，次のようにして得られます．

$$\int_E f(x)dx = \int_A f(x)dx + \int_{E\setminus A} f(x)dx = \int_{E\setminus A} f(x)dx. \quad \blacksquare$$

ここで，「ほとんどすべて」というルベーグ積分独特の重要な概念を定義しておきたいと思います．

定義 8.13 $E \in \mathfrak{M}_d$ とする．$x \in E$ に関する命題 $P(x)$ があるとする．これが E 上のほとんどすべての点で成り立つとは

$$m_d^*(\{x : x \in E,\ P(x)\ \text{が成り立たない}\}) = 0$$

となることである．

なおこのことを「$P(x)$ は m_d-a.e. $x \in E$ で成り立つ」あるいは単に「$P(x)$ は a.e. $x \in E$ で成り立つ」と書く．ここで a.e. は almost everywhere の略号である．また「E 上のほとんどすべての点で成り立つ」ことを「E 上のほとんどいたるところで成り立つ」ということもある．

たとえば，$P(x)$ が「$f(x) = g(x)$」という命題である場合，$f(x) = g(x)$ が a.e. $x \in E$ で成り立つとは

$$m_d^*(\{x : x \in E,\ f(x) \neq g(x)\}) = 0$$

となることにほかなりません．

さて零集合はルベーグ可測なので，零集合の補集合もルベーグ可測であり，したがって，a.e. $x \in E$ で成り立っている命題 $P(x)$ に対して，

$$\{x : x \in E,\ P(x)\ \text{が成り立たない}\},\ \{x : x \in E,\ P(x)\ \text{が成り立つ}\} \in \mathfrak{M}_d$$

となっています．

定理 8.14 $f(x)$ を $E \in \mathfrak{M}_d$ 上の関数とし，$g(x)$ を E 上のルベーグ可測な関数とする．$f(x) = g(x)$ が a.e. $x \in E$ で成り立っているならば $f(x)$ もルベーグ可測であり，$g(x)$ がルベーグ積分可能なら $f(x)$ もルベーグ積分可能で，

$$\int_E f(x)dx = \int_E g(x)dx$$

となる.

証明 簡単のため，f, g ともに $[-\infty, \infty]$ に値をとる場合に証明します．複素数の値をとる場合は実部と虚部に関して考えれば，実数値関数の場合に帰着して証明できるので省略します．$A = \{x : x \in E, f(x) = g(x)\}$, $B = \{x : x \in E, f(x) \neq g(x)\}$ とすると，$E = A \cup B$, $A \cap B = \varnothing$ です．$m_d^*(B) = 0$ より $B \in \mathfrak{M}_d$ であり，したがって $A = E \setminus B \in \mathfrak{M}_d$ がわかります．

いま任意に $a \in \mathbb{R}$ をとります．$g(x)$ のルベーグ可測性から

$$\{f > a\} \cap A = \{x : x \in E, g(x) > a\} \cap A \in \mathfrak{M}_d$$

です．また $m_d^*(\{f > a\} \cap B) \leq m_d^*(B) = 0$ より $\{f > a\} \cap B \in \mathfrak{M}_d$ です．ゆえに

$$\{f > a\} = (\{f > a\} \cap A) \cup (\{f > a\} \cap B) \in \mathfrak{M}_d$$

となり $f(x)$ がルベーグ可測であることが示されます．

さらに $g(x)$ がルベーグ積分可能であるならば $m_d^*(B) = 0$ より $\displaystyle\int_B |f(x)|\, dx = 0$ となり

$$\infty > \int_E |g(x)|\, dx = \int_A |g(x)|\, dx = \int_A |f(x)|\, dx = \int_E |f(x)|\, dx$$

が得られます．■

系 8.15 $f(x)$ を $E \in \mathfrak{M}_d$ 上の関数とし，$E_0 \subset E$ を $E \setminus E_0$ が零集合となるような集合とする．もし $f(x)$ が E_0 上でルベーグ可測ならば，$f(x)$ は E 上でルベーグ可測である．また，$f(x)$ が E_0 上でルベーグ積分可能ならば $f(x)$ は E 上でもルベーグ積分可能であり，

$$\int_E f(x)dx = \int_{E_0} f(x)dx.$$

証明 零集合はルベーグ可測なので，明らかに $E_0 \in \mathfrak{M}_d$ です．

$$g(x) = \begin{cases} f(x) & (x \in E_0) \\ 0 & (x \in E \setminus E_0) \end{cases}$$

とすると，$g(x)$ は E 上のルベーグ可測関数であることが容易に示せます．したがって定理 8.14 より系が導かれます．■

このことの系として明らかに次のことが成り立ちます．

系 8.16　$f(x)$ を $E \in \mathfrak{M}_d$ 上の関数で，$f(x) = 0$　a.e. $x \in E$ なるものとする．このとき $f(x)$ は E 上ルベーグ可積分であり，

$$\int_E f(x)dx = 0 \tag{8.9}$$

となっている．

この系の逆は成り立ちません．たとえば $E = (-1,1)$ で $f(x) = x$ の場合，(8.9) が成立します．しかし，次の定理は成り立ちます．

定理 8.17　$f(x)$ を $E \in \mathfrak{M}_d$ 上のルベーグ可測な関数で，

$$\int_E |f(x)|\,dx = 0$$

が成り立っているとする．このとき，$f(x) = 0$ a.e. $x \in E$ である．

この定理を証明するため次の不等式を示しておきます．この不等式自身非常に有用なものです．

補題 8.18（チェビシェフの不等式）　$f(x)$ を $E \in \mathfrak{M}_d$ 上のルベーグ積分可能な関数とする．このとき，任意の $\lambda > 0$ に対して，

$$m_d(\{x : x \in E,\ |f(x)| > \lambda\}) \le \frac{1}{\lambda} \int_E |f(x)|\,dx.$$

証明　$E_0 = \{x : x \in E,\ |f(x)| > \lambda\}$ とおくと，$E_0 \subset E$ より

$$\int_E |f(x)|\,dx \ge \int_{E_0} |f(x)|\,dx \ge \lambda \int_{E_0} dx = \lambda m_d(E_0)$$

$$= \lambda m_d \left(\{ x : x \in E, \ |f(x)| > \lambda \} \right)$$

です. ∎

定理 **8.17** の証明

$$A_n = \left\{ x : x \in E, \ |f(x)| > \frac{1}{n} \right\} \ (n = 1, 2, \cdots)$$

とおきます. チェビシェフの不等式より

$$m_d(A_n) \le n \int_E |f(x)| \, dx = 0$$

です. したがって $A = \bigcup_{n=1}^{\infty} A_n$ とおくと, $A = \{ x : x \in E, \ |f(x)| > 0 \}$ より

$$m_d(\{ x : x \in E, \ |f(x)| > 0 \}) \le \sum_{n=1}^{\infty} m_d(A_n) = 0$$

が成り立ちます. ∎

　最後に, ほとんどすべての点で成り立つおもしろい定理を一つ紹介しておきましょう. 関数項級数の収束に関するボレルの定理です. 一般に集合 $A \subset \mathbb{R}^d$ 内の点列 $\{a_n\}_{n=1}^{\infty}$ が A で稠密であるとは, 任意の $a \in A$ に対して, ある適当な部分列 $a_{n(k)} \ (k = 1, 2, \cdots)$ で, $\lim_{k \to \infty} d(a_{n(k)}, a) = 0$ となるものがとれることです. たとえば有理数全体 $\{a_n\}_{n=1}^{\infty}$ は $\mathbb{R}$ で稠密になっています.

　定理 **8.19**（ボレル）$\{a_n\}_{n=1}^{\infty}$ が $[0,1]$ で稠密とする. $A_n > 0$ を $\sum_{n=1}^{\infty} A_n^{1/2} < \infty$ なる数とする. このとき, ほとんどすべての $x \in [0,1]$ に対して次が成り立つ.

$$\sum_{n=1}^{\infty} \frac{A_n}{|x - a_n|} < \infty.$$

証明

$$D = \left\{ x \in [0,1] : \sum_{n=1}^{\infty} \frac{A_n}{|x - a_n|} = \infty \right\}$$

とおきます. 示したいことは, $m_1^*(D) = 0$ です.

$M = \sum_{n=1}^{\infty} A_n^{1/2}$ とおき, $k \in \mathbb{N}$ に対して $\varepsilon_{n,k} = A_n^{1/2}/(4Mk)$, また

$$I_{n,k} = (a_n - \varepsilon_{n,k}, a_n + \varepsilon_{n,k})$$

とします. $B_k = \bigcup_{n=1}^{\infty} I_{n,k}$ とおくと,

$$m_1(B_k) \leq \sum_{n=1}^{\infty} m_1(I_{n,k}) = \sum_{n=1}^{\infty} 2\varepsilon_{n,k} = \frac{1}{2k} < 1$$

です. したがって, すべての k に対して $[0,1] \nsubseteq B_k$ となります.

さて, $x \in B_k^c$ ならばすべての n に対して $x \notin I_{n,k}$ となり, したがって $|x - a_n| \geq \varepsilon_{n,k}$ です. このことから $x \in [0,1] \cap B_k^c$ ならば

$$\sum_{n=1}^{\infty} \frac{A_n}{|x - a_n|} \leq \sum_{n=1}^{\infty} \frac{A_n}{\varepsilon_{n,k}} = 4Mk \sum_{n=1}^{\infty} A_n^{1/2} < \infty$$

より $x \in [0,1] \cap D^c$ がわかります. そこで $B = \bigcap_{k=1}^{\infty} B_k$ とおくと, $x \in [0,1] \cap B^c = \bigcup_{k=1}^{\infty} ([0,1] \cap B_k^c)$ ならば $x \in [0,1] \cap D^c$ ですから, $[0,1] \setminus B \subset [0,1] \setminus D$ となることが容易にわかります. すなわち $D \subset B \cap [0,1]$ です. ところが

$$m_1(B) \leq m_1(B_k) \leq \frac{1}{2k} \to 0 \quad (k \to \infty)$$

より $m_1 B = 0$ より D はルベーグ可測で, $m_1(D) = 0$ となります. ∎

練習問題

問題 8.4 $E \in \mathfrak{M}_d$ とし, $x \in E$ に関する命題 $P_n(x)$ $(n = 1, 2, \cdots)$ があるとする. もし各 n について m_d-a.e. $x \in E$ で $P_n(x)$ が成り立っているとする. このとき, m_d-a.e. $x \in E$ に対してすべての $P_n(x)$ が成り立っている.

ルベーグ積分の重要な定理

第 III 部では，ルベーグ積分の基本的で重要な定理を証明します．これらの定理は，今日の解析学を支えているものです．

第 9 章
ルベーグの収束定理

ルベーグ積分の中でもっとも重要な定理を挙げるならば，おそらくこれから述べるルベーグの収束定理がその筆頭をかざると思います．この定理は間違いなく 20 世紀の解析学の基礎をなすものでした．

9.1 概収束

ルベーグの収束定理を述べるために，「ほとんどすべて」という考え方を使った**概収束**を導入しておきましょう．$f_n(x)$ $(n = 1, 2, \cdots)$ を $E \in \mathfrak{M}_d$ 上の可測関数，$f(x)$ を E 上の関数とし，$f_n(x)$ が E 上のほとんどすべての点で $f(x)$ に収束しているとき，すなわち

$$E_0 = \left\{ x \in E : \lim_{n \to \infty} f_n(x) = f(x) \right\} \tag{9.1}$$

が

$$m_d^*(E \setminus E_0) = 0$$

であるとき，f_n は E 上で f に**概収束**するといいます．この場合，$E \setminus E_0$ は d 次元ルベーグ測度零集合なのでルベーグ可測であり，したがって

$$E_0 = E \setminus (E \setminus E_0)$$

もルベーグ可測になります．

概収束について次のことが成り立ちます．

補題 9.1 $E \in \mathfrak{M}_d$ とし，$f_n(x)$ を E 上のルベーグ可測関数とし $(n = 1, 2, \cdots)$，$f(x)$ を E 上の関数とする．f_n が f に E 上で概収束するならば $f(x)$ は E 上ルベーグ可測である．

証明 $f_n \ (n = 1, 2, \cdots)$, f が $[-\infty, \infty]$ に値をとる場合を示します．これらが複素数に値をとる場合は，実部と虚部にわけて考えることにより実数値に場合に帰着できるので省略します．

$E_0 = \left\{ x : x \in E, \ f(x) = \lim_{n \to \infty} f_n(x) \right\}$, $E_1 = E \setminus E_0$ とおきます．すでに示したように $E_0, E_1 \in \mathfrak{M}_d$ です．定理 7.9 より $f(x)$ は E_0 上でルベーグ可測であり，したがって $a \in \mathbb{R}$ に対して

$$\{ x : x \in E_0, \ f(x) > a \} \in \mathfrak{M}_d$$

です．一方，

$$m_d^*(\{ x : x \in E_1, \ f(x) > a \}) \leq m_d^*(E_1) = 0$$

より，$\{ x : x \in E_1, \ f(x) > a \} \in \mathfrak{M}_d$ も成り立っています．したがって

$$\{ x : x \in E, \ f(x) > a \} = \{ x : x \in E_0, \ f(x) > a \} \cup \{ x : x \in E_1, \ f(x) > a \}$$
$$\in \mathfrak{M}_d$$

が得られます．■

単調収束定理は概収束に対しても次のように成り立ちます．

定理 9.2（単調収束定理） $E \in \mathfrak{M}_d$ 上の可測関数 $f_n(x) \ (n = 1, 2, \cdots)$ が E 上ほとんどいたるところで非負値をとり，かつ単調増加で，E 上のある関数 $f(x)$ に E 上で概収束しているとする．このとき $f(x)$ は E 上可測であり，

$$\lim_{n \to \infty} \int_E f_n(x) dx = \int_E f(x) dx$$

である．

証明

$$E_0 = \left\{ x \in E : \begin{array}{l} f_1(x) \leq f_2(x) \leq \cdots, \\ \displaystyle\lim_{n \to \infty} f_n(x) = f(x) \end{array} \right\}$$

とします. このとき, 定理 8.4 より

$$\lim_{n \to \infty} \int_{E_0} f_n(x) dx = \int_{E_0} f(x) dx$$

です. 一方, $m_d^*(E \setminus E_0) = 0$ ですから, 命題 8.12 より

$$\int_E f_n(x) dx = \int_{E_0} f_n(x) dx, \quad \int_E f(x) dx = \int_{E_0} f(x) dx.$$

よって定理が得られます. ■

9.2 ルベーグの収束定理

次の定理がルベーグの収束定理とよばれているものです.

定理 9.3（ルベーグの収束定理）$E \in \mathfrak{M}_d$ とし, $f_n(x)$ $(n = 1, 2, \cdots)$ を E 上のルベーグ可測関数とし, $f(x)$ を E 上の関数とする. f_n が f に E 上で概収束し, さらに E 上のルベーグ積分可能な関数 $\varphi(x)$ で

$$|f_n(x)| \leq \varphi(x) \quad \text{a.e. } x \in E \quad (n = 1, 2, \cdots) \tag{9.2}$$

をみたすものがあるとする. このとき $f(x)$ は E 上ルベーグ積分可能であり,

$$\lim_{n \to \infty} \int_E f_n(x) dx = \int_E f(x) dx$$

が成り立つ.

この定理の証明のために次の補題を示します. これはファトゥーの補題とよばれるもので, この補題自身しばしば使われるものです.

補題 9.4（ファトゥーの補題）　$E \in \mathfrak{M}_d$ とし, $f_n(x)\ (n=1,2,\cdots)$ を E 上の非負値ルベーグ可測関数とする $(n=1,2,\cdots)$. このとき

$$\int_E \liminf_{n\to\infty} f_n(x)dx \le \liminf_{n\to\infty} \int_E f_n(x)dx$$

が成り立つ.

証明　定理 7.9 より $\liminf_{n\to\infty} f_n(x)$ は E 上の非負値ルベーグ可測関数です. 任意の自然数 k に対して $\inf_{n\ge k} f_n(x)$ は定理 7.9 より E 上の非負値ルベーグ可測関数で, k に関して単調増加列になっています. したがって単調収束定理（定理 9.2）より

$$\lim_{k\to\infty}\int_E \inf_{n\ge k} f_n(x)dx = \int_E \lim_{k\to\infty}\inf_{n\ge k} f_n(x)dx = \int_E \liminf_{n\to\infty} f_n(x)dx$$

がわかります. 一方, 任意の $j \ge k$ に対して $\inf_{n\ge k} f_n(x) \le f_j(x)$ ですから

$$\int_E \inf_{n\ge k} f_n(x)dx \le \inf_{j\ge k}\int_E f_j(x)dx$$

となっています. ここで両辺 $k \to \infty$ とすれば

$$\lim_{k\to\infty}\int_E \inf_{n\ge k} f_n(x)dx \le \liminf_{n\to\infty}\int_E f_n(x)dx$$

がわかり補題が証明されました. ■

定理 9.3 の証明　まず各 $f_n(x)$ が $[-\infty,\infty]$ に値をとる場合を考えます. φ はルベーグ積分可能ですから, 問題 8.3 より a.e. $x \in E$ で $0 \le \varphi(x) < \infty$ です. そこで, $E_n = \{x : x \in E, |f_n(x)| \in \mathbb{R}\}$ とし, $F = \bigcap_{n=1}^{\infty} E_n$ とすると,

$$m_d(E \setminus F) \le \sum_{n=1}^{\infty} m_d(E \setminus E_n) = 0$$

です. また, $F' = \left\{x : x \in E,\ \lim_{n\to\infty} f_n(x) = f(x)\right\}$ とおくと $m_d(E \setminus F') = 0$

ですから, 仮定 (9.2) より $E_0 = F \cap F' \cap \{x \in E : f(x), \varphi(x) \in \mathbb{R}\}$ としても,

$$m_d(E \setminus E_0) = 0 \tag{9.3}$$

となります. E_0 上では仮定より

$$\int_{E_0} |f(x)|\, dx = \int_{E_0} \left| \lim_{n \to \infty} f_n(x) \right| dx \leq \int_{E_0} \varphi(x) dx < \infty$$

となるので, $f(x)$ は E_0 上でルベーグ積分可能です. したがって系 8.15 より $f(x)$ が E 上でルベーグ積分可能であることが容易にわかります.

さて, E_0 上で各 $f_n(x)$ は実数値関数ですから, $\varphi(x) - f_n(x), \varphi(x) + f_n(x)$ は非負値ルベーグ可測関数で, したがってファトゥーの補題より

$$\begin{aligned}
\int_{E_0} \varphi(x) dx + \int_{E_0} f(x) dx &= \int_{E_0} (\varphi(x) + f(x))\, dx \\
&= \int_{E_0} \lim_{n \to \infty} (\varphi(x) + f_n(x))\, dx \\
&\leq \liminf_{n \to \infty} \left(\int_{E_0} \varphi(x) dx + \int_{E_0} f_n(x) dx \right) \\
&= \int_{E_0} \varphi(x) dx + \liminf_{n \to \infty} \int_{E_0} f_n(x) dx
\end{aligned}$$

ゆえに

$$\int_{E_0} f(x) dx \leq \liminf_{n \to \infty} \int_{E_0} f_n(x) dx \tag{9.4}$$

が得られます. また

$$\begin{aligned}
\int_{E_0} \varphi(x) dx - \int_{E_0} f(x) dx &= \int_{E_0} \lim_{n \to \infty} (\varphi(x) - f_n(x))\, dx \\
&\leq \liminf_{n \to \infty} \left(\int_{E_0} \varphi(x) dx - \int_{E_0} f_n(x) dx \right) \\
&= \int_{E_0} \varphi(x) dx - \limsup_{n \to \infty} \int_{E_0} f_n(x) dx
\end{aligned}$$

より

$$\limsup_{n\to\infty} \int_{E_0} f_n(x)dx \le \int_{E_0} f(x)dx \tag{9.5}$$

も成り立っています. よって (9.4), (9.5) より

$$\lim_{n\to\infty} \int_{E_0} f_n(x)dx = \int_{E_0} f(x)dx$$

が得られます. (9.3) と系 8.15 より

$$\int_{E_0} f_n(x)dx = \int_E f_n(x)dx, \quad \int_{E_0} f(x)dx = \int_E f(x)dx$$

ですから, 定理の主張が証明されました.

　複素数値の場合は, 実部と虚部に分けて実数値の場合を適用すれば定理が証明できます. ∎

9.3　ルベーグ積分とリーマン積分

　ルベーグの収束定理はいろいろな応用を持っていますが, 小手調べにこれを用いて, リーマン積分とルベーグ積分の関連を明らかにしておきたいと思います. 記号の煩雑さを避けるため 1 変数に話を絞って記すことにします. なおリーマン積分に関する定義と関連した記号は第 3.2.2 節に従います.

　定理 9.5　$f(x)$ を $Q = [a,b]$ 上の有界な実数値関数とする. $f(x)$ が Q 上でリーマン積分可能であれば, ルベーグ積分可能であり,

$$(R)\int_a^b f(x)dx = \int_Q f(x)dx \tag{9.6}$$

である. ただし有界関数がルベーグ積分可能であってもリーマン積分可能とは限らない.

　証明　$[a,b]$ の分割

$$\Delta : a = t_0 < t_1 < \cdots < t_p = b$$

を考えます. $\delta(\Delta) = \max_i (t_i - t_{i-1})$ とし,

$$m_i = \inf_{x \in [t_{i-1}, t_i]} f(x), \quad M_i = \sup_{x \in [t_{i-1}, t_i]} f(x),$$

$$\varphi_\Delta(x) = \sum_{i=1}^{p-1} m_i \chi_{[t_{i-1}, t_i)}(x) + m_p \chi_{[t_{p-1}, t_p]}(x),$$

$$\psi_\Delta(x) = \sum_{i=1}^{p-1} M_i \chi_{[t_{i-1}, t_i)}(x) + M_p \chi_{[t_{p-1}, t_p]}(x)$$

とすると，$\varphi_\Delta(x), \psi_\Delta(x)$ は Q 上の可測単関数になっています．また

$$\varphi_\Delta(x) \le f(x) \le \psi_\Delta(x)$$

です．いまある分割の列 Δ_n（ただし Δ_{n+1} は Δ_n の細分になっている）を $\delta(\Delta_n) \to 0$ かつ

$$s_{\Delta_n}(f) \to s(f), \quad S_{\Delta_n}(f) \to S(f) \quad (n \to \infty) \tag{9.7}$$

となるようにとります．$\varphi_n(x) = \varphi_{\Delta_n}(x), \psi_n(x) = \psi_{\Delta_n}(x)$ とおくと，Δ_{n+1} は Δ_n の細分ですから

$$\varphi_1(x) \le \varphi_2(x) \le \cdots \le f(x) \le \cdots \le \psi_2(x) \le \psi_1(x)$$

となっています．$\varphi(x) = \lim_{n \to \infty} \varphi_n(x), \psi(x) = \lim_{n \to \infty} \psi_n(x)$ とおくと，$\varphi(x), \psi(x)$ はルベーグ可測であり，$\psi_1(x), \varphi_1(x)$ はルベーグ積分可能ですから，ルベーグの収束定理より

$$\int_Q \varphi(x)dx = \lim_{n \to \infty} \int_Q \varphi_n(x)dx, \quad \int_Q \psi(x)dx = \lim_{n \to \infty} \int_Q \psi_n(x)dx$$

がわかります．また

$$\int_Q \varphi_n(x)dx = s_{\Delta_n}(f), \quad \int_Q \psi_n(x)dx = S_{\Delta_n}(f)$$

ですから (9.7) より

$$\int_Q \varphi(x)dx = s(f) = S(f) = \int_Q \psi(x)dx$$

となり，したがって，

$$\int_Q (\psi(x) - \varphi(x))\,dx = 0.$$

一方，定義より $\psi(x) - \varphi(x) \geq 0$ ですから定理 8.17 より $\psi(x) = \varphi(x)$ a.e. $x \in Q$ が得られます．このことから，

$$\varphi(x) = f(x) = \psi(x) \text{ a.e. } x \in [a,b]$$

となり，$f(x)$ のルベーグ可測性と (9.6) が証明されます．

ルベーグ積分可能な有界関数であって，リーマン積分可能ではない例として

$$D(x) = \begin{cases} 1 & x \text{ が有理数} \\ 0 & \text{その他} \end{cases} \tag{9.8}$$

があります．実際どのような $[0,1]$ の分割 Δ に対しても

$$s_\Delta(D) = 0 < 1 = S_\Delta(D)$$

となります．一方，$D(x) = 0$ a.e. $x \in [0,1]$ なので，定理 8.14 より，$D(x)$ は $[0,1]$ 上ルベーグ積分可能な関数です．∎

9.4　積分と微分記号の交換について

最後に，微分記号と積分記号の交換に関する重要な定理を証明します．

定理 9.6　(a,b) を開区間，$E \in \mathfrak{M}_d$ とし，$f(t,x)$ を $(a,b) \times E$ 上の複素数値関数とする．任意の $t \in (a,b)$ を固定したとき，$f(t,x)$ は x の関数としてルベーグ可積分であり，また任意の $x \in E$ を固定したとき $f(t,x)$ が t の関数として連続微分可能であるとする．さらに E 上のあるルベーグ積分可能な関数 $\varphi(x)$ で

$$\left| \frac{\partial}{\partial t} f(t,x) \right| \leq \varphi(x) \quad ((t,x) \in (a,b) \times E)$$

をみたすものがあるとする．このとき，$\displaystyle\int_E f(t,x)dx$ は t に関して微分可能であり，また $\dfrac{\partial}{\partial t} f(t,x)$ は x に関してルベーグ積分可能で，

$$\frac{\partial}{\partial t}\int_E f(t,x)dx = \int_E \frac{\partial}{\partial t}f(t,x)dx$$

が成り立つ.

証明　仮定より $h_n \to 0$, $h_n \neq 0$ なる任意の数列（ただし $t+h_n \in (a,b)$）に対して

$$\frac{\partial}{\partial t}f(t,x) = \lim_{n\to\infty}\frac{f(t+h_n,x)-f(t,x)}{h_n}$$

より, $\frac{\partial}{\partial t}f(t,x)$ は x の関数として E 上でルベーグ可測です. 平均値の定理より, ある $s_n \in (a,b)$ が存在し,

$$|f(t+h_n,x)-f(t,x)| \leq \left|\frac{\partial}{\partial t}f(s_n,x)\right|h_n \leq \varphi(x)h_n$$

です. ゆえに

$$\left|\frac{\partial}{\partial t}f(t,x)\right| \leq \varphi(x)$$

となり, $\frac{\partial}{\partial t}f(t,x)$ は x の関数として E 上ルベーグ積分可能であることがわかります. またルベーグの収束定理より,

$$\lim_{n\to\infty}\frac{1}{h_n}\left\{\int_E f(t+h_n,x)dx - \int_E f(t,x)dx\right\}$$
$$= \lim_{n\to\infty}\int_E \frac{f(t+h_n,x)-f(t,x)}{h_n}dx$$
$$= \int_E \frac{\partial}{\partial t}f(t,x)dx$$

が得られます. ここで, h_n は $t+h_n \to t$, $h_n \neq 0$ をみたす任意の数列ですから, $\int_E f(t,x)dx$ は t に関して微分可能で

$$\frac{\partial}{\partial t}\int_E f(t,x)dx = \int_E \frac{\partial}{\partial t}f(t,x)dx$$

が得られます. ■

この他の応用は次章以降で紹介していきます.

練習問題

問題 9.1　$Q = [a_1, b_1] \times \cdots \times [a_d, b_d]$ とする. 分割

$$a_i = t_0^{(i)} < \cdots < t_{n_i}^{(i)} = b_i \ (i = 1, \cdots, d)$$

を考え, $I_k^{(i)} = [t_{k-1}^{(i)}, t_k^{(i)}]$ とする. このとき, $n_1 \cdots n_d$ 個の閉直方体

$$I_{k_1}^{(1)} \times \cdots \times I_{k_d}^{(d)} \ (k_i \in \{1, \cdots, n_i\}, \, i = 1, \cdots, d)$$

を適当に番号付けたものを $R_1, \cdots, R_N (N = n_1 \cdots n_d)$ とし, $\Delta = \{R_1, \cdots, R_N\}$ おく. このような閉直方体の族 Δ を Q の分割という. Q 上の有界関数 $f(x)$ に対して,

$$m_j = \inf_{x \in R_j} f(x), \, M_j = \sup_{x \in R_j} f(x)$$

とし,

$$s_\Delta(f) = \sum_j m_j |R_j|, \, S_\Delta(f) = \sum_j M_j |R_j|$$

とする. もし,

$$\sup_\Delta s_\Delta(f) = \inf_\Delta S_\Delta(f)$$

（ただし, ここで上限, 下限は Q のすべての分割にわたってとるものとする）が成り立つとき, f は Q 上でリーマン積分可能であるといい,

$$(R) \int_Q f(x) dx = \sup_\Delta s_\Delta(f) = \inf_\Delta S_\Delta(f)$$

と表す. 有界関数 $f(x)$ が Q 上でリーマン積分可能ならば, ルベーグ積分可能で,

$$(R) \int_Q f(x) dx = \int_Q f(x) dx$$

となることを示せ.

第 10 章
ルベーグ積分と L^p 空間

　20 世紀前半から関数解析学が盛んに研究されるようになりました．これは個々の関数について調べるのではなく，ある条件をみたす関数全体のなす集合を考え，その集合がどのような性質をもつかを研究する分野です．特にバナッハ空間という抽象的な枠組みが極めて重要な役割を果たしています．このバナッハ空間の典型的な例が本章で述べる L^p 空間です．詳しくは後で述べますが，L^p 空間はリーマン積分でなくルベーグ積分を用いてはじめて，バナッハ空間の理論と結びつけることができるのです．また，このことに基づいて現代の実解析学，偏微分方程式などが発展してきました．特に L^2 空間は量子力学や情報理論の数学的基礎にもなっています．

10.1　L^p 不等式

　準備としていくつかの不等式を証明します．本節で述べる不等式は，実解析学，関数解析学，偏微分方程式等で重要な役割を果たすものです．

　これから先，複素数全体のなす集合を $\mathbb{C}$ と表し，また $\mathbb{K}$ によって $\mathbb{R}$ または $\mathbb{C}$ を表すものとします，

　$E \subset \mathbb{R}^d$ をルベーグ可測集合とします．E 上の $\mathbb{K}$ あるいは $[-\infty, +\infty]$ に値をとるルベーグ可測関数 $f(x)$ に対して，次のような量を定めておきます．$1 \le p < \infty$ に対して

$$\|u\|_{L^p(E)} = \left(\int_E |f(x)|^p \, dx \right)^{1/p}$$

また $p = \infty$ に対しては

$$\|f\|_{L^\infty(E)} = \inf \left\{ \lambda : \lambda > 0, \ m_d \left(\{|f| > \lambda\} \right) = 0 \right\}.$$

$\|f\|_{L^p(E)}$ は関数 f の L^p ノルムとよばれています．ただし厳密な意味においては，関数解析学でいうノルムにはなっていません．この点については次節で詳しく述べます．

さて，$L(E)$ を E 上の $\mathbb{K}$ に値をとるルベーグ可測関数全体のなす集合とします．そして $1 \leq p \leq \infty$ に対して

$$L^p(E) = \left\{ f : f \in L(E), \ \|f\|_{L^p(E)} < \infty \right\}$$

と表します．これはしばしば L^p 空間とよばれている関数からなる集合です．

はじめに次のことを示しておきます．

命題 10.1　$f \in L^\infty(E)$ ならば

$$|f(x)| \leq \|f\|_{L^\infty(E)} \quad \text{a.e. } x \in E.$$

証明　もし $m_d \left(\left\{ |f| > \|f\|_{L^\infty(E)} \right\} \right) > 0$ であるとして矛盾を導きます．

$$A_n = \left\{ x : x \in E, \ |f(x)| > \|f\|_{L^\infty(E)} + \frac{1}{n} \right\} \quad (n = 1, 2, \cdots),$$

$$A = \left\{ x : x \in E, \ |f(x)| > \|f\|_{L^\infty(E)} \right\}$$

とおきます．$A_1 \subset A_2 \subset \cdots$, $A = \bigcup_n A_n$ より $\displaystyle\lim_{n \to \infty} m_d(A_n) = m_d(A) > 0$ です．したがって，十分大きな n に対して $m_d(A_n) > 0$ となります．このことから

$$\|f\|_{L^\infty(E)} = \inf \left\{ \lambda : \lambda > 0, \ m_d \left(\{|f| > \lambda\} \right) = 0 \right\} \geq \|f\|_{L^\infty(E)} + \frac{1}{n}$$

でなければなりません. これは矛盾です. ∎

次の不等式は L^p ノルム間の関係を示す基本的な不等式です.

命題 10.2 (ヘルダーの不等式) $1 \leq p \leq \infty$, $1 \leq q \leq \infty$ が

$$\frac{1}{p} + \frac{1}{q} = 1 \tag{10.1}$$

をみたしているとする (ただし, $\frac{1}{\infty} = 0$ と定める). このとき, $f \in L^p(E)$ と $g \in L^q(E)$ に対して

$$\int_E |f(x)g(x)| \, dx \leq \|f\|_{L^p(E)} \|g\|_{L^q(E)}$$

が成り立つ ($p = q = 2$ の場合はシュバルツの不等式という).

(10.1) の関係を p, q がみたすとき, q を p の**共役指数**, あるいは p を q の共役指数といいます.

証明 $p = 1$, $q = \infty$ の場合, 命題 10.1 より $|g(x)| \leq \|g\|_{L^\infty(E)}$ a.e. $x \in E$ ですから

$$\int_E |f(x)g(x)| \, dx \leq \int_E |f(x)| \, dx \, \|g\|_{L^\infty(E)} = \|f\|_{L^1(E)} \|g\|_{L^\infty(E)}$$

です. $p = \infty$, $q = 1$ の場合も同様に示せます. $1 < p, q < \infty$ の場合を証明しましょう. $\|f\|_{L^p(E)} = 0$ または $\|g\|_{L^q(E)} = 0$ の場合は, 定理 8.17 より $f(x) = 0$ a.e. $x \in E$, あるいは $g(x) = 0$ a.e. $x \in E$ なので不等式は明らかに成り立ちます. $\|f\|_{L^p(E)} > 0$, $\|g\|_{L^q(E)} > 0$ の場合を証明します.

$$F(x) = \frac{|f(x)|}{\|f\|_{L^p(E)}}, \quad G(x) = \frac{|g(x)|}{\|g\|_{L^q(E)}}$$

とおきます. ここで次の不等式を用います.

補題 10.3 $a \geq 0$, $b \geq 0$ のとき

$$a^{1/p}b^{1/q} \leq \frac{1}{p}a + \frac{1}{q}b$$

証明　$b = 0$ ならば明らかなので，$b > 0$ の場合を考えます．このとき $t = a/b$ とすると示すべき不等式は

$$t^{1/p} \leq \frac{1}{p}t + \frac{1}{q}$$

となります．t の関数 $f(t) = t^{1/p} - \frac{1}{p}t - \frac{1}{q}$ は $t = 1$ のとき最大値 0 をもつので，等号条件は $t = 1$ でこの不等式が成り立ちます．■

命題 10.2 の証明の続き　補題において $a = |F(x)|^p$, $b = |G(x)|^q$ とすると

$$|F(x)G(x)| \leq \frac{1}{p}|F(x)|^p + \frac{1}{q}|G(x)|^q$$

が成り立ちます．両辺を積分すると，

$$\int_E |F(x)G(x)|\,dx \leq \frac{1}{p}\int_E |F(x)|^p\,dx + \frac{1}{q}\int_E |G(x)|^q dx = \frac{1}{p} + \frac{1}{q}$$
$$= 1$$

です．これより

$$\frac{1}{\|f\|_{L^p(E)}\,\|g\|_{L^q(E)}}\int_E |f(x)g(x)|\,dx \leq 1$$

となります．■

次の不等式も重要な不等式です．

命題 10.4（ミンコフスキーの不等式）　$1 \leq p \leq \infty$ とする．$f, g \in L^p(E)$ ならば $f + g \in L^p(E)$ であり，

$$\|f + g\|_{L^p(E)} \leq \|f\|_{L^p(E)} + \|g\|_{L^p(E)}$$

証明　$p = 1$ の場合は $|f(x) + g(x)| \leq |f(x)| + |g(x)|$ より明らかです．$1 <$

$p < \infty$ の場合,

$$|f(x) + g(x)|^p \leq 2^p \left(|f(x)|^p + |g(x)|^p\right)$$

です. 実際, $|f(x)| \leq |g(x)|$ の場合,

$$|f(x) + g(x)|^p \leq (|f(x)| + |g(x)|)^p \leq 2^p |g(x)|^p \leq 2^p \left(|f(x)|^p + |g(x)|^p\right)$$

が成り立ちます. また $|f(x)| \leq |g(x)|$ の場合も同様に示せます. このことから, $f + g \in L^p(E)$ がわかります.

さて

$$|f(x) + g(x)|^p \leq (|f(x)| + |g(x)|) \, |f(x) + g(x)|^{p-1}$$

ですから, q を p の共役指数とすると $q(p-1) = p$ およびヘルダーの不等式より

$$
\begin{aligned}
\|f + g\|_{L^p(E)}^p &\leq \int_E |f(x)| \, |f(x) + g(x)|^{p-1} \, dx \\
&\quad + \int_E |g(x)| \, |f(x) + g(x)|^{p-1} \, dx \\
&\leq \|f\|_{L^p(E)} \left\| |f + g|^{p-1} \right\|_{L^q(E)} + \|g\|_{L^p(E)} \left\| |f + g|^{p-1} \right\|_{L^q(E)} \\
&= \left(\|f\|_{L^p(E)} + \|g\|_{L^p(E)} \right) \|f + g\|_{L^p(E)}^{p/q}.
\end{aligned}
$$

すでに示したように, $\|f + g\|_{L^p(E)} < \infty$ なので, $\|f + g\|_{L^p(E)} > 0$ の場合, 両辺を $\|f + g\|_{L^p(E)}^{p/q}$ で割って

$$\|f + g\|_{L^p(E)} = \|f + g\|_{L^p(E)}^{p - p/q} \leq \|f\|_{L^p(E)} + \|g\|_{L^p(E)}$$

を得ます. $\|f + g\|_{L^p(E)} = 0$ の場合, 命題は明らかです.

$p = \infty$ の場合を示します. $t = \|f\|_{L^\infty(E)} + \|g\|_{L^\infty(E)}$ とおきます. $t = 0$ の場合は $f(x) = 0$ a.e. $x \in E$, $g(x) = 0$ a.e. $x \in E$ より不等式は明らかなので, $t > 0$ の場合を考えます. このとき

$$|f(x) + g(x)| \leq |f(x)| + |g(x)| \leq t \quad \text{a.e. } x \in E$$

なので, $m_d(\{|f+g| > t\}) = 0$ です. よって $\|f+g\|_{L^\infty(E)} \leq t$ を得ます. ∎

　実数には完備性, すなわちコーシー列が収束列になっているという性質があります. 次の定理は $L^p(E)$ が L^p ノルムに関して類似の性質をもっていることを示すもので, 次節で述べる関数解析学のバナッハ空間の理論と関連させるとき, 非常に重要になります.

　定理 10.5　$1 \leq p \leq \infty$ とする. $f_n \in L^p(E)$ $(n = 1, 2, \cdots)$ が

$$\lim_{n,m\to\infty} \|f_n - f_m\|_{L^p(E)} = 0$$

をみたしているとする. このとき, ある $f \in L^p(E)$ が存在し

$$\lim_{n\to\infty} \|f_n - f\|_{L^p(E)} = 0$$

をみたす.

　証明　本書ではルベーグの収束定理の応用として証明できる $1 \leq p < \infty$ の場合のみ扱います.

　$f_n \in L^p(E)$ $(n = 1, 2, \cdots)$ で, $\displaystyle\lim_{n,m\to\infty} \|f_n - f_m\|_{L^p(E)} = 0$ であるとします. 仮定より適当に $n_1 < n_2 < \cdots \to \infty$ なる番号を選んで $\|f_{n_k} - f_{n_{k+1}}\|_{L^p(E)} < 2^{-k}$ とできます.

$$F_N(x) = |f_{n_1}(x)| + \sum_{k=1}^{N} \left|f_{n_k}(x) - f_{n_{k+1}}(x)\right|$$

とおくと, $F_N(x) \leq F_{N+1}(x)$ ですから $F(x) = \displaystyle\lim_{N\to\infty} F_N(x)$ $(\leq \infty)$ の存在がわかります. 単調収束定理（定理 9.2）より

$$\int_E F(x)^p dx = \lim_{N\to\infty} \int_E F_N(x)^p dx = \lim_{N\to\infty} \|F_N\|_{L^p(E)}^p$$

が得られます. ここでミンコフスキーの不等式（命題 10.4）から

$$\|F_N\|_{L^p(E)} \leq \|f_{n_1}\|_{L^p(E)} + \sum_{k=1}^{N} \|f_{n_k} - f_{n_{k+1}}\|_{L^p(E)}$$

$$\leq \|f_{n_1}\|_{L^p(E)} + 1 < \infty$$

となっています. したがって

$$\int_E F(x)^p dx \leq \left(\|f_{n_1}\|_{L^p(E)} + 1 \right)^p < \infty$$

がわかります. このことから $F(x)^p < \infty$ a.e. $x \in E$ となります. すなわち $A = \{x \in E : F(x)^p < \infty\}$ とおくと $x \in A$ に対して (絶対収束する複素数列は収束しているので)

$$\widetilde{f}(x) = f_{n_1}(x) + \sum_{k=1}^{\infty} \left(f_{n_{k+1}}(x) - f_{n_k}(x) \right)$$

が存在します. そこで

$$f(x) = \begin{cases} \widetilde{f}(x) & (x \in A) \\ 0 & (x \in E \setminus A) \end{cases}$$

と定義します. いま $f_{n_N}(x) = f_{n_1}(x) + \sum_{k=1}^{N-1} \left(f_{n_{k+1}}(x) - f_{n_k}(x) \right)$ および $|f_{n_N}(x)| \leq F_N(x)$ に注意すると, $x \in A$ に対して

$$|f(x) - f_{n_N}(x)| \leq \sum_{k=N+1}^{\infty} \left| f_{n_k}(x) - f_{n_{k+1}}(x) \right| \to 0 \ (N \to \infty) \qquad (10.2)$$

および

$$|f(x) - f_{n_N}(x)|^p \leq (|f(x)| + F_N(x))^p \leq (2F(x))^p$$

が得られます. したがって, ルベーグの収束定理より

$$\lim_{N \to \infty} \int_E |f(x) - f_{n_N}(x)|^p \, dx = 0 \qquad (10.3)$$

が成り立ちます. さらに

$$\|f\|_{L^p(E)} = \|f - f_{n_N} + f_{n_N}\|_{L^p(E)} \leq \|f - f_{n_N}\|_{L^p(E)} + \|f_{n_N}\|_{L^p(E)} < \infty$$

より $f \in L^p(E)$ です. そして $\lim_{n,m \to \infty} \|f_n - f_m\|_{L^p(E)} = 0$ および (10.3)

より,

$$\|f_k - f\|_{L^p(E)} \le \|f_k - f_{n_k}\|_{L^p(E)} + \|f_{n_k} - f\|_{L^p(E)} \to 0 \ (k \to \infty)$$

が得られます. ∎

系 10.6　$1 \le p < \infty$ とする. $f_n \in L^p(E) \ (n = 1, 2, \cdots)$, $f \in L^p(E)$ が

$$\lim_{n \to \infty} \|f_n - f\|_{L^p(E)} = 0$$

をみたしているとする. このとき $\{f_n\}_{n=1}^{\infty}$ のある部分列 $\{f_{n_k}\}_{k=1}^{\infty}$ で

$$\lim_{k \to \infty} f_{n_k}(x) = f(x) \ \text{a.e.} \ x \in E$$

となるものが存在する.

証明　定理 10.5 の f_{n_k} が (10.2) より系の主張をみたしている. ∎

― なぜ L^p を定義するのにルベーグ積分を使うのか？―

　もしルベーグ積分でなく, リーマン積分によって L^p 空間を定義するとどうなるでしょうか. じつは, 定理 10.5 に相当する結果が成り立たなくなってしまうのです. たとえば RL^1 を $[0,1]$ 上のリーマン積分可能な関数で

$$\|f\|_R = (R) \int_0^1 |f(x)| dx < \infty$$

なるものの集合とします. p.16 で定めた H_n, H の 1 次元版を考え, K_n, $K \subset \mathbb{R}$ とします. $\chi_{K_n} \in RL^1$ です. 定理 9.3 から $\lim_{n \to \infty} \|\chi_{K_n} - \chi_K\|_{L^1([0,1])} = 0$ なので, $\lim_{m,n \to \infty} \|\chi_{K_n} - \chi_{K_m}\|_R = \lim_{m,n \to \infty} \|\chi_{K_n} - \chi_{K_m}\|_{L^1([0,1])} = 0$ です. もしある $f \in RL^1$ が存在し $\lim_{n \to \infty} \|\chi_{K_n} - f\|_R = 0$ とすると, $\lim_{n \to \infty} \|\chi_{K_n} - f\|_{L^1} = 0$ より $f = \chi_K$ a.e. ですが, $m_1(K) = 1/2$ かつ $s_\Delta(f) = 0$ から矛盾が導かれます. 詳細は読者に委ねます.

練習問題

問題 10.1　$f_n \in L^p(E)$ $(n = 1, 2, \cdots)$, $f, g \in L^p(E)$ とする. もし

$$\lim_{n \to \infty} \|f_n - f\|_{L^p(E)} = \lim_{n \to \infty} \|f_n - g\| = 0$$

ならば $f(x) = g(x)$ a.e. $x \in E$ である.

問題 10.2　$E \in \mathfrak{M}_d$ とする. $m_d(E) < \infty$ であるとする. $1 \le p < q \le \infty$ であるならば $L^q(E) \subset L^p(E)$ である.

問題 10.3　問題 10.2 は, $E = \mathbb{R}^d$ の場合に成り立つか?

問題 10.4　(ヘルダーの不等式の逆)　$E \in \mathfrak{M}_d$ とし, $S(E)$ により E 上の可測単関数 $s(x)$ で, $m_d(\{x : x \in E,\ s(x) \ne 0\}) < \infty$ なるもの全体のなす集合を表す. また E 上の可測関数 g と $1 \le q \le \infty$ に対して

$$N_q(g) = \sup\left\{ \left| \int_E f(x)g(x)dx \right| : f \in S(E),\ \|f\|_{L^p(E)} = 1 \right\} \quad (\le \infty)$$

(ただし, p は q の共役指数) とおく.

(i)　$g \in L^q(E)$ ならば

$$N_q(g) \le \|g\|_{L^q(E)}$$

を示せ.

(ii)　$N_q(g) < \infty$ ならば $g \in L^q(E)$ であり,

$$N_q(g) = \|g\|_{L^q(E)} \tag{10.4}$$

となることを示せ.

10.2　バナッハ空間と L^p 空間

　この節ではルベーグ積分のエポックメーキングな応用例として, L^p 空間がある意味でバナッハ空間とみなせることを証明します. ただし後述するように $L^p(E)$ はそのままではバナッハ空間にはならず, 定義に若干の修整を加えます. まずバナッハ空間の定義から始めましょう.

定義 10.7　$\mathbb{K} = \mathbb{R}$ または $\mathbb{C}$ とし，X を $\mathbb{K}$ 上の線型空間とする．X 上に次の (i)，(ii)，(iii) をみたす実数値関数 $\|\cdot\|$ が定義されているとする．$u, v \in X$，$\lambda \in \mathbb{K}$ に対して

(i)　$\|u\| \geq 0$; $\|u\| = 0 \Longleftrightarrow u = 0$.

(ii)　$\|\lambda u\| = |\lambda| \, \|u\|$

(iii)　$\|u + v\| \leq \|u\| + \|v\|$

このような X 上の関数 $\|\cdot\|$ を X の**ノルム**といい，ノルムの定義された線型空間を**ノルム空間**という．特にノルムが

$$u_n \in X \ (n = 1, 2, \cdots), \ \lim_{n,m \to \infty} \|u_n - u_m\| = 0$$

$$\text{ならば，ある } u \in X \text{ が存在し } \lim_{n \to \infty} \|u_n - u\| = 0$$

という条件をみたすとき，このノルム空間は**完備**であるという．完備なノルム空間を**バナッハ空間**という．

次に L^p 空間を定義します．$E \subset \mathbb{R}^d$ をルベーグ可測集合とし，$L(E)$ を E 上の $\mathbb{K}$ に値をとるルベーグ可測関数全体のなす集合とします．$L(E) \ni u, v$，$\mathbb{K} \ni \lambda$ に対して

$$(u + v)(x) = u(x) + v(x)$$

$$(\lambda u)(x) = \lambda u(x)$$

と演算を定めると，恒等的に 0 に等しい関数 $0(x) = 0$ を零元として $L(E)$ は $\mathbb{K}$ 上の線型空間になります．また前節の命題 10.4 から $L^p(E)$ が線形空間で $\|\cdot\|_{L^p(E)}$ がノルムの条件のうち (ii)，(iii) をみたすことがわかります．しかし

$$\|f\|_{L^p(E)} = 0 \Longrightarrow f = 0$$

は成り立ちません．実際 $E_0 \subsetneq E$，$m_d^*(E \setminus E_0) = 0$ をみたす集合 E_0 に対して関数 $f(x) = \chi_{E \setminus E_0}(x)$ は 0 ではありませんが $\|f\|_{L^p(E)} = 0$ をみたします．

そこで $L^p(E)$ の解析をバナッハ空間の議論に合わせるため，定義を変更します．まず E 上の $\mathbb{K}$ に値をとるルベーグ可測関数 $f(x)$ と $g(x)$ に対して

$$m_d^*(\{x \in E : f(x) \neq g(x)\}) = 0$$

をみたすとき，$f \sim g$ と定めます．容易に $\sim$ が $L(E)$ の元の同値関係になっていることが示せます．さて $f \in L(E)$ に対して

$$[f] = \{g : g \in L(E), \ f \sim g\}$$

とします．これは f の同値類とよばれているものです．明らかに $f \sim g$ であれば $[f] = [g]$ となっています．さて同値類全体のなす集合

$$\mathcal{L}(E) = \{[f] : f \in L(E)\}$$

を考え，$[f], [g] \in \mathcal{L}(E)$ および $\alpha \in \mathbb{K}$ に対して

$$[f] + [g] = [f+g], \ \alpha[f] = [\alpha f]$$

と定めると，この演算により $\mathcal{L}(E)$ は線形空間になります．ただし $[0]$ が零元です．また $u \in [f]$ に対して，

$$\|u\|_{L^p(E)} = \|f\|_{L^p(E)}$$

ですから，

$$\|[f]\|_{\mathcal{L}^p(E)} = \|f\|_{L^p(E)}$$

とします．

$$\mathcal{L}^p(E) = \left\{[f] \in \mathcal{L}(E) : \|[f]\|_{\mathcal{L}^p(E)} < \infty\right\}$$

とすると，前節の L^p に関する結果を援用して，$\mathcal{L}^p(E)$ が $\|[f]\|_{\mathcal{L}^p(E)}$ をノルムとするバナッハ空間であることがわかります．たとえば $\|[f]\|_{\mathcal{L}^p(E)} = 0$ とすると $f \sim 0$ となりますから，$[f] = [0]$ を得ます．また完備性は定理 10.5 から直接得られます．実際 $[f_n] \in \mathcal{L}^p(E) \ (n = 1, 2, \cdots)$ が

$$\lim_{n,m \to \infty} \|[f_n] - [f_m]\|_{\mathcal{L}^p(E)} = 0$$

をみたしているならば，$\displaystyle\lim_{n,m \to \infty} \|f_n - f_m\|_{\mathcal{L}^p(E)} = 0$ ですから，定理 10.5 より，

$$\lim_{n \to \infty} \|f_n - f\|_{L^p(E)} = 0$$

をみたす $f \in L^p(E)$ が存在します. このとき, $[f] \in \mathcal{L}^p(E)$ であり,

$$\lim_{n\to\infty} \|[f_n] - [f]\|_{\mathcal{L}^p(E)} = 0$$

となります.

　$\mathcal{L}^p(E)$ を扱う場合, 特に混乱がなければ, 今後, $[f]$ のことを単に f と略記します.

　最後に若干のコメントをして本節を終りたいと思います.

10.2.1　ルベーグ積分のどのような点が有用なのか?

　(1)　リーマン積分ではなく, ルベーグ積分を採用することにより, $\mathcal{L}^p(E)$ をバナッハ空間とみなすことができます. このことにより, 古典的な解析学に関数解析学の方法が導入され, 20 世紀の解析学が飛躍的に進展しました. リーマン積分を採用した場合, ノルムの完備性が保障されません.

　(2)　それでは, ノルムの完備性はなぜ重要なのでしょうか? それを一般論的に説明することは難しいのですが, 一つの重要な点は f_n の $\|\cdot\|_{\mathcal{L}^p(E)}$ に関する極限 f が $f \in \mathcal{L}^p(E)$ の元になっているということでしょう. このことは, たとえば, ある方程式を関数解析的な方法で解くときにしばしば使われ, 解を $\mathcal{L}^p(E)$ あるいは $\mathcal{L}^p(E)$ をもとに定義された関数空間 (たとえばソボレフ空間) の中に見出すことができるのです.

　本書では雰囲気を少しでもわかってもらうため, 完備性が使われる例として縮小写像の原理を紹介しておきたいと思います.

　定理 10.8　(縮小写像の原理)　T を $\mathcal{L}^p(E)$ から $\mathcal{L}^p(E)$ への写像で, ある定数 $0 \le C < 1$ により

$$\|T(f) - T(g)\|_{\mathcal{L}^p(E)} \le C \|f - g\|_{\mathcal{L}^p(E)} \quad (f, g \in \mathcal{L}^p(E))$$

をみたしているとする (このような写像を縮小写像という). I を恒等写像とする. このとき, 方程式

$$(T - I)f = 0$$

の解 f が少なくとも一つ $\mathcal{L}^p(E)$ の中に存在し，しかもそのような f はただ一つに限る．

これからこの定理を証明しますが，$\mathcal{L}^p(E)$ の完備性が本質的に使われていることを注意して見てください．

証明 $f_0 \in \mathcal{L}^p(E)$ を任意にとり，

$$f_1 = T(f_0),\ f_2 = T(f_1), \cdots, f_n = T(f_{n-1}), \cdots$$

と定義します．このとき，

$$
\begin{aligned}
\|f_n - f_{n+j}\|_{\mathcal{L}^p(E)} &= \|T(f_{n-1}) - T(f_{n-1+j})\|_{\mathcal{L}^p(E)} \\
&\leq C \|f_{n-1} - f_{n-1+j}\|_{\mathcal{L}^p(E)} \\
&= C \|T(f_{n-2}) - T(f_{n-2+j})\|_{\mathcal{L}^p(E)} \\
&\leq C^2 \|f_{n-2} - f_{n-2+j}\|_{\mathcal{L}^p(E)} \\
&\leq \cdots \leq C^n \|f_0 - f_j\|_{\mathcal{L}^p(E)}
\end{aligned}
$$

です．さらにこの議論を用いれば，

$$
\begin{aligned}
\|f_0 - f_j\|_{\mathcal{L}^p(E)} &\leq \|f_0 - f_1\|_{\mathcal{L}^p(E)} + \cdots + \|f_{j-1} - f_j\|_{\mathcal{L}^p(E)} \\
&\leq (1 + C + \cdots + C^{j-1}) \|f_0 - f_1\|_{\mathcal{L}^p(E)} \\
&\leq (1 - C)^{-1} \|f_0 - f_1\|_{\mathcal{L}^p(E)}
\end{aligned}
$$

となります．したがって，

$$
\begin{aligned}
\|f_n - f_{n+j}\|_{\mathcal{L}^p(E)} &\leq C^n (1 - C)^{-1} \|f_0 - f_1\|_{\mathcal{L}^p(E)} \\
&\to 0 \quad (n \to \infty)
\end{aligned}
$$

を得ます．$\mathcal{L}^p(E)$ の完備性より，ある $f \in \mathcal{L}^p(E)$ が存在し，

$$\lim_{n \to \infty} \|f_n - f\|_{\mathcal{L}^p(E)} = 0$$

が成り立っています．ゆえに

$$\|T(f) - f\|_{\mathcal{L}^p(E)} \le \|T(f) - f_n\|_{\mathcal{L}^p(E)} + \|f_n - f\|_{\mathcal{L}^p(E)}$$
$$= \|T(f) - T(f_{n-1})\|_{\mathcal{L}^p(E)} + \|f_n - f\|_{\mathcal{L}^p(E)}$$
$$\le \|f - f_{n-1}\|_{\mathcal{L}^p(E)} + \|f_n - f\|_{\mathcal{L}^p(E)}$$
$$\to 0 \quad (n \to \infty)$$

となります．これより $T(f) = f$ が得られます．一意性は，$T(g) = g$ となる $g \in \mathcal{L}^p(E)$ に対して，

$$\|g - f\|_{\mathcal{L}^p(E)} = \|T(g) - T(f)\|_{\mathcal{L}^p(E)} \le C \|g - f\|_{\mathcal{L}^p(E)}$$

となるので $0 \le C < 1$ より $\|g - f\|_{\mathcal{L}^p(E)} = 0$ でなければならず，$f = g$ となります．∎

　この定理の証明について補足しておくと，もしリーマン積分だけを使うならば，f_n の極限がどのようなものであるのか（そもそも存在するのかどうか）が把握しきれないのです．

　なお縮小写像の原理は一般の完備な距離空間で成り立っている定理であることを付記しておきます．

　（3）　ルベーグ積分のもう一つの重要な貢献は，測度 0 の集合を無視して解析を進められる点にあります．ある命題が成り立たない点の集合が，測度 0 ならば，それは大胆に切り捨ててかまわないのです．たとえば，二つの関数 $f(x)$ と $g(x)$ が異なる点があっても，そのような点の集合が測度 0 ならば，ルベーグ積分に関する解析に関する限り，しばしば $f(x)$ と $g(x)$ は同じものとみなして議論が可能なことがあるのです．そもそも $\mathcal{L}^p(E)$ においては，$[f] = [g]$ としています．このことの有効性を示す例は多々あり，それらを本書で述べることはできませんが，たとえば偏微分方程式で重要な役割を果すソボレフの埋め込み定理などに見ることができます（[2]参照）．

【補助動画案内】

http://www.araiweb.matrix.jp/Lebesgue2/Lpspaces.html

L^p 空間の基礎概説

「観てわかる Lp 空間とノルム空間 - Lp 空間入門 No.1」では L^p 空間の定義，基本的性質を解説しています．本章の予習・復習にご視聴いただけます．

「観てわかる Lp 空間の完備性とスモール lp 空間 - Lp 空間入門 No.2」では L^p 空間の完備性が証明されています．本書をテキストとしてご覧いただくとよいでしょう．

第 11 章

フビニの定理とその応用例

多変数関数の積分をするとき，各変数ごとに逐次積分できると便利です．このことを保証する定理がフビニの定理です．たいへん使い勝手の良い定理です．この章ではフビニの定理を述べ，その使い方を学ぶため応用例をいくつか紹介したいと思います．

11.1　フビニの定理

まずいくつかの記号を定めておきましょう．d, $d(1)$, $d(2)$ を正の整数とし，$d = d(1) + d(2)$ とします．$X = \mathbb{R}^d$, $X_1 = \mathbb{R}^{d(1)}$, $X_2 = \mathbb{R}^{d(2)}$ とおき，$\mathfrak{M}_1 = \mathfrak{M}_{d(1)}$, $\mathfrak{M}_2 = \mathfrak{M}_{d(2)}$, $m_1' = m_{d(1)}$, $m_2' = m_{d(2)}$ とします．$X = X_1 \times X_2$ です．また，点 $x \in \mathbb{R}^d$ を

$$x = (x_1, x_2), \quad x_1 \in \mathbb{R}^{d(1)}, \ x_2 \in \mathbb{R}^{d(2)}$$

と表すことにします．

以下では，ほとんどすべての $x_i \in X_i$ に対してある命題 $P(x_i)$ が成り立つことを，「m_i'-a.e. $x_i \in X_i$ に対して $P(x)$ が成り立つ」と表すことにします（$i = 1, 2$）．

定理 11.1（フビニの定理）　$f(x_1, x_2)$ を $\mathbb{R}^d$ 上の非負値ルベーグ可測関数とする．このとき，次のことが成り立つ．

(1) m_1'-a.e. $x_1 \in X_1$ に対して $f(x_1, x_2)$ は x_2 の関数としてルベーグ可測，

(2)　m_2'-a.e. $x_2 \in X_2$ に対して $f(x_1, x_2)$ は x_1 の関数としてルベーグ可測,

(3)
$$\int_{X_2} f(x_1, x_2) dx_2, \quad \int_{X_1} f(x_1, x_2) dx_1$$

はそれぞれ x_1 の関数, x_2 の関数としてルベーグ可測,

(4)
$$\int_{X_1} \left(\int_{X_2} f(x_1, x_2) dx_2 \right) dx_1 = \int_{X_2} \left(\int_{X_1} f(x_1, x_2) dx_1 \right) dx_2$$
$$= \int_X f(x) dx \ (\le \infty). \tag{11.1}$$

証明はいくつかのステップにわけておこないます. 記述を簡略化するため, ここでは非負値ルベーグ可測関数が定理 11.1 の条件 (1) ～ (4) をみたすことを, フビニの条件をみたすということにします. 示すべきことは, すべての非負値ルベーグ可測関数がフビニの条件をみたすことです.

まず次のことに注意しておきます.

補題 11.2　(1)　非負値ルベーグ可測関数 $f(x_1, x_2)$, $g(x_1, x_2)$ がフビニの条件をみたすならば, $f(x_1, x_2) + g(x_1, x_2)$ もフビニの条件をみたす. さらに $f(x_1, x_2) \ge g(x_1, x_2)$ であり, $g(x_1, x_2)$ がルベーグ可積分で, $f(x_1, x_2)$ が有限値をとるならば $f(x_1, x_2) - g(x_1, x_2)$ もフビニの条件をみたす.

(2)　非負値ルベーグ可測関数 $f_j(x_1, x_2)$ が フビニ の条件をみたし,

$$0 \le f_1(x_1, x_2) \le f_2(x_1, x_2) \le \cdots$$

であるならば, その極限によって定義される関数 $f(x_1, x_2) = \lim_{j \to \infty} f_j(x_1, x_2)$ もフビニの条件をみたす.

この補題は問題 8.4, 命題 8.6, 可測関数の極限関数の可測性, および単調収束定理より明らかです.

補題 11.3　$Q_1 \subset \mathbb{R}^{d(1)}$ を基本直方体, $Q_2 \subset \mathbb{R}^{d(2)}$ を基本直方体とする. $Q = Q_1 \times Q_2$ とするとき, 特性関数 χ_Q はフビニの条件をみたす.

証明　可測性に関する主張は明らかです. 基本直方体のルベーグ測度は具体

的に求められるので，それを用いれば

$$\int_X \chi_Q(x)dx = m_d(Q) = m'_1(Q_1)m'_2(Q_2)$$

がわかります．一方，$x_1 \in Q_1$ のとき，

$$\int_{X_2} \chi_Q(x_1, x_2)dx_2 = \int_{X_2} \chi_{Q_2}(x_2)dx_2 = m'_2(Q_2)$$

であり，$x_1 \notin Q_1$ のときは，$\chi_Q(x_1, x_2) = 0$ です．したがって，

$$\int_{X_1} \left(\int_{X_2} \chi_Q(x_1, x_2)dx_2 \right) dx_1 = \int_{Q_1} m'_2(Q_2)dx_1 = m'_1(Q_1)m'_2(Q_2)$$

となります．同様にして，

$$\int_{X_2} \left(\int_{X_1} \chi_Q(x_1, x_2)dx_1 \right) dx_2 = m'_1(Q_1)m'_2(Q_2)$$

も得られます．■

この補題からさらに次のことが示せます．

補題 11.4　$G \subset X_1 \times X_2$ が G_δ 集合のとき，その特性関数 χ_G はフビニの条件をみたす．

証明　まず G が開集合の場合を示しましょう．このとき G は互いに交わらない可算個の基本立方体 $Q^{(1)}, Q^{(2)}, \cdots$ の合併で表されています（定理 3.14 参照．この定理は 2 次元のときと同様にして d 次元版も証明できる）．そこで

$$f_n = \chi_{Q^{(1)}} + \chi_{Q^{(2)}} + \cdots + \chi_{Q^{(n)}}$$

とおくと，各 f_n はフビニの条件をみたし，$f_n \le f_{n+1}$，$\lim_{n \to \infty} f_n = \chi_G$ ですから，補題 11.2 より χ_G もフビニの条件をみたします．

次に G が G_δ 集合の場合ですが G が有界である場合，

$$G_1 \supset G_2 \supset \cdots, \quad \bigcap_{n=1}^{\infty} G_n = G$$

となる有界開集合の列 G_n をとることができます．このとき，

$$0 \le \chi_{G_1} - \chi_{G_2} \le \chi_{G_1} - \chi_{G_3} \le \cdots \to \chi_{G_1} - \chi_G$$

が成り立ちます．各 $\chi_{G_1} - \chi_{G_n}$ はフビニの条件をみたしているので，$\chi_{G_1} - \chi_G$ もフビニの条件をみたします．χ_{G_1} がフビニの条件をみたしているので χ_G もフビニの条件をみたすことがわかります．

G が有界でない場合は $G \cap \mathcal{Q}_N^o$ とすると，これは有界な G_δ 集合ですからフビニの条件をみたします．さらに $\chi_{G \cap \mathcal{Q}_N^o}(x)$ は N に関する増加列で，$N \to \infty$ のときに $\chi_G(x)$ に収束するので，$\chi_G(x)$ もフビニの条件をみたすことが示されます．　∎

補題 11.5　$A \subset X_1 \times X_2, m_d(A) = 0$ とする．このとき，χ_A はフビニの条件をみたす．

証明　明らかに

$$\int_X \chi_A(x)dx = m_d(A) = 0$$

です．G を A の等測包とすると，補題 11.4 より

$$0 = \int_X \chi_G(x)dx = \int_{X_1}\left(\int_{X_2} \chi_G(x_1, x_2)dx_2\right)dx_1$$

が成り立ちます．ここで

$$F(x_1) = \int_{X_2} \chi_G(x_1, x_2)dx_2$$

とおくと，これは非負のルベーグ可測関数で，その積分が 0 になっています．したがって定理 8.17 より，$F(x_1) = 0, m_1$-a.e. $x_1 \in X_1$ です．また，$F(x_1) = 0$ となる x_1 に対して $\chi_G(x_1, x_2) = 0$ m_2-a.e. $x_2 \in X_2$ であるので，$\chi_A(x_1, x_2) = 0, m_2$-a.e. $x_2 \in X_2$ が得られます．このことから，m_1-a.e. $x_1 \in X_1$ に対して $\chi_A(x_1, \cdot)$ はルベーグ可測関数であることがわかります．同様にして，m_2-a.e. $x_2 \in X_2$ に対して $\chi_A(\cdot, x_2)$ もルベーグ可測関数であるこ

とが示されます.

さて，m_1-a.e. $x_1 \in X_1$ に対して

$$0 = F(x_1) \geq \int_{X_2} \chi_A(x_1, x_2) dx_2 \geq 0$$

より，$\int_{X_2} \chi_A(x_1, x_2) dx_2$ は x_1 の関数としてルベーグ可測であり，

$$\int_{X_1} \left(\int_{X_2} \chi_A(x_1, x_2) dx_2 \right) dx_1 = 0 = \int_X \chi_A(x) dx$$

です. 残りの主張も同様にして証明されます. ∎

さて，任意の $E \in \mathfrak{M}_d$ はある等測包 G とある零集合 A によって，

$$E = G \setminus A, \quad G \supset A$$

と表せます. したがって，$\chi_E = \chi_G - \chi_A$ となり，補題 11.2, 11.4, 11.5 より次のことが証明できます.

補題 11.6　$E \in \mathfrak{M}_d$ に対して，χ_E はフビニの条件をみたす.

この補題から非負値可測単関数は フビニの条件をみたすことがわかります. したがって，定理 7.12 と補題 11.2 より，任意の非負値ルベーグ可測関数はフビニの条件をみたすことが示せます. これにより定理 11.1 が証明されました. ∎

複素数値関数に対するフビニの定理も同じく次のような形で成り立ちます.

定理 11.7（フビニの定理）　$f(x_1, x_2)$ を $\mathbb{R}^d$ 上の複素数値ルベーグ可測関数とします. もし

$$\int_{X_1} \left(\int_{X_2} |f(x_1, x_2)| \, dx_2 \right) dx_1, \quad \int_{X_2} \left(\int_{X_1} |f(x_1, x_2)| \, dx_1 \right) dx_2,$$
$$\int_X |f(x)| \, dx$$

のいずれかが有限値であれば，残りの二つも有限値で，三つとも等しい値をとる．このときさらに，m_1'-a.e. $x_1 \in X_1$ に対して $f(x_1, x_2)$ は x_2 の関数としてルベーグ積分可能であり，m_2'-a.e. $x_2 \in X_2$ に対して $f(x_1, x_2)$ は x_1 の関数としてルベーグ積分可能である．また

$$\int_{X_2} f(x_1, x_2) dx_2, \quad \int_{X_1} f(x_1, x_2) dx_1$$

はそれぞれ x_1 の関数，x_2 の関数としてルベーグ積分可能で

$$\int_{X_1} \left(\int_{X_2} f(x_1, x_2) dx_2 \right) dx_1 = \int_{X_2} \left(\int_{X_1} f(x_1, x_2) dx_1 \right) dx_2$$
$$= \int_X f(x) dx. \tag{11.2}$$

　　証明　f が実数値の場合，$f = f_+ - f_-$ とすると，f_+, f_- に対してフビニの定理が成り立ちます．また，$|f| = f_+ + f_-$ です．これらのことから定理を証明することができます．f が複素数値の場合は実部と虚部に分けて実数値の場合に帰着できます．■

　　$E \in \mathfrak{M}_d$ とするとき，$x_1 \in X_1$ に対して

$$E_{x_1} = \{y : y \in X_2, (x_1, y) \in E\}$$

また，$x_2 \in X_2$ に対して

$$E_{x_2} = \{x : x \in X_1, (x, x_2) \in E\}$$

とおきます．フビニの定理 11.1 から次のことが成り立ちます．

　　定理 11.8（フビニ＝カヴァリエリの定理）　$E \in \mathfrak{M}_d$ とすると，m_1'-a.e. $x \in X_1$ に対して $E_x \in \mathfrak{M}_{d(2)}$ であり，また m_2'-a.e. $y \in X_2$ に対して $E_y \in \mathfrak{M}_{d(1)}$ である．さらに，$m_2'(E_x), m_1'(E_y)$ はそれぞれ x の関数，y の関数としてルベーグ可測であり，

$$\int_{\mathbb{R}^{d(2)}} m_1'(E_y) \, dy = \int_{\mathbb{R}^{d(1)}} m_2'(E_x) \, dx = m_d(E) \tag{11.3}$$

証明 $f(x, y) = \chi_E(x, y)\ (x \in X_1,\ y \in X_2)$ とします. $x \in X_1$ に対して

$$E_x = \{y : y \in X_2,\ f(x, y) > 0\}$$

ですが, フビニの定理より m_1'-a.e. $x \in X_1$ に関して $f(x, y)$ は y の関数としてルベーグ可測なので $E_x \in \mathfrak{M}_{d(2)}$ が成り立ちます. 同様にして m_2'-a.e. $y \in \mathfrak{M}_{d(1)}$ に対して, $E_y \in \mathfrak{M}_{d(1)}$ も得られます. 残りの主張はフビニの定理から明らかです. ∎

定理 11.8 の応用例として次のものがあります.

系 11.9 $E \in \mathfrak{M}_d$ とすると, 次の (1), (2), (3) は同値である.
  (1) m_1'-a.e. $x \in X_1$ に対して $m_2'(E_x) = 0$.
  (2) m_2'-a.e. $y \in X_2$ に対して $m_1'(E_y) = 0$.
  (3) $m_d(E) = 0$.

証明   (3) $\Longrightarrow$ (1) は定理 11.8 (11.3) と定理 8.17 による. (1) $\Longrightarrow$ (3) は定理 11.8 (11.3) と系 8.16 による. (2) $\Longleftrightarrow$ (3) も同様にして得られます.
                                                                                                       ∎

注意 11.1   逐次積分の別の記法について紹介しておきます. たとえば

$$\int_{X_1} \left(\int_{X_2} f(x_1, x_2) dx_2 \right) dx_1, \quad \int_{X_2} \left(\int_{X_1} f(x_1, x_2) dx_1 \right) dx_2$$

はそれぞれ

$$\int_{X_1} dx_1 \int_{X_2} dx_2 f(x_1, x_2), \quad \int_{X_2} dx_2 \int_{X_1} dx_1 f(x_1, x_2)$$

と表すことがあります. これはより多重の逐次積分を表すときに便利なことがあります (第 18.6 節参照).

練習問題

問題 11.1 $A_1 \in \mathfrak{M}_{d(1)}$, $A_2 \in \mathfrak{M}_{d(2)}$ ならば $A_1 \times A_2 \in \mathfrak{M}_d$ を示せ.

問題 11.2（フビニの定理）　$A_1 \in \mathfrak{M}_{d(1)}$, $A_2 \in \mathfrak{M}_{d(2)}$ とし, $A = A_1 \times A_2$ とする.

(I)　$f(x_1, x_2)$ を A 上の非負値ルベーグ可測関数とします. このとき, 次のことが成り立つ.

(1) m_1'-a.e. $x_1 \in A_1$ に対して $f(x_1, x_2)$ は x_2 の関数として A_2 上ルベーグ可測,

(2) m_2'-a.e. $x_2 \in A_2$ に対して $f(x_1, x_2)$ は x_1 の関数として A_1 上ルベーグ可測,

(3)
$$\int_{A_2} f(x_1, x_2)dx_2, \quad \int_{A_1} f(x_1, x_2)dx_1$$

はそれぞれ x_1 の関数として A_1 上, x_2 の関数として A_2 上ルベーグ可測,

(4)
$$\int_{A_1} \left(\int_{A_2} f(x_1, x_2)dx_2 \right) dx_1 = \int_{A_2} \left(\int_{A_1} f(x_1, x_2)dx_1 \right) dx_2$$
$$= \int_A f(x)dx \ (\leq \infty).$$

(II)　$f(x_1, x_2)$ を A 上の複素数値ルベーグ可測関数とする. もし

$$\int_{A_1} \left(\int_{A_2} |f(x_1, x_2)|\, dx_2 \right) dx_1, \int_{A_2} \left(\int_{A_1} |f(x_1, x_2)|\, dx_1 \right) dx_2, \int_A |f(x)|\, dx$$

のいずれかが有限値であれば, 残りの二つも有限値で, 三つとも等しい値をとる. さらに, m_1'-a.e. $x_1 \in A_1$ に対して $f(x_1, x_2)$ は x_2 の関数として A_2 上ルベーグ積分可能であり, m_2'-a.e. $x_2 \in A_2$ に対して $f(x_1, x_2)$ は x_1 の関数として A_1 上ルベーグ積分可能である. また

$$\int_{A_2} f(x_1, x_2)dx_2, \quad \int_{A_1} f(x_1, x_2)dx_1$$

はそれぞれ x_1 の関数として A_1 上, x_2 の関数として A_2 上でルベーグ積分可能で

$$\int_{A_1} \left(\int_{A_2} f(x_1, x_2)dx_2 \right) dx_1 = \int_{A_2} \left(\int_{A_1} f(x_1, x_2)dx_1 \right) dx_2$$
$$= \int_A f(x)dx.$$

11.2　フビニの定理の応用例

11.2.1　分布等式

　実解析学でしばしば使われる公式の中に**分布等式**とよばれるものがありますが，これもフビニの定理を使って証明されます．

　定理 11.10（**分布等式**）　$E \in \mathfrak{M}_d$ とし，$f(x)$ を E 上のルベーグ可測関数とする．$1 \leq p < \infty$ に対して，

$$\int_E |f(x)|^p dx = p \int_{[0,\infty)} t^{p-1} m_d\left(\{|f| > t\}\right) dt$$

ただし $\{|f| > t\} = \{x : x \in E, |f(x)| > t\}$ である．

　証明　$F(x,t) = \chi_{\{(y,s)\,:\,y\in E,\,s\in[0,\infty),\,|f(y)|>s\}}(x,t)$ とおきます．このとき，$F(x,t)$ は x と t の関数として可測であることが容易に示せます（問題 11.3 参照）．したがって定理 11.1 より

$$\begin{aligned}
\int_{[0,\infty)} t^{p-1} m_d\left(\{|f| > t\}\right) dt &= \int_{[0,\infty)} t^{p-1}\left(\int_E F(x,t)dm_d(x)\right) dt \\
&= \int_{[0,\infty)} t^{p-1}\left(\int_{E\setminus\{|f|=0\}} F(x,t)dm_d(x)\right) dt \\
&= \int_{E\setminus\{|f|=0\}}\left(\int_{[0,\infty)} t^{p-1} F(x,t)dt\right) dx \\
&= \int_{E\setminus\{|f|=0\}}\left(\int_{[0,|f(x)|)} t^{p-1}dt\right) dx \\
&= \frac{1}{p}\int_{E\setminus\{|f|=0\}} |f(x)|^p\, dx = \frac{1}{p}\int_E |f(x)|^p\, dx.
\end{aligned}$$

したがって，定理が証明されました．■

練習問題

　問題 11.3　　定理 11.10 において

$$\{(y,s) : y \in E,\ s \in [0,\infty),\ |f(y)| > s\} \in \mathfrak{M}_{d+1}$$

を示せ.

問題 11.4　分布等式を用いて次を示せ.

（1）　$0 < \alpha < d$ のとき,

$$\int_{B(0,1)} |x|^{-\alpha}\, dx = \frac{\pi^{d/2}}{\Gamma(d/2+1)} \frac{d}{d-\alpha}$$

（2）　$d < \alpha$ のとき,

$$\int_{\mathbb{R}^d \setminus B(0,1)} |x|^{-\alpha}\, dx = \frac{\pi^{d/2}}{\Gamma(d/2+1)} \frac{d}{\alpha-d}$$

11.2.2　ミンコフスキーの積分不等式

次の不等式はミンコフスキーの積分不等式とよばれているものです.

定理 11.11　（ミンコフスキーの積分不等式）　$A \in \mathfrak{M}_{d(1)}$, $B \in \mathfrak{M}_{d(2)}$ とし, $f(x,y)$ を $A \times B$ 上の複素数値ルベーグ可測関数とし, $1 \le p < \infty$ に対して

$$f(\cdot, y) \in L^p(A) \quad m_2'\text{-a.e. } y \in B, \qquad \left(\int_A |f(x,\cdot)|^p dx\right)^{1/p} \in L^1(B)$$

であるとする. このとき次が成り立つ.

$$\left(\int_A \left|\int_B f(x,y) dy\right|^p dx\right)^{1/p} \le \int_B \left(\int_A |f(x,y)|^p dx\right)^{1/p} dy.$$

証明　$p=1$ の場合はフビニの定理（定理 11.1）より明らかなので, $1 < p < \infty$ の場合を示します. q を p の共役指数とします. このとき, $g \in L^q(A)$, $\|g\|_{L^q(A)} = 1$ なる g に対してフビニの定理（定理 11.1）とヘルダーの不等式（命題 10.2）より

$$\int_A \left(\int_B |f(x,y)|\, dy\right) |g(x)|\, dx = \int_B \left(\int_A |f(x,y)|\, |g(x)|\, dx\right) dy$$

$$\leq \int_B \left(\int_A |f(x,y)|^p \, dx \right)^{1/p} dy \, \|g\|_{L^q}$$

$$= \int_B \left(\int_A |f(x,y)|^p \, dx \right)^{1/p} dy < \infty$$

がわかります．したがって，ヘルダーの不等式の逆（問題 10.4（ii））から定理が導かれます．■

11.2.3　アフィン変換による変数変換

次にフビニの定理の応用として，積分のアフィン変換に関する変数変換の公式を証明しておきます．

$\mathbb{R}^d$ から $\mathbb{R}^d$ への写像 Φ がアフィン変換であるとは，$d \times d$ 行列 T とある $a = (a_1, \cdots, a_d) \in \mathbb{R}^d$ によって

$$\Phi(x_1, \cdots, x_d) = \left(T \begin{pmatrix} x_1 \\ \vdots \\ x_d \end{pmatrix} \right)^t + a$$

と表せていることです．ただしここで t は転置，すなわち

$$(y_1, \cdots, y_d) = \begin{pmatrix} y_1 \\ \vdots \\ y_d \end{pmatrix}^t$$

を表しています．以下では T が正則行列，すなわち T の行列式 $\det T$ が 0 でない場合を考えます．

定理 11.12　$f(x)$ を $\mathbb{R}^d$ 上のルベーグ積分可能な関数かあるいは非負値ルベーグ可測関数とする．このとき，$f(\Phi(x))$ も $\mathbb{R}^d$ 上のルベーグ積分可能かあるかは非負値ルベーグ可測関数であり，

$$\int_{\mathbb{R}^d} f(x)dx = \int_{\mathbb{R}^d} f(\Phi(x)) \, |\det T| \, dx \tag{11.4}$$

が成り立つ．

証明 まず $a \in \mathbb{R}^d$ に対して

$$\int_{\mathbb{R}^d} f(x)dx = \int_{\mathbb{R}^d} f(x+a)dx \tag{11.5}$$

となることを示します．これは**ルベーグ積分の平行移動不変性**と呼ばれています．$\tau_y(x) = x - y$ とおきます．このとき，$E \in \mathfrak{M}_d$ ならば $\tau_a(E) \in \mathfrak{M}_d$ で，

$$m_d(\tau_a(E)) = m_d(E) \tag{11.6}$$

が成り立つことが，定理 4.8 と同様にして証明できます．したがって

$$\int_{\mathbb{R}^d} \chi_E(\tau_{-a}(x))dx = \int_{\mathbb{R}^d} \chi_{\tau_a(E)}(x)dx = m_d(\tau_a(E))$$
$$= m_d(E) = \int_{\mathbb{R}^d} \chi_E(x)dx$$

となっています．したがって積分の線形性より (11.5) は $f(x)$ が非負値可測単関数でも成立します．さらに単調収束定理（定理 8.4）より非負値ルベーグ可測関数に対して成り立ちます．また一般のルベーグ積分可能な関数 $f(x)$ に対しては，それを実部 $\mathrm{Re}\, f$ と虚部 $\mathrm{Im}\, f$ にわけ，さらにそれぞれを

$$\mathrm{Re}\, f = (\mathrm{Re}\, f)_+ - (\mathrm{Re}\, f)_-, \quad \mathrm{Im}\, f = (\mathrm{Im}\, f)_+ - (\mathrm{Im}\, f)_-$$

と分解し，非負値関数に対する結果を用いれば (11.5) を示すことができます．

次に 1 変数の場合に，$\mathbb{R}$ 上のルベーグ積分可能な関数かあるいは非負値ルベーグ可測関数 $\varphi(t)$ と 0 でない実数 c に対して，

$$\int_{\mathbb{R}} \varphi(ct)dt = |c|^{-1} \int_{\mathbb{R}} \varphi(t)dt \tag{11.7}$$

が成り立つことを示しておきます．$\lambda > 0$ に対して，$\delta_\lambda(x) = \lambda x$ と定めると，$E \in \mathfrak{M}_1$ であれば $\delta_\lambda(E) \in \mathfrak{M}_1$ であり，$m_1(\delta_\lambda(E)) = \lambda m_1(E)$ であることが，問題 4.2 と同様に証明できます．したがって，$c > 0$ の場合は，

$$c \int_{\mathbb{R}} \chi_E(\delta_c(t))dt = cm(\delta_{1/c}(E)) = cc^{-1}m(E)$$
$$= \int_{\mathbb{R}} \chi_E(t)dt$$

が成り立っています. $c < 0$ の場合, $-E = \{-x : x \in E\}$ とすると定理 4.9 と同様の議論で, $m_1(-E) = m_1(E)$ がわかります. したがって

$$\int_{\mathbb{R}} \chi_E(ct)dt = \int_{\mathbb{R}} \chi_{(-E)}(-ct)dt$$
$$= (-c)^{-1} \int_{\mathbb{R}} \chi_E(t)dt$$

を得ます. これより (11.7) が証明されました.

　以上の準備のものとに定理を証明します. (11.5) より $a = 0$ の場合を証明すれば十分です. $a = 0$ の場合, 線形代数の一般論から, Φ は次の三つの基本的なタイプの有限個の線形変換の合成として表せることが知られています.

$$\Phi_1(x_1, \cdots, x_j, \cdots, x_d) = (x_1, \cdots, cx_j, \cdots x_d)$$

$$\Phi_2(x_1, \cdots, x_j, \cdots, x_d) = (x_1, \cdots, x_{j-1}, x_j + cx_k, x_{j+1}, \cdots x_d) \quad j \neq k$$

$$\Phi_3(x_1, \cdots, x_j, \cdots, x_k, \cdots, x_d) = (x_1, \cdots, x_k, \cdots, x_j, \cdots x_d) \quad j < k$$

ただし $c \neq 0$ です. 各 Φ_j を表す行列を T_j とすると

$$\det T_1 = c, \quad \det T_2 = 1, \quad \det T_3 = -1$$

です. したがってフビニの定理および (11.7), (11.5) より, 各 Φ_j に対しては定理が成り立つことがわかります. たとえば Φ_2 についていえば, フビニの定理を $\mathbb{R}^d = \mathbb{R}^j \times \mathbb{R}^{d-j}$ に対して用いた後, $\mathbb{R}^j = \mathbb{R}^{j-1} \times \mathbb{R}$ にも用いれば

$$\int_{\mathbb{R}^d} f(\Phi_2(x)) \left|\det T_2\right| dx = \int_{\mathbb{R}^d} f(\Phi_2(x)) \, dx$$
$$= \int_{\mathbb{R}^{d-j}} \left(\int_{\mathbb{R}^{j-1}} \left(\int_{\mathbb{R}} f(x_1, \cdots, x_j + cx_k, \cdots, x_d) \, dx_j \right) \right.$$
$$\left. dx_1 \cdots dx_{j-1} \right) dx_{j+1} \cdots dx_d$$
$$= \int_{\mathbb{R}^{d-j}} \left(\int_{\mathbb{R}^{j-1}} \left(\int_{\mathbb{R}} f(x_1, \cdots, x_j, \cdots, x_d) \, dx_j \right) \right.$$
$$\left. dx_1 \cdots dx_{j-1} \right) dx_{j+1} \cdots dx_d$$

$$= \int_{\mathbb{R}^d} f(x)\,dx$$

一般に二つの可逆な線形変換 Φ, Ψ に対して，それを表す $d \times d$ 行列を T, S とすると，合成写像 $\Phi \circ \Psi$ を表す $d \times d$ 行列は TS であり，

$$\det TS = \det T \det S$$

となっています．もし Φ, Ψ に対して定理が成り立っているとすると，

$$\int f(x)dx = \int f(\Phi(x))\,|\det T|\,dx = \int f(\Phi \circ \Psi(x))\,|\det T|\,|\det S|\,dx$$
$$= \int f(\Phi \circ \Psi(x))\,|\det TS|\,dx$$

となり，$\Phi \circ \Psi$ に対しても定理が成り立つことがわかります．したがって，任意の可逆な線形変換は定理をみたしています．よって定理が証明されました．∎

11.2.4 合成積

最後にフビニの定理の応用という視点から，解析学でよく使われる合成積（たたみこみ積）について述べておきましょう．$f, g \in L^1(\mathbb{R}^d)$ に対して，形式的に

$$f * g(x) = \int_{\mathbb{R}^d} f(y)g(x-y)dy$$

とし，これを f と g の**合成積**といいます．まずこの定義が意味をもつことを示しておかねばなりません．次のことを証明することからはじめます．

命題 11.13 f が $\mathbb{R}^d$ 上のルベーグ可測関数ならば，

$$(x,y) \longmapsto f(x-y)$$

によって定義される関数は $\mathbb{R}^d \times \mathbb{R}^d = \mathbb{R}^{2d}$ 上のルベーグ可測関数である．

証明 f がある $E \in \mathfrak{M}_d$ の特性関数 χ_E の場合に証明します．これがいえれば，任意の可測単関数の場合が示せ，さらに可測単関数の近似定理（定理 7.12）から任意の非負値可測関数に対して成り立つことがわかります．実

数値関数 $f(x)$ に対しては $f = f_+ - f_-$ の分解，また複素数値の場合は $f = \operatorname{Re} f + i \operatorname{Im} f$ で実部，虚部に分けて考えれば，命題が得られます．

$f = \chi_E$ の場合，非負の実数 a に対して $E' = \{x \in \mathbb{R}^d : f(x) > a\}$ とおきます．しめすべきことは $\{(x, y) : x - y \in E'\} \in \mathfrak{M}_{2d}$ となることですが，$E' = E$ または $E' = \varnothing$ なので，以下では，$\Pi := \{(x, y) : x - y \in E\} \in \mathfrak{M}_{2d}$ を証明します．

まず E が開集合の場合，Π は $\mathbb{R}^{2d}$ の開集合となります．（なぜなら $E \neq \varnothing$ の場合，$(a, b) \in \Pi$ に対して $a - b \in E$ なので，$B(a - b, \varepsilon) \subset E$ なる $\varepsilon > 0$ が存在します．したがって，$|(a, b) - (a', b')| < \varepsilon/2$ ならば

$$|(a - b) - (a' - b')| \leq |a - a'| + |b - b'| < \varepsilon$$

となり，$a' - b' \in E$，すなわち $(a', b') \in \Pi$ が得られます．）したがって，$\Pi \in \mathfrak{M}_{2d}$ です．

E が G_δ 集合のとき，ある開集合の列 $G_1 \supset G_2 \supset \cdots$ によって $E = \displaystyle\bigcap_{n=1}^{\infty} G_n$ と表せます．

$$\Pi = \bigcap_{n=1}^{\infty} \{(x, y) : x - y \in G_n\}$$

なので，上記のことより Π は G_δ 集合になり，$\Pi \in \mathfrak{M}_{2d}$ が得られます．

E が零集合の場合，E の等測包を A とし，$\Pi' = \{(x, y) : x - y \in A\}$ とすると $\Pi \subset \Pi'$ です．すでに示したことより，$\Pi' \in \mathfrak{M}_{2d}$ ですから，フビニの定理より

$$m_{2d}(\Pi') = \int_{\mathbb{R}^d} \left(\int_{\mathbb{R}^d} \chi_{\Pi'}(x, y) dx \right) dy$$
$$= \int_{\mathbb{R}^d} \left(\int_{\mathbb{R}^d} \chi_A(x - y) dx \right) dy$$

です．ところが，すべての y に対して (11.6) より

$$\int_{\mathbb{R}^d} \chi_A(x - y) dx = m_d(\tau_{-y}(A)) = m_d(A) = 0$$

となっています. これより $m_{2d}(\Pi') = 0$ となることがわかり, したがって $m_{2d}^*(\Pi) = 0$ となります. ゆえに $\Pi \in \mathfrak{M}_{2d}$ です.

　一般の $E \in \mathfrak{M}_d$ に対しては, ある G_δ 集合 G とある零集合 N (ただし $G \supset N$) によって $E = G \setminus N$ と表せているので,

$$\Pi = \{(x,y) : x - y \in G\} \setminus \{(x,y) : x - y \in N\}$$

とすでに証明したことから明らかに $\Pi \in \mathfrak{M}_{2d}$ です. ∎

　補題 11.14　$f, g \in L^1(\mathbb{R}^d)$ ならば, $f(y)g(x-y) \in L^1(\mathbb{R}^{2d})$ であり,

$$\int_{\mathbb{R}^d} \left(\int_{\mathbb{R}^d} |f(y)g(x-y)| \, dy \right) dx = \left(\int_{\mathbb{R}^d} |f(x)| \, dx \right) \left(\int_{\mathbb{R}^d} |g(x)| \, dx \right)$$
$$< \infty$$

　証明　命題 11.13 より関数 $(x,y) \longmapsto f(y)g(x-y)$ の可測性が示せます. したがってフビニの定理と (11.5) より補題が証明されます. ∎

　この補題とフビニの定理より, ほとんどすべての点 $x \in \mathbb{R}^d$ で $f(y)g(x-y)$ は y の関数として可積分であり, したがって $f * g(x)$ がほとんどすべての点 $x \in \mathbb{R}^d$ で定義されます. また補題 11.14 より

$$\|f * g\|_{L^1(\mathbb{R}^d)} \leq \|f\|_{L^1(\mathbb{R}^d)} \|g\|_{L^1(\mathbb{R}^d)}$$

もわかります. この他, 定理 11.12 よりほとんどすべての $x \in \mathbb{R}^d$ に対して

$$f * g(x) = g * f(x)$$

も成り立つことがわかります.

第 12 章

L^p 関数のコンパクト台をもつ C^∞ 級関数による近似とその応用

　本章では $L^p(\Omega)$（Ω は $\mathbb{R}^d$ の空でない開集合）に属する関数をある良い性質（詳しくは後述）をもつ C^∞ 級関数で L^p ノルムに関して近似できることを証明します．この近似は解析学では頻繁に用いられます．

　$\mathbb{R}^d \supset \Omega$ を空でない開集合とします．Ω 上の連続関数 $f(x)$ に対して，集合

$$\{x : x \in \Omega,\ f(x) \neq 0\} \subset \mathbb{R}^d$$

の $\mathbb{R}^d$ における閉包を f の台といい，$\mathrm{supp}(f)$ と表します．$\mathrm{supp}(f)$ は $\mathbb{R}^d$ の閉集合です．$\mathrm{supp}(f)$ が有界集合で，かつ $\mathrm{supp}(f) \subset \Omega$ であるとき，f は Ω にコンパクト台をもつといいます．

$$C_c^\infty(\Omega) = \{f : f\ は\ \Omega\ 上の\ C^\infty\ 級関数で,\ \Omega\ にコンパクト台をもつ\,\}$$

とします．Ω 上の関数 f に対して，

$$\|f\|_\infty = \sup_{x \in \Omega} |f(x)|\ (\leq \infty)$$

と定義します．有界閉集合上の連続関数の絶対値は有限な最大値をもつので，$f \in C_c^\infty(\Omega)$ ならば $\|f\|_\infty < \infty$ です．したがって $f \in L^\infty(\Omega)$ です．$1 \leq p < \infty$ の場合も

$$\int_\Omega |f(x)|^p\, dx = \int_{\mathrm{supp}(f)} |f(x)|^p\, dx \leq \|f\|_\infty^p\, m_d\left(\mathrm{supp}(f)\right) < \infty$$

なので, $f \in L^p(\Omega)$ です. さらに次のことがわかります.

定理 12.1　$1 \leq p \leq q < \infty$ とする. 任意の $f \in L^p(\Omega) \cap L^q(\Omega)$ と任意の $0 < \varepsilon < 1$ に対して, ある $g \in C_c^\infty(\Omega)$ で

$$\|f - g\|_{L^p(\Omega)} < \varepsilon, \quad \|f - g\|_{L^q(\Omega)} < \varepsilon$$

となるものが存在する.

証明に必要な記号と補題を準備しておきます. $x \in \mathbb{R}^d$ と $\varnothing \neq A \subset \mathbb{R}^d$ に対して

$$d(x, A) = \inf\{|x - a| : a \in A\} \tag{12.1}$$

とし, また $\delta > 0$ に対して

$$[A]_\delta = \{x \in \mathbb{R}^d : d(x, A) \leq \delta\} \tag{12.2}$$

とします (付録 E 参照).

補題 12.2　$K \subset \mathbb{R}^d$ を空でない有界閉集合とし, U を $K \subset U$ をみたす $\mathbb{R}^d$ の開集合とする. このとき, $\mathbb{R}^d$ 上の C^∞ 級関数 φ で,

$$\varphi(x) = 1 \ (x \in K), \tag{12.3}$$

$$\varphi(x) = 0 \ (x \in U^c), \tag{12.4}$$

$$0 \leq \varphi(x) \leq 1 \ (x \in \mathbb{R}^d) \tag{12.5}$$

をみたすものが存在する.

証明　$\mathbb{R}$ 上の関数 w を

$$w(s) = \begin{cases} 0, & s \leq 0 \\ e^{-1/s}, & s > 0 \end{cases}$$

により定義すると, w は $\mathbb{R}$ 上で C^∞ 級です. $x \in \mathbb{R}^d$ に対して $W(x) = w(1 -$

$|x|^2)$ と定めると, $|x| \geq 1$ ならば $W(x) = 0$ より $W \in C_c^\infty(\mathbb{R}^d)$ です. そこで

$$c = \int_{\mathbb{R}^d} W(x)dx$$

とおくと, $0 < c < \infty$ となっています. $b(x) = c^{-1}W(x)$ $(x \in \mathbb{R}^d)$ とおき, $t > 0$ に対して

$$b_t(x) = \frac{1}{t^d} b\left(\frac{x}{t}\right), \, x \in \mathbb{R}^d$$

と定義します. このとき $b_t \in C_c^\infty(\mathbb{R}^d)$, $b_t(x) \geq 0$ $(x \in \mathbb{R}^d)$, $\mathrm{supp}(b_t) \subset \{x \in \mathbb{R}^d : |x| \leq t\}$,

$$\int_{\mathbb{R}^d} b_t(x)dx = \int_{\mathbb{R}^d} b(x)dx = 1$$

をみたしています (定理 11.12 による). K は有界閉集合ですから, 十分小さな $t > 0$ をとれば $[K]_t \subset U$ が成り立ちます (問題 12.4). そこで

$$\varphi(x) = \int_{[K]_{t/2}} b_{t/2}(x - y)dy, \, x \in \mathbb{R}^d$$

とします. これが所要の性質をみたしていることを示していきます.

微分と積分の交換に関する 定理 9.6 より $\varphi \in C^\infty(\mathbb{R}^d)$ であることがわかります. $x \in K$, $y \notin [K]_{t/2}$ のとき $|x - y| > t/2$ より $b_{t/2}(x - y) = 0$ なので

$$\varphi(x) = \int_{\mathbb{R}^d} b_{t/2}(x - y)dy = \int_{\mathbb{R}^d} b_{t/2}(y)dy = 1$$

となっています. したがって (12.3) が成り立ちます.

$x \notin [K]_t$ とします. このとき, 任意の $x' \in K$ に対して $|x - x'| \geq d(x, K) > t$ となっています. $y \in [K]_{t/2}$ とすると, $d(y, K) \leq t/2$ と K が有界閉集合であることを使って, ある $x'' \in K$ で $|y - x''| \leq t/2$ をみたすものが存在することがわかります (たとえば任意の有界点列が収束部分列を持つこと (定理 B.2) を使う). したがって

$$|x - y| \geq |x - x''| - |x'' - y| > \frac{t}{2}$$

であるから，$b_{t/2}(x - y) = 0$ です．したがって，$\varphi(x) = 0$ となり，（12.4）が成り立ちます．（12.5）は明らかなので，補題が証明されました．■

定理 12.1 の証明　$f \in L^p(\Omega) \cap L^q(\Omega)$ とします．まず $f(x) = \chi_A(x)$ $(A \subset \Omega,\ A \in \mathfrak{M}_d,\ m_d(A) < \infty)$ の場合を証明します．このとき問題 3.5（これは $\mathbb{R}^d$ の場合でも $d = 2$ の場合と同様に示せます）を用いれば，ある有界閉集合 K と開集合 G を

$$K \subset A \subset G, \quad m_d(G \setminus K) < \varepsilon^q$$

となるようにとれます．必要なら $G \cap \Omega$ を改めて G とおくことにより，$G \subset \Omega$ とすることができます．$x \in K$ に対して $x \in G$ なので，開集合の定義からある $r(x) > 0$ が存在し，

$$\overline{B_d(x, r(x))} \subset G$$

なるものがとれます．$K \subset \bigcup_{x \in K} B_d(x, r(x))$ ですから，ある有限個の $x_1, \cdots, x_n \in K$ で

$$K \subset \bigcup_{i=1}^{n} B_d(x_i, r(x_i)) \quad (= U \text{ とおく})$$

となるものが存在します．補題 12.2 より $\mathbb{R}^d$ 上のある C^∞ 級関数 φ で

$$\varphi(x) = 1 \ (x \in K), \quad \varphi(x) = 0 \ (x \in U^c),$$

$$0 \leq \varphi(x) \leq 1 \ (x \in \mathbb{R}^d)$$

となるものが存在します．いま U は有界集合なので $\mathrm{supp}(\varphi)$ は有界閉集合で，U の定め方から $\mathrm{supp}(\varphi) \subset \overline{U} \subset G \subset \Omega$ ですから，$\varphi \in C_c^\infty(\Omega)$ です．また，

$$\chi_K(x) \leq \varphi(x) \leq \chi_G(x)$$

ですから $s = p,\ q$ に対して

$$|f(x) - \varphi(x)|^s = |\chi_A(x) - \varphi(x)|^s \leq |\chi_G(x) - \chi_K(x)|^s$$

$$= |\chi_G(x) - \chi_K(x)| = \chi_G(x) - \chi_K(x)$$

となっています. したがって,

$$\int_\Omega |f(x) - \varphi(x)|^s\, dx \leq \int_\Omega (\chi_G(x) - \chi_K(x)) dx$$

$$= m_d\,(G \setminus K) < \varepsilon^q \leq \varepsilon^p$$

です. したがって

$$\|\varphi - f\|_{L^p(\Omega)} < \varepsilon, \quad \|\varphi - f\|_{L^q(\Omega)} < \varepsilon$$

が得られます.

f が Ω 上の非負値可測単関数の場合, $f(x) = \sum_{k=1}^n a_k \chi_{A_k}(x)\ (a_k > 0,\ A_k \subset \Omega,\ A_k \in \mathfrak{M}_d,\ A_k \cap A_l = \varnothing\ (k \neq l))$ と表されています. $f \in L^p(\Omega)$ の仮定から, 各 k に対して $m_d(A_k) < \infty$ が成り立っています. χ_{A_k} に対して既述の結果を用いれば, f に対して定理の主張が成り立つことを示せます.

次に f が Ω 上の非負値可測関数の場合を考えます. この場合, 非負値の可測単関数の単調増加列 $\varphi_n\ (n = 1, 2, \cdots)$ で, f に収束するものが存在します. $|f(x) - \varphi_n(x)| \leq 2|f(x)|$ ですからルベーグ の収束定理より $s = p,\ q$ に対して

$$\|\varphi_n - f\|_{L^s(\Omega)} \to 0\ (n \to \infty)$$

です. したがって, 任意の $\varepsilon > 0$ に対して, 十分大きな n をとれば $\|\varphi_n - f\|_{L^s(\Omega)} < \varepsilon/2$ とすることができます. また φ_n は非負値可測単関数なので,

$$\|\varphi_n - g\|_{L^s(\Omega)} < \frac{\varepsilon}{2}$$

となる $g \in C_c^\infty(\Omega)$ が存在します. ゆえに

$$\|f - g\|_{L^s(\Omega)} \leq \|f - \varphi_n\|_{L^s(\Omega)} + \|\varphi_n - g\|_{L^s(\Omega)} < \varepsilon$$

です.

f が複素数値の場合は，f の実部と虚部，さらにそれらの正の部分と負の部分を考えることにより，f が非負値の場合に帰着されます．　■

この定理から次の系が得られます．

系 12.3　$1 \leq p \leq q < \infty$ とし，$\Omega \subset \mathbb{R}^d$ を空でない開集合とする．任意の $f \in L^p(\Omega) \cap L^q(\Omega)$ に対して，$\varphi_n \in C_c^\infty(\Omega)$ $(n = 1, 2, \cdots)$ で

$$\lim_{n \to \infty} \|f - \varphi_n\|_{L^p(\Omega)} = 0$$

$$\lim_{n \to \infty} \|f - \varphi_n\|_{L^q(\Omega)} = 0$$

となるものが存在する．

証明　$s = p, q$ とする．定理 12.1 より，ある $\varphi_n \in C_c^\infty(\Omega)$ で

$$\|f - \varphi_n\|_{L^s(\Omega)} < \frac{1}{n}$$

なるものが存在するので，系が成り立つ．　■

定理 12.1 の応用例はいろいろありますが，ここでは次のものをあげておきます．これは L^p ノルムの連続性と呼ばれています．

定理 12.4　$1 \leq p < \infty$ とし，$f \in L^p(\mathbb{R}^d)$ とする．$h \in \mathbb{R}^d$ に対して

$$\tau_h f(x) = f(x - h)$$

と定義すると，

$$\lim_{|h| \to 0} \|f - \tau_h f\|_{L^p(\mathbb{R}^d)} = 0$$

である．

証明　まず f が有界な台をもつ連続関数の場合を示します．$K = \operatorname{supp}(f)$ とおきます．$|h| < 1$ のとき，

$$\operatorname{supp}(\tau_h f) \subset [K]_1 \quad （[K]_1 \text{ の記号の定義は }（12.2）\text{を参照）}$$

です. 有界閉集合上の連続関数は一様連続で, $[K]_1$ は有界閉集合ですから f が $[K]_1$ で一様連続であることがわかります. したがって, 任意の $\varepsilon > 0$ に対して, ある $1 > \delta > 0$ をとって, $|h| < \delta$ ならば

$$|f(x) - \tau_h f(x)|^p < \varepsilon / m_d\left([K]_1\right) \quad (x \in [K]_1)$$

となるようにできます. したがって, $|h| < \delta$ ならば

$$\int_{\mathbb{R}^d} |f(x) - \tau_h f(x)|^p \, dx = \int_{[K]_1} |f(x) - \tau_h f(x)|^p \, dx$$
$$\leq \frac{\varepsilon}{m_d\left([K]_1\right)} m_d\left([K]_1\right) = \varepsilon$$

です. したがって定理の主張が成り立ちます.

　次に $f \in L^p(\mathbb{R}^d)$ の場合を考えます. 任意の $\varepsilon > 0$ に対して, 定理 12.1 より, ある $g \in C_c^\infty(\mathbb{R}^d)$ で

$$\|f - g\|_{L^p(\mathbb{R}^d)} < \varepsilon/3$$

となるものが存在します. またすでに示したことから, ある $\delta > 0$ が存在し $|h| < \delta$ ならば

$$\|g - \tau_h g\|_{L^p(\mathbb{R}^d)} < \varepsilon/3$$

です. したがって

$$\|f - \tau_h f\|_{L^p(\mathbb{R}^d)} \leq \|f - g\|_{L^p(\mathbb{R}^d)} + \|g - \tau_h g\|_{L^p(\mathbb{R}^d)} + \|\tau_h g - \tau_h f\|_{L^p(\mathbb{R}^d)}$$
$$= \|f - g\|_{L^p(\mathbb{R}^d)} + \|g - \tau_h g\|_{L^p(\mathbb{R}^d)} + \|g - f\|_{L^p(\mathbb{R}^d)}$$
$$< \varepsilon$$

となり, 定理が証明されました. ∎

　定理 12.1 の応用はこの他にも多数あります. 次章で学ぶルベーグ積分の微分同相写像による変数変換の公式の証明にも使われます.

練習問題

問題 12.1　E を $\mathbb{R}^d$ の d 次元ルベーグ可測集合とする. f を E 上の非負値ルベーグ可測関数とする. このとき E 上の非負値ルベーグ可積分関数 f_n $(n = 1, 2, \cdots)$ で,

$$f_1(x) \leq f_2(x) \leq \cdots, \quad \lim_{n \to \infty} f_n(x) = f(x) \ (x \in E)$$

をみたすものが存在することを示せ.

問題 12.2　$\varnothing \neq E \subset \mathbb{R}^d$ に対して $d_E(x) = \text{dist}(x, E)$ とおく. d_E は $\mathbb{R}^d$ 上の連続関数であることを証明せよ.

問題 12.3　$\varnothing \neq E \subsetneq \mathbb{R}^d$ を閉集合とする. $x \in E^c$ 対して $d_E(x) > 0$ を証明せよ.

問題 12.4　$\varnothing \neq K \subset \mathbb{R}^d$ を有界閉集合とし, $V \subset \mathbb{R}^d$ を開集合で, $K \subset V$ をみたすものとする. このときある $\varepsilon > 0$ を $[K]_\varepsilon \subset V$ となるようにとれることを証明せよ.

第13章

ルベーグ積分の変数変換の公式

　本章では，ルベーグ積分の変数変換の公式を証明します．この定理は具体的な積分の計算，あるいは積分の大きさの評価をする際に，計算をしやすくするために使われることがあります．

　まず変数変換を定義する C^1 級微分同相写像について解説します．

13.1　微分同相写像と写像の微分

　本節では $\mathbb{R}^d$ の点 x の座標を縦ベクトルで表すことにします．また，$m \times n$ 行列 A に対して A^T で A の転置行列を表します．特に

$$
(x_1, \cdots, x_d)^T = \begin{pmatrix} x_1 \\ \vdots \\ x_d \end{pmatrix} \in \mathbb{R}^d
$$

です．$0 = (0, \cdots, 0)^T \in \mathbb{R}^d$ と表し，$x = (x_1, \cdots, x_d)^T \in \mathbb{R}^d$ に対して，

$$
|x| = \left(\sum_{j=1}^{d} |x_j|^2 \right)^{1/2},
$$

$$
|x|_\infty = \max\{|x_1|, \cdots, |x_d|\}
$$

と定めます．$|\cdot|$ と同様，$|\cdot|_\infty$ に対しても三角不等式 $|x + y|_\infty \leq |x|_\infty + |y|_\infty$ が成り立ちます．また容易に

$$|x|_\infty \le |x| \le \sqrt{d}\,|x|_\infty \qquad (13.1)$$

となっていることがわかります. $d \times d$ 実行列

$$A = \begin{pmatrix} a_{11} & \cdots & a_{1d} \\ \vdots & \ddots & \vdots \\ a_{d1} & \cdots & a_{dd} \end{pmatrix}$$

に対して

$$\|A\|_1 = \sum_{i=1}^m \sum_{j=1}^n |a_{ij}|$$

と定めます. このとき

$$|Ax|_\infty \le \max_{1 \le i \le m} \sum_{j=1}^n |a_{ij}|\,|x_j| \le \|A\|_1\,|x|_\infty$$

が成り立ちます.

$x \in \mathbb{R}^d,\, r > 0$ に対して

$$B_d(x, r) = \left\{ w \in \mathbb{R}^d : |x - w| < r \right\}$$

とし, 中心 x, 半径 r の d 次元開球といいます (付録 B 参照). また

$$Q_d(x, r) = [x_1 - r, x_1 + r) \times \cdots \times [x_d - r, x_d + r)$$

とし, 中心 x, 1 辺の長さ $2r$ の d 次元基本立方体といいます.

$$\overline{Q_d(x, r)} = [x_1 - r, x_1 + r] \times \cdots \times [x_d - r, x_d + r]$$

とすると,

$$\overline{Q_d(x, r)} = \left\{ w \in \mathbb{R}^d : |x - w|_\infty \le r \right\}$$

と表せます.

$\Omega_1, \Omega_2 \subset \mathbb{R}^d$ を空でない開集合とします. 写像 $\Psi : \Omega_1 \to \Omega_2$ に対して $\Psi(x) = (\Psi_1(x), \cdots, \Psi_d(x))^T$ $(x \in \Omega_1)$ と表したとき, 各 Ψ_i が Ω_1 上で C^1 級であるとき, Ψ は Ω_1 上で C^1 級あるいは Ω_1 から Ω_2 への C^1 級写像で

あるといいます. 本節での主役である C^1 級微分同相写像は次のように定義されます.

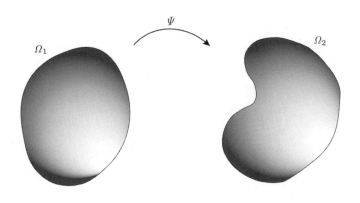

図 **13.1** Ω_1 から Ω_2 への写像

定義 13.1 写像 $\Psi : \Omega_1 \to \Omega_2$ が Ω_1 から Ω_2 への上への C^1 級微分同相写像とは, Ψ が Ω_1 から Ω_2 への全単射であって, Ψ が Ω_1 上で C^1 級であり, Ψ の逆写像 Ψ^{-1} が Ω_2 で C^1 級になっていることである.

証明に必要な C^1 級微分同相写像の単純な例を示しておきます.

例 13.2 A を $d \times d$ 実行列で, $x^{(0)} \in \mathbb{R}^d$ とし,

$$A_0(x) = Ax + x^{(0)} \quad (x \in \mathbb{R}^d)$$

とする. このような写像をアフィン変換という. A_0 は $\mathbb{R}^d$ 上で C^1 級である. 本書では行列 A に対してその行列式は $\det A \neq 0$ とする. このとき, A は逆行列をもつので A_0 は $\mathbb{R}^d$ から $\mathbb{R}^d$ への全単射で, A_0 の逆写像は $A_0^{-1}(y) = A^{-1}y - A^{-1}x^{(0)}$ $(x \in \mathbb{R}^d)$ であり, したがって $\mathbb{R}^d$ 上で C^1 級である. したがって A_0 は $\mathbb{R}^d$ から $\mathbb{R}^d$ への上への C^1 級微分同相写像になっている.

さて, 写像 $\Psi : \Omega_1 \to \Omega_2$ が Ω_1 上で C^1 級であるとき

$$D\Psi(x) = \begin{pmatrix} \dfrac{\partial \Psi_1}{\partial x_1}(x) & \cdots & \dfrac{\partial \Psi_1}{\partial x_d}(x) \\ \vdots & \ddots & \vdots \\ \dfrac{\partial \Psi_d}{\partial x_1}(x) & \cdots & \dfrac{\partial \Psi_d}{\partial x_d}(x) \end{pmatrix}$$

と定義し，Ψ の x での微分（あるいはヤコビ行列）といいます．たとえば例 13.2 の A_0 の場合は，$DA_0(x) = A$ $(x \in \mathbb{R}^d)$ です．

$\Psi : \Omega_1 \to \Omega_2$ が Ω_1 から Ω_2 への上への C^1 級微分同相写像であるとき，$(\Psi^{-1} \circ \Psi)(x) = x$ $(x \in \Omega_1)$ ですから，微積分で良く知られた合成関数の偏微分の連鎖率より

$$D\Psi^{-1}(\Psi(x)) D\Psi(x) = I_d$$

（ここで I_d は d 次単位行列）が成り立ちます（証明はたとえば新井 [A, 定理 18.4]）．ゆえに

$$(D\Psi(x))^{-1} = D\Psi^{-1}(\Psi(x))$$
$$\det\left(D\Psi^{-1}(\Psi(x))\right) = \frac{1}{\det D\Psi(x)}$$

です．なお $\det D\Psi(x) \neq 0$ となっていることに注意しておいてください．

13.2 ルベーグ積分に関する変数変換の公式

ルベーグ積分に関する変数変換の公式は次のものです．

定理 13.3 $\Omega_1, \Omega_2 \subset \mathbb{R}^d$ を空でない開集合，$\Psi : \Omega_1 \to \Omega_2$ を上への C^1 級微分同相写像とする．f を Ω_2 上の非負値ルベーグ可測関数かあるいはルベーグ可積分関数とする．このとき，$f \circ \Psi$ は Ω_1 上のそれぞれ非負値ルベーグ可測関数かあるいはルベーグ可積分関数で

$$\int_{\Omega_2} f(y) dm_d(y) = \int_{\Omega_1} f \circ \Psi(x) \left|\det D\Psi(x)\right| dm_d(x) \tag{13.2}$$

が成り立つ．

特に $F \subset \Omega_1$ がルベーグ可測集合なら $\Psi(F) \subset \Omega_2$ もルベーグ可測集合で

$$m_d(\Psi(F)) = \int_F |\det D\Psi(x)| \, dm_d(x).$$

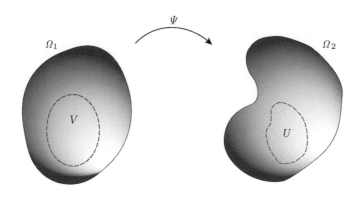

図 **13.2** 補題 13.4 参考図

この定理の証明は少し手間がかかります．しかし，定理自身はよく使うものです．ここでは定理の証明を丁寧に進めていくことにします．まず次の特別な場合から証明します．

補題 13.4 V を Ω_1 の有界な開部分集合とし，$U = \Psi(V)$ $(\subset \Omega_2)$ とおく．f を Ω_2 上の非負値連続関数で，$\mathrm{supp}(f) \subset U$ とする．このとき，

$$\int_{\Omega_2} f(y) dm_d(y) = \int_{\Omega_1} f \circ \Psi(x) \, |\det D\Psi(x)| \, dm_d(x).$$

が成り立つ．

後で示しますが，補題 13.4 から定理 13.3 を証明することはそれほど難しくはありません．しかし，補題 13.4 の証明は複雑です．

13.3 補題 13.4 の証明の準備

証明の基盤となるのは微積分で知られたテイラーの定理です．テイラーの定理を使って Ψ を局所的に（つまり十分小さな開集合上で）アフィン変換で近似し，アフィン変換の解析を行い，その結果を重ね合わせていくという方法をとります．そのためテイラーの定理を復習しておきましょう．次の定理が知られています（たとえば [A, 定理 18.2] 参照）．

定理 13.5（テイラーの定理） $x^{(0)} \in \Omega_1$, $Q_d(x^{(0)}, \delta) \subset \Omega_1$ とする．$h \in Q_d(0, \delta)$ に対して

$$\varepsilon_{x^{(0)}}(h) = \Psi(x^{(0)} + h) - \Psi(x^{(0)}) + D\Psi(x^{(0)})h, \ h \in Q_d(0, \delta)$$

とおく．このとき，$\varepsilon_{x^{(0)}}$ は $Q_d(0, \delta)$ 上の連続関数で，$x \in Q_d(x^{(0)}, \delta)$ に対して

$$\Psi(x) = \Psi(x^{(0)}) + D\Psi(x^{(0)})(x - x^{(0)}) + \varepsilon_{x^{(0)}}(x - x^{(0)}), \tag{13.3}$$

$$\lim_{|x - x^{(0)}|_\infty \to 0} \frac{\left|\varepsilon_{x^{(0)}}(x - x^{(0)})\right|_\infty}{\left|x - x^{(0)}\right|_\infty} = 0. \tag{13.4}$$

注意 13.1 新井 [A] では (13.4) の極限が $\left|x - x^{(0)}\right| \to 0$ となっているなど $|\cdot|$ を使っていますが，(13.1) より (13.4) が成り立ちます．

ここで (13.3) の右辺の項のうち，$\Psi(x^{(0)}) + D\Psi(x^{(0)})(x - x^{(0)})$ が x を変数とするアフィン変換であることに注意してください．以下

$$A_{x^{(0)}}(x) = \Psi(x^{(0)}) + D\Psi(x^{(0)})(x - x^{(0)}) \tag{13.5}$$

とおきます．(13.3) が示していることは，$\left|x - x^{(0)}\right|_\infty \to 0$ のとき，すなわち中心 $x^{(0)}$ の十分小さな d 次元基本立方体 Q 上では C^1 級写像 Ψ がアフィン変換 $A_{x^{(0)}}$ で近似できていることです．このことから小さな立方体 Q 上では，定理 11.12 より

$$m_d(\Psi(Q)) \fallingdotseq m_d(A_{x^{(0)}}(Q)) = \left|\det D\Psi(x^{(0)})\right| m_d(Q)$$

が示唆されていると考えることができます．すなわち，変数変換の定理は十分
小さな Q 上ではほぼ成り立つことが期待できます．後は定理 6.9 を使って V
を十分小さな互いに交わらない d 次元 2 進立方体に分解して，各小立方体で
成り立つ上の等式を重ね合わせればよいわけです．ただし，この議論は厳密性
に欠けていて，この議論を大幅修正して厳密な証明にする必要があります．そ
れを次の節で述べることにします．

さて，定理の厳密な証明の準備として，可測性に関する次の補題をあらかじ
め示しておきます．

補題 13.6　(1) $E \subset \Omega_1$ がルベーグ可測集合ならば $\Psi(E)$ もルベーグ可
測集合である．
(2) $F \subset \Omega_2$ がルベーグ可測集合ならば $\Psi^{-1}(F)$ もルベーグ可測集合である．
(3) f が Ω_2 上のルベーグ可測関数ならば $f \circ \Psi$ は Ω_1 上でルベーグ可測で
ある．

証明　(1) $\{D_n\}_{n=1}^{\infty}$ を Ω_1 の有界近似列とします（付録 B 参照）．すな
わち，D_n $(n = 1, 2, \cdots)$ は Ω_1 の有界開部分集合で

$$D_n \subset \overline{D_n} \subset D_{n+1}, \ \Omega_1 = \bigcup_{k=1}^{\infty} D_k$$

をみたすものです．$\Psi(E) = \bigcup_{k=1}^{\infty} \Psi(E \cap D_k)$ より，各 n に対して $\Psi(E \cap D_n)$
がルベーグ可測であることを示せば十分です．$E_n = E \cap D_n$ とおきます．E_n
はルベーグ可測ですから，系 6.15 を使うと，ある G_δ 集合 $G \subset D_n$ とある零
集合 $N \subset D_n$ で，$E_n = G \backslash N$，$G \supset N$ となるものの存在が示せます．Ψ が全
単射で，Ψ^{-1} が連続であることより，$\Psi(E_n) = \Psi(G) \backslash \Psi(N)$，$\Psi(G) \supset \Psi(N)$
かつ $\Psi(G)$ が G_δ 集合であることが示せます．以下では $\Psi(N)$ が零集合であ
ることを示します．これが示せれば系 6.15 より $\Psi(E_n)$ のルベーグ可測性が

得られます.

$C = \sup\limits_{x \in \overline{D_{n+1}}} \|D\Psi(x)\|_1 + 1$ とおきます. $\overline{D_{n+1}}$ は有界閉集合なので $C < \infty$

です. N は零集合ですから,任意の $\varepsilon > 0$ に対して $N \subset \bigcup\limits_{k=1}^{\infty} Q_k$, $\sum\limits_{k=1}^{\infty} |Q_k| <$

$(2^d C^d)^{-1}\varepsilon$ をみたす d 次元基本立方体 $Q_1, Q_2, \cdots$ が存在します. $N \subset D_n$ と

$\overline{D_n} \subset D_{n+1}$ より,必要なら Q_k を分割して,N と交わっていないものがあれば取

り除き,番号を付け替えて,$N \subset \bigcup\limits_{k=1}^{\infty} Q_k$, $Q_k \subset D_{n+1}$, $\sum\limits_{k=1}^{\infty} |Q_k| < (2^d C^d)^{-1}\varepsilon$

としても構いません. $x^{(k)}$ を Q_k の中心とすると,$Q_k = Q_d(x^{(k)}, r_k)$ $(r_k >$

$0)$ の形に表せます. $y^{(k)} = \Psi(x^{(k)})$ とおきます. $y \in \Psi(Q_k)$ に対して $y =$

$\Psi(x)$ となる $x \in Q_k$ が存在するので,テイラーの定理 13.5 より,

$$\left| y - y^{(k)} \right|_{\infty} = \left| \Psi(x) - \Psi(x^{(k)}) \right|_{\infty} \leq C \left| x - x^{(k)} \right|_{\infty} \leq C r_k.$$

すなわち $\Psi(Q_k) \subset \overline{Q(y^{(k)}, C r_k)} \subset Q(y^{(k)}, 2C r_k)$ となっています. したがっ

て,$\Psi(N) \subset \bigcup\limits_{k=1}^{\infty} Q(y^{(k)}, 2C r_k)$ かつ

$$\sum\limits_{k=1}^{\infty} \left| Q(y^{(k)}, 2C r_k) \right| = 4^d C^d \sum\limits_{k=1}^{\infty} r_k^d = 2^d C^d \sum\limits_{k=1}^{\infty} |Q_k| < \varepsilon$$

となります. このことから,$\Psi(N)$ が零集合であることが示せました.

(2) (1) の証明で Ψ の代わりに Ψ^{-1} を考えれば示せます.

(3) $F \subset \Omega_2$ をルベーグ可測集合とします. (2) より $\Psi^{-1}(F)$ もルベーグ可

測です. $\chi_F \circ \Psi(x) = 1 \Leftrightarrow \Psi(x) \in F \Leftrightarrow x \in \Psi^{-1}(F)$ より $\chi_F \circ \Psi = \chi_{\Psi^{-1}(F)}$

が得られるので,$\chi_F \circ \Psi$ はルベーグ可測です. これよりルベーグ可測単関数

f に対しても $f \circ \Psi$ はルベーグ可測です. f が非負値ルベーグ可測関数の場合

は,可測単関数による近似と極限関数の可測性から f のルベーグ可測性が導

かれます. f が実数値ルベーグ可測関数の場合は,$f = f_+ - f_-$ の分解,複素

数値の場合は $f = \operatorname{Re} f + i \operatorname{Im} f$ で $\operatorname{Re} f$ と $\operatorname{Im} f$ の場合に帰着されます. ∎

13.4　補題 13.4 の証明

補題 13.4 の証明.　仮定より V は有界なので $U = \Psi(V)$ も有界です. $K = \mathrm{supp}(f \circ \Psi)$, $K' = \mathrm{supp}(f)$ とおきます. 仮定より K' は有界閉集合です. 補題の証明をいくつかの主張を順次示していくことにより行います.

主張 1.　$K \subset V$. したがって K は有界閉集合.

主張 1 の証明.　$f \circ \Psi(x) \neq 0$ ならば $\Psi(x) \in K'$ より $\{x \in \Omega_1 : f \circ \Psi(x) \neq 0\} \subset \Psi^{-1}(K')$ です. $\Psi^{-1}(K')$ は閉集合なので $K = \mathrm{supp}(f \circ \Psi) \subset \Psi^{-1}(K')$ です. $K' \subset U$ より $\Psi^{-1}(K') \subset \Psi^{-1}(U) = V$ であり, 主張 1 が示されました. **主張 1 の証明終.**

K は有界閉集合で, V が開集合ですから, 十分小さな $\delta_0 > 0$ をとって, $[K]_{\sqrt{d}\delta_0} \subset V$ とできます (問題 12.4). このことから次のことが示せます.

主張 2.　$0 < \delta \leq \delta_0$ とする. $a \in K$ ならば $\overline{Q_d(a, \delta)} \subset V$ である.

主張 2 の証明.　$x \in \overline{Q_d(a, \delta)}$ とします. $a \in K$ より

$$\mathrm{dist}(x, K) \leq |x - a| \leq \sqrt{d}\,|x - a|_\infty \leq \sqrt{d}\delta \leq \sqrt{d}\delta_0.$$

ゆえに $x \in [K]_{\sqrt{d}\delta_0} \subset V$ です. **主張 2 の証明終.**

後の議論を見やすくするために

$$M = \max\{m_d(V), m_d(U), \sup_{x \in [K]_{\sqrt{d}\delta_0}} \left\| D\Psi(x)^{-1} \right\|_1\}$$

とおきます. 明らかに $M < \infty$ です.

任意に $\varepsilon > 0$ をとります. (13.4) より, 任意の $x^{(0)} \in K$ に対して, 十分小さな $0 < \delta\ (\leq \delta_0)$ が存在し

$$x \in \overline{Q_d(x^{(0)}, \delta)} \text{ ならば } \left| \varepsilon_{x^{(0)}}(x - x^{(0)}) \right|_\infty < \frac{\varepsilon}{M} \left| x - x^{(0)} \right|_\infty \tag{13.6}$$

が成り立っています. さて, ここでテイラーの定理の証明 (新井 [A, 系 11.9]

の証明参照）にまで遡れば，$[K]_{\sqrt{d}\delta_0}$ が有界閉集合であることと $\Psi, \dfrac{\partial \Psi_i}{\partial x_j}$ が $[K]_{\sqrt{d}\delta_0}$ 上で連続（したがって一様連続）であることから，δ は $x^{(0)}$ に依存しないようにとれることがわかります．つまり，ある $0 < \delta \ (\leq \delta_0)$ が存在し，任意の $x^{(0)} \in K$ に対して（13.6）が成り立ちます．これらのことを使って次の主張が示されます．

主張 3. 　$x^{(0)} \in K$ とする．このとき
$$\Psi\left(\overline{Q_d(x^{(0)}, \delta)}\right) \subset A_{x^{(0)}}\left(\overline{Q_d(x^{(0)}, (1+\varepsilon)\delta)}\right).$$

主張 3 の証明　$A_{x^{(0)}}^{-1}\left(\Psi\left(\overline{Q_d(x^{(0)}, \delta)}\right)\right) \subset \overline{Q_d(x^{(0)}, (1+\varepsilon)\delta)}$ を証明します．$y \in \Psi(\overline{Q_d(x^{(0)}, \delta)})$ とします．このとき，ある $w \in \overline{Q_d(x^{(0)}, \delta)}$ で $y = \Psi(w)$ をみたすものが（一意的に）存在します．$\left|w - x^{(0)}\right|_\infty \leq \delta$ です．以上のことから

$$
\begin{aligned}
&\left|A_{x^{(0)}}^{-1}(y) - x^{(0)}\right|_\infty \\
&= \left|A_{x^{(0)}}^{-1}(y) - w + w - x^{(0)}\right|_\infty \leq \left|A_{x^{(0)}}^{-1}(y) - w\right|_\infty + \left|w - x^{(0)}\right|_\infty \\
&\leq \left|A_{x^{(0)}}^{-1}(\Psi(w)) - A_{x^{(0)}}^{-1}(A_{x^{(0)}}(w))\right|_\infty + \delta \\
&\leq \left\|D\Psi(x^{(0)})^{-1}\right\|_1 \left|\Psi(w) - A_{x^{(0)}}(w)\right|_\infty + \delta \\
&= \left\|D\Psi(x^{(0)})^{-1}\right\|_1 \left|\Psi(w) - \Psi(x^{(0)}) - D\Psi(x^{(0)})(w - x^{(0)})\right|_\infty + \delta \\
&= \left\|D\Psi(x^{(0)})^{-1}\right\|_1 \left|\varepsilon_{x^{(0)}}(w - x^{(0)})\right|_\infty + \delta \\
&\leq M\frac{\varepsilon}{M}\left|w - x^{(0)}\right|_\infty + \delta \leq \varepsilon\delta + \delta.
\end{aligned}
$$

したがって $A_{x^{(0)}}^{-1}(y) \in \overline{Q_d(x^{(0)}, (1+\varepsilon)\delta)}$ です．**主張 3 の証明終.**

主張 3 より $\Psi(Q_d(x^{(0)}, \delta)) \subset A_{x^{(0)}}\left(\overline{Q_d(x^{(0)}, (1+\varepsilon)\delta)}\right)$ となっています．$A_{x^{(0)}}$ はアフィン変換なので，定理 11.12 より

$$m_d\left(\Psi(Q_d(x^{(0)},\delta))\right) \le m_d\left(A_{x^{(0)}}\left(\overline{Q_d(x^{(0)},(1+\varepsilon)\delta)}\right)\right)$$

$$= \left|\det D\Psi(x^{(0)})\right| m_d\left(\overline{Q_d(x^{(0)},(1+\varepsilon)\delta)}\right)$$

$$= \left|\det D\Psi(x^{(0)})\right| m_d(Q_d(x^{(0)},(1+\varepsilon)\delta))$$

$$= (1+\varepsilon)^d \left|\det D\Psi(x^{(0)})\right| m_d(Q_d(x^{(0)},\delta)).$$

以上得たことをまとめると，次のことが示されました.

任意の $\varepsilon > 0$ に対して，ある $\delta_0 > 0$ が存在し，$0 < \delta \le \delta_0$ ならば任意の $x^{(0)} \in K$ に対して

$$m_d\left(\Psi(Q_d(x^{(0)},\delta))\right) \le (1+\varepsilon)^d \left|\det D\Psi(x^{(0)})\right| m_d(Q_d(x^{(0)},\delta)). \quad (13.7)$$

さて，以上の準備の下に補題 13.4 を示します. 定理 6.9 より $V = \bigcup_{k=1}^{\infty} Q_k$ をみたすような互いに交わらない d 次元 2 進立方体 Q_k が存在します. 必要なら 2 進立方体をさらに 2 進分割して，各 Q_k の一辺の長さが 2δ 以下であることを仮定しても一般性を失いません.

$x^{(k)}$ を Q_k の中心とし，$y^{(k)} = \Psi(x^{(k)})$ とおきます. $f \circ \Psi$, $f \circ \Psi \,|\det D\Psi|$ は有界閉集合 K に台をもつ連続関数ですから，V 上で一様連続です. したがって. 必要なら $\delta > 0$ をさらに小さくとって

$$\sup_{\substack{x,x' \in V \\ |x-x'|_\infty < \delta}} |f \circ \Psi(x) - f \circ \Psi(x')| < \frac{\varepsilon}{M}, \quad (13.8)$$

$$\sup_{\substack{x,x' \in V \\ |x-x'|_\infty < \delta}} |f \circ \Psi(x) \,|\det D\Psi(x)| - f \circ \Psi(x') \,|\det D\Psi(x')|| < \frac{\varepsilon}{M} \quad (13.9)$$

とできます. Ψ は Ω_1 から Ω_2 への全単射ですから

$$U = \Psi(V) = \bigcup_{k=1}^{\infty} \Psi(Q_k), \; \Psi(Q_j) \cap \Psi(Q_{j'}) = \varnothing \; (j \ne j')$$

となっています. したがって (13.8) より

$$\left| \int_U f(y) dm_d(y) - \sum_{k=1}^{\infty} \int_{\Psi(Q_k)} f(y^{(k)}) dm_d(y) \right|$$

$$= \left| \sum_{k=1}^{\infty} \int_{\Psi(Q_k)} \left(f(y) - f(y^{(k)}) \right) dm_d(x) \right| \le \sum_{k=1}^{\infty} \frac{\varepsilon}{M} m_d(\Psi(Q_k))$$

$$= \frac{\varepsilon}{M} m_d(U) \le \varepsilon. \tag{13.10}$$

同様にして（ただし f の代わりに $f \circ \Psi \, |\det D\Psi|$ とし (13.9) を使う）

$$\left| \int_V f \circ \Psi(x) \, |\det D\Psi(x)| \, dm_d(x) \right.$$

$$\left. - \sum_{k=1}^{\infty} \int_{Q_k} f \circ \Psi(x^{(k)}) \left| \det D\Psi(x^{(k)}) \right| dm_d(x) \right| \le \varepsilon. \tag{13.11}$$

一方，(13.7) より

$$\sum_{k=1}^{\infty} \int_{\Psi(Q_k)} f(y^{(k)}) dm_d(x)$$

$$= \sum_{k=1}^{\infty} f(y^{(k)}) m_d(\Psi(Q_k))$$

$$\le (1+\varepsilon)^d \sum_{k=1}^{\infty} f(y^{(k)}) \left| \det D\Psi(x^{(k)}) \right| m_d(Q_k).$$

したがって (13.10) と (13.11) より

$$\int_U f(y) dm_d(y)$$

$$\le \sum_{k=1}^{\infty} \int_{\Psi(Q_k)} f(y^{(k)}) dm_d(x) + \varepsilon$$

$$\le (1+\varepsilon)^d \sum_{k=1}^{\infty} f(y^{(k)}) \left| \det D\Psi(x^{(k)}) \right| m_d(Q_k) + \varepsilon$$

$$\le (1+\varepsilon)^d \int_V f \circ \Psi(x) \, |\det D\Psi(x)| \, dm_d(x) + (1+\varepsilon)^d \varepsilon + \varepsilon$$

ここで ε は任意の正数であるから

$$\int_U f(y) dm_d(y) \le \int_V f \circ \Psi(x) \, |\det D\Psi(x)| \, dm_d(x)$$

が得られます．一方，以上の議論と同様にして（f の代わりに $f \circ \Psi |\det D\Psi|$, Ψ の代わりに Ψ^{-1} で考える）

$$\int_V f \circ \Psi(x) \left|\det D\Psi(x)\right| dm_d(x)$$
$$\leq \int_U f \circ \Psi \circ \Psi^{-1}(y) \left|\det D\Psi \circ \Psi^{-1}(y)\right| \left|\det D\Psi^{-1}(y)\right| dm_d(y)$$
$$= \int_U f(y) dm_d(y)$$

も成り立ちます．したがって

$$\int_{\Omega_2} f(y) dm_d(y) = \int_U f(y) dm_d(y)$$
$$= \int_V f \circ \Psi(x) \left|\det D\Psi(x)\right| dm_d(x)$$
$$= \int_{\Omega_1} f \circ \Psi(x) \left|\det D\Psi(x)\right| dm_d(x)$$

が得られ，補題 13.4 の証明が終了しました．■

補題 13.4 より次のことが示せます．

補題 13.7　$V \subset \Omega_1$ を有界な開部分集合とし，$U = \Psi(V) \subset \Omega_2$ とおく．f を Ω_2 上の実数値連続関数で，$\mathrm{supp}(f) \subset U$ とする．このとき，

$$\int_{\Omega_2} f(y) dm_d(y) = \int_{\Omega_1} f \circ \Psi(x) \left|\det D\Psi(x)\right| dm_d(x).$$

が成り立つ．

補題 13.7 の証明　$f_+(x) = \max\{0, f(x)\}$, $f_-(x) = \max\{0, -f(x)\}$ とすると，f_+, f_- はともに補題 13.4 の仮定をみたしています．$f(x) = f_+(x) - f_-(x)$ ですから，補題 13.4 より補題 13.7 が導かれます．■

13.5 変数変換の公式の証明（近似理論を駆使）

定理 13.3 の証明 はじめに定理 13.3 の前半の主張を証明します．まず U, V を補題 13.4 で定めたものとします．はじめに f が U 上では非負値ルベーグ可積分になっている場合を考えます．この場合，実数値関数 $f_n \in C_c^\infty(U)$ $(n = 1, 2, \cdots)$ を $\lim_{n \to \infty} \|f - f_n\|_{L^1(U)} = 0$ となるようにとれます（定理 12.1）．このことと

$$|f(y) - |f_n(y)|| = ||f(y)| - |f_n(y)|| \leq |f(y) - f_n(y)|$$

より

$$\lim_{n \to \infty} \|f - |f_n|\|_{L^1(U)} = 0. \tag{13.12}$$

が成り立ちます．したがって，ある部分列 $\{f_{n_k}\}_{k=1}^\infty \subset \{f_n\}_{n=1}^\infty$ をとって

$$\lim_{k \to \infty} |f_{n_k}(y)| = f(y) \quad \text{a.e. } y \in U$$

とできます（系 10.6）．補題 13.6 の証明より U の零集合 N' に対して $\Psi^{-1}(N')$ が V の零集合であるので，$|f_{n_k}|$ に対して (13.12)，補題 13.4 とファトゥーの補題（補題 9.4）を適用すれば

$$\int_U f(y) dm_d(y) = \lim_{k \to \infty} \int_U |f_{n_k}(y)| \, dm_d(y)$$

$$= \lim_{k \to \infty} \int_V |f_{n_k} \circ \Psi(x)| \, |\det D\Psi(y)| \, dm_d(x)$$

$$\geq \int_V f \circ \Psi(x) \, |\det D\Psi(y)| \, dm_d(x).$$

この議論を $f(y)$ の代わりに $f \circ \Psi(x) |\det D\Psi(x)|$，$\Psi$ の代わりに Ψ^{-1} に対して適用すると

$$\int_V f \circ \Psi(x) \, |\det D\Psi(x)| \, dm_d(x)$$

$$\geq \int_U f \circ \Psi \circ \Psi^{-1}(y) \, \left| (\det D\Psi(\Psi^{-1}(y))) \right| \, \left| \det D\Psi^{-1}(y) \right| \, dm_d(y)$$

$$= \int_U f(y)dm_d(y).$$

が成り立ちます. すなわち

$$\int_U f(y)dm_d(y) = \int_V f \circ \Psi(x) \left| \det D\Psi(x) \right| dm_d(x)$$

が得られます.

次に f が U 上で実数値ルベーグ可積分の場合は $f = f_+ - f_-$ より, f_+, f_- を考えれば同様のことが証明できます. f が U 上複素数値ルベーグ可積分の場合は実部と虚部を考えれば示せます. f が非負値ルベーグ可測関数の場合は, 問題 12.1 を用いれば示せます.

最後に一般の場合, すなわち f が Ω_2 上で非負値ルベーグ可測あるいは Ω_2 上でルベーグ積分可能の場合に定理 13.3 の前半を示します. $\{D_n\}_{n=1}^{\infty}$ を Ω_2 の有界近似列とします. D_n は有界ですから, $D_n' = \Psi(D_n)$ とおくと

$$\int_{D_n} f(y)dm_d(y) = \int_{D_n'} f \circ \Psi(x) \left| \det D\Psi(x) \right| dm_d(x)$$

$(n = 1, 2, \cdots)$ が成り立ちます. 特に f が非負値ルベーグ可測の場合は単調収束定理 (定理 8.4) から

$$\begin{aligned} \int_{\Omega_2} f(y)dm_d(y) &= \lim_{n \to \infty} \int_{D_n} f(y)dm_d(y) \\ &= \lim_{n \to \infty} \int_{D_n'} f \circ \Psi(x) \left| \det D\Psi(x) \right| dm_d(x) \\ &= \int_{\Omega_1} f \circ \Psi(x) \left| \det D\Psi(x) \right| dm_d(x) \end{aligned}$$

となっています. f が Ω_2 上で実数値ルベーグ積分可能の場合は, f_+, f_- に分けて考えばよく, f が Ω_2 上で複素数値ルベーグ積分可能の場合は, $\mathrm{Re}\, f$ と $\mathrm{Im}\, f$ に分けて考えれば定理の前半の主張が証明できます.

定理 13.3 の後半の主張を証明します. $F' = \Psi(F)$ とおきます. $\chi_{F'}(y) = \chi_F \circ \Psi^{-1}(y)$ です. 定理 13.3 の前半の主張から

$$m_d(\Psi(F)) = m_d(F') = \int_{\Omega_2} \chi_{F'}(y)dm_d(y)$$

$$= \int_{\Omega_1} \chi_{F'} \circ \Psi(x) \left| \det D\Psi(x) \right| dm_d(x)$$

$$= \int_{\Omega_1} \chi_F \circ \Psi^{-1} \circ \Psi(x) \left| \det D\Psi(x) \right| dm_d(x)$$

$$= \int_F \left| \det D\Psi(x) \right| dm_d(x)$$

となり後半の主張が証明されました. ∎

【補助動画案内】

http://www.araiweb.matrix.jp/Lebesgue2/ChangeVariables.html

微分同相写像によるルベーグ積分の変数変換公式

変数変換の公式の証明を解説しています. 証明が複雑なので, 本書をテキストとして講義動画をご視聴されるとよいでしょう.

第 IV 部
ルベーグ測度以外の測度
-ハウスドルフ測度と抽象的測度-

あることがほとんどすべての点で成り立つ，すなわちルベーグ測度 0 の集合を除いて成り立つという考え方は，20 世紀解析学独自の発想です．従来はあることが各点で成り立つかどうか，あるいは有限個の点を除いて成り立つかどうかといったことが研究されていました．しかし，ルベーグ積分ができてからはしばしば，ある命題がほとんどすべての点で成り立つかどうかが議論されるようになったのです．

ところで「ほとんどすべての点である命題が成り立つ」というとき，その言葉の裏には，命題が成り立たないような点の集合は零集合なので切り捨てるということが含まれています．この思想が端的に現れているのが L^p 空間に関する議論です．L^p 空間においては二つの異なる関数でも，違う部分が零集合ならば同じ関数であるとみなしてしまいます．

しかし零集合といっても必ずしも小さい集合だけではありません．非常に複雑な集合もあります．その代表的な例が第 14 章で紹介するカントル集合と第 15 章で述べるベシコヴィッチ集合です．カントル集合は零集合なのですが，非常に豊かな構造をもつ深遠な世界です．その上には複雑な動きをする関数を作ることができます．しかしその関数の複雑な動きは「ほとんどすべて」という主張をする際には零集合上の出来事として無視されてしまうのです．はたしてそれがどういう結果を招くでしょうか．詳しくは第 14 章で解説します．

ところでルベーグ測度が 0 の図形といっても，大きいものから小さいものまで多種多様です．とはいってもルベーグ測度でそれを測定することはできません．その代わり，ルベーグ測度 0 の集合の厚さを測定できる測定器の一つにハウスドルフ測度とハウスドルフ次元というものがあります．第 16 章，第 17 章ではそれらについて解説します．ハウスドルフ測度，ハウスドルフ次元はフラクタル幾何学や実解析学でたいへん重要な役割を果たしています．

第 17.4 節では，ベシコヴィッチ集合のハウスドルフ次元に関連した未解決問題を紹介します．

第 18 章では，ルベーグ測度やハウスドルフ測度を一般化した抽象的な測度とその確率論への応用を解説します．ここでは無限次元空間上の測度の例も取り上げます．

第 14 章

無視できない測度 0 の図形 ── カントル集合

　この章ではカントル集合およびカントル集合から作られる「悪魔の階段」と「ルベーグ曲線」について述べます。悪魔の階段は $[0,1]$ 上の単調増加な連続関数 f_C で、ほとんどすべての点でその微分係数が 0 になってしまうのですが、$f_C(0) = 0$, $f_C(1) = 1$ となっているものです。この関数はカントル集合の上でだけ増加し、それ以外のところでは変化しないような関数です。ルベーグ曲線はほとんどすべての点で微分可能でありながら、正方形を埋め尽くしてしまうような曲線です。これは曲線のパラメータがカントル集合上にあるときは微分できないくらいに激しく動き、それ以外のところでは穏やかに動くような曲線です。

14.1　カントル集合

　カントル集合の幾何的な構成　まずカントル集合の幾何的な構成を述べておきましょう。その構成方法は第 1.2 節でハルナック集合を構成したときと同じパターンのものです。まず区間 $I_0 = [0,1]$ を 3 等分し、中央の部分 $(1/3, 2/3)$ を抜き取ります。そして後に残った図形を I_1 とおきます。すなわち

$$I_1 = \left[0, \frac{1}{3}\right] \cup \left[\frac{2}{3}, 1\right]$$

です。次に I_1 を構成する各小区間 $[0, 1/3]$, $[2/3, 1]$ をそれぞれ 3 等分し、中央の部分 $(1/3^2, 2/3^2)$, $(7/3^2, 8/3^2)$ を抜き取り、残った閉区間の和集合を I_2

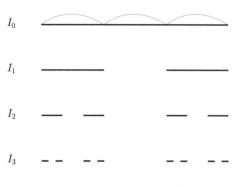

図 14.1　1 次元カントル集合

とおきます. すなわち

$$I_2 = \left[0, \frac{1}{3^2}\right] \cup \left[\frac{2}{3^2}, \frac{3}{3^2}\right] \cup \left[\frac{6}{3^2}, \frac{7}{3^2}\right] \cup \left[\frac{8}{3^2}, 1\right]$$

です. さらに, I_2 を構成する各小区間を 3 等分し, 今までと同様の操作を繰り返して, $I_3, I_4, \cdots$ を作っていきます. そして

$$C = \bigcap_{n=1}^{\infty} I_n \qquad (14.1)$$

とし, C を **1 次元カントル集合**といいます.

1 次元カントル集合は 1 次元ルベーグ測度に関する零集合になっています.

定理 14.1　$m_1(C) = 0$ である.

証明　カントル集合の作り方から I_n は 1 次元ルベーグ測度が 3^{-n} の互いに交わらない閉区間 2^n 個から成っています. したがって

$$m_1(I_n) = \left(\frac{2}{3}\right)^n$$

です. ゆえに

$$m_1(C) = \lim_{n \to \infty} m_1(I_n) = 0$$

となります. ∎

6

カントル集合の代数的な表現　1 次元カントル集合について詳しく調べるため，これに属する点の代数的な表現を与えておきましょう．$0 \leq x \leq 1$ なる実数 x の 3 進小数表現を

$$x = \sum_{n=1}^{\infty} \frac{x_n}{3^n} = 0._{(3)}x_1x_2x_3\cdots, \quad x_n = 0, 1 \text{ または } 2 \tag{14.2}$$

のように表すことにします．$0 \leq x \leq 1$ なる実数 x がこのような 3 進小数により表現できることの証明は付録 C を参照してください．なお（14.2）の表現は一意的には定まるとは限りません．たとえば

$$0._{(3)}1000\cdots = 0._{(3)}0222\cdots$$

のように二通りの表現の仕方があります．

本書では記号を簡略化するため，

$$0._{(p)}a_1a_2a_3\overline{a_4} = 0._{(p)}a_1a_2a_3a_4a_4a_4\cdots$$

というように $\overline{a}$ によって，$\overline{a}$ 以降はすべて a が並ぶことを表します．

命題 14.2　$[0,1] \ni x$ が C に属するための必要十分条件は x の 3 進小数表現の少なくとも一つが

$$x = 0._{(3)}(2a_1)(2a_2)(2a_3)\cdots, \quad a_j = 0 \text{ または } 1$$

となることである．

証明　$1 = 0._{(3)}\overline{2}, 0 = 0._{(3)}\overline{0}$ なので，$x \in (0,1)$ の場合に証明します．I_n を作るとき，I_{n-1} から抜き取る開区間は 2^{n-1} 個です．それを $J_1^{(n)}, \cdots, J_{2^{n-1}}^{(n)}$ と表すことにします．まず各 $J_j^{(n)}$ は $J_j^{(n)} = (a,b)$ とすると

$$a = 0._{(3)}(2a_1)\cdots(2a_{n-1})1\overline{0}, \quad b = 0._{(3)}(2a_1)\cdots(2a_{n-1})2\overline{0} \tag{14.3}$$

$(a_1, \cdots, a_{n-1} = 0 \text{ または } 1)$ と表せることを示します．ただし $n = 1$ の場合は，$a = 0._{(3)}1\overline{0}, b = 0._{(3)}2\overline{0}$ と解釈します．$n = 1$ の場合は

$$a = 0._{(3)}1\overline{0} = \frac{1}{3}, \quad b = 0._{(3)}2\overline{0} = \frac{2}{3}$$

であり，主張が正しいことがわかります. n のときに正しいとして，$n+1$ の場合が正しいことを示すことにします. $n+1$ の場合，I_n から抜き取る開区間は，I_n を作るときに抜き取ったある開区間 (a', b') の左側にある $\left(a' - 2/3^{n+1}, a' - 1/3^{n+1}\right)$ か右側にある $\left(b' + 1/3^{n+1}, b' + 2/3^{n+1}\right)$ です.

図 **14.2**　カントル集合の代数的な表現

ここで，

$$a' - \frac{2}{3^{n+1}} = \sum_{j=1}^{n-1} \frac{2a'_j}{3^j} + \frac{1}{3^n} - \frac{2}{3^{n+1}} = \sum_{j=1}^{n-1} \frac{2a'_j}{3^j} + \frac{1}{3^{n+1}}$$

$$= 0._{(3)}(2a'_1)\cdots(2a'_{n-1})01\overline{0}$$

$$= 0._{(3)}(2a'_1)\cdots(2a'_{n-1})00\overline{2}$$

です. 同様にして次を得ます.

$$a' - \frac{1}{3^{n+1}} = 0._{(3)}(2a'_1)\cdots(2a'_{n-1})02\overline{0},$$

$$b' + \frac{1}{3^{n+1}} = 0._{(3)}(2a'_1)\cdots(2a'_{n-1})20\overline{2}$$

$$= 0._{(3)}(2a'_1)\cdots(2a'_{n-1})21\overline{0}$$

$$b' + \frac{2}{3^{n+1}} = 0._{(3)}(2a'_1)\cdots(2a'_{n-1})22\overline{0}.$$

したがって $n+1$ の場合も主張が正しいことがわかります.

以上のことから，一般に点 $x \in J_j^{(n)} = (a, b)$ は

$$x = 0._{(3)}(2a_1)\cdots(2a_{n-1})1y_{n+1}y_{n+2}\cdots \tag{14.4}$$

(ただし，$y_{n+1} = y_{n+2} = \cdots = 0$ でも $y_{n+1} = y_{n+2} = \cdots = 2$ でもない) という表現をもつことがわかります. このことから，C を作るために取り除かれる $[0,1]$ 内の実数の 3 進数表現は必ず少なくとも一つの 1 を含んでいること

がわかります.

また（14.3）のように表せる数 a, b で作られる区間 (a, b) の個数と $J_i^{(n)}$ の個数は同じなので，（14.3）で表される数は $J_i^{(n)}$ の端点になっていることがわかります．したがって（14.4）の形の数は少なくともいずれかの $J_i^{(n)}$ に属することになります．よって，C は少なくとも一つの 3 進数表現が 0 と 2 だけからなる $[0, 1]$ 内の実数の集合となっています．■

この代数的表現を使って，次のことを証明しましょう.

命題 14.3 C と $[0, 1]$ の間に 1 対 1 対応が存在する．したがって，1 次元カントル集合は非可算集合である.

証明 $[0, 1] \ni x$ の 2 進小数表現を

$$x = \sum_{n=1}^{\infty} \frac{x_n}{2^n} = 0._{(2)} x_1 x_2 \cdots$$

とおき，次のような対応を定めます．$x_j = 0$ または 1 のとき

$$f(0._{(3)} (2x_1)(2x_2) \cdots) = 0._{(2)} x_1 x_2 \cdots. \tag{14.5}$$

すると命題 14.2 より，f は C から $[0, 1]$ への上への写像として定義できることがわかります．また，C は $[0, 1]$ の部分集合ですから，たとえば $g(x) = x$ $(x \in C)$, $g(x) = 0$ $(x \in [0, 1] \setminus C)$ は $[0, 1]$ から C への上への写像になっています．よって集合論の一般論（定理 D.4）より命題が証明されます．■

カントル集合のもつ位相的な性質として，閉集合であることがあげられます．実際，カントル集合は閉集合 $[0, 1]$ から可算無限個の開区間（これは開集合）を除いてできています．その開区間の合併を U とすると，無限個の開集合の合併は再び開集合なので，U は開集合になっています．したがって

$$C = [0, 1] \setminus U = [0, 1] \cap U^c$$

は閉集合です．（あるいは，（14.1）の各 I_n が閉集合であることからもわかります．）

さて一般に $x \in \mathbb{R}^d$ が図形 $A \subset \mathbb{R}^d$ の**集積点**であるとは，ある点列 $x^{(n)} \in A,\ x^{(n)} \neq x\ (n = 1, 2, \cdots)$ で

$$\lim_{n \to \infty} d(x^{(n)}, x) = 0$$

となるものが存在することです．A の集積点全体のなす集合を A' で表します．A が閉集合であれば明らかに $A' \subset A$ です．特に $A = A'$ となるような集合を**完全集合**といいます．カントル集合は閉集合であるだけでなく完全集合にもなっています．

定理 14.4 $C \ni x$ とすると，$C \ni x_n,\ x_n \neq x\ (n = 1, 2, \cdots)$ かつ単調増加または単調減少で，

$$\lim_{n \to \infty} x_n = x$$

となるものが存在する．

証明 $x \in C$ をとってきたとき，次の三つの場合がありえます．
(1) $x = 0._{(3)}(2a_1)(2a_2) \cdots (2a_k)\overline{2}$
(2) $x = 0._{(3)}(2a_1)(2a_2) \cdots (2a_k)\overline{0}$
(3) $x = 0._{(3)}(2a_1)(2a_2) \cdots (2a_k)(2a_{k+1})(2a_{k+2}) \cdots$

ただし，$a_i = 0$ または 1 で，特に (3) においては $a_i = 0$ なる a_i も $a_i = 1$ なる a_i も無限個あるものとします．

(1) の場合，

$$x_n = 0._{(3)}(2a_1) \cdots (2a_k)22 \cdots 20\overline{2}$$

(ただし 0 は $k + n$ 番目に位置している) とおきます．このとき，明らかに x_n は C の元であり，単調増加列で $x_n \to x\ (n \to \infty)$ となっています．

(2) の場合は，

$$x_n = 0._{(3)}(2a_1)(2a_2) \cdots (2a_k)00 \cdots 02\overline{0}$$

(ただし最後の 2 は $k + n$ 番目に位置している) とおきます．このとき，x_n は C の元の単調減少列で，$x_n \to x\ (n \to \infty)$ となっています．

(3) の場合，$a_n = 0$ ならば $a'_n = 1$, $a_n = 1$ ならば $a'_n = 0$ とおきます．そして

$$x_n = 0._{(3)}(2a_1)(2a_2)\cdots(2a_{n-1})(2a'_n)(2a_{n+1})\cdots$$

とおきます．$x_n \in C$ であり，$x_n \to x\ (n \to \infty)$ がわかります．仮定より $x < x_n$ なる x_n も $x_n < x$ なる x も無限個存在するので，この中から単調増加なものも単調減少なものも選ぶことができます．■

カントル集合から不思議な図形が作り出されます．本講義ではそのいくつかを紹介していきます．

14.2　カントルの悪魔の階段

カントル集合を使って「悪魔の階段」とよばれる関数を構成します．(14.5) の写像

$$f(0._{(3)}(2x_1)(2x_2)\cdots) = 0._{(2)}x_1 x_2 \cdots \quad (x_i = 0 \text{ または } 1)$$

を使います．この写像は単調増加関数であることに着目しておきます．実際，C の元 $x = 0._{(3)}(2x_1)(2x_2)\cdots$, $y = 0._{(3)}(2y_1)(2y_2)\cdots$ が $x < y$ であるならば $x_1 < y_1$ か，さもなくば $x_i = y_i\ (i \leq N)$, $x_{N+1} < y_{N+1}$ なる番号 $N \geq 1$ が存在します．このことは

$$f(x) = 0._{(2)}x_1 x_2 \cdots \leq 0._{(2)}y_1 y_2 \cdots = f(y)$$

を意味しています．（注：$0._{(3)}20\overline{2} < 0._{(3)}22\overline{0}$ ですが，$0._{(2)}10\overline{1} = 0._{(2)}11\overline{0}$ です．）

この関数 f を次のようにして $[0,1]$ 上の関数に拡張します．カントル集合を作るときに抜き取られる区間 $J_j^{(n)}$（命題 14.2 の証明中に定義したもの）は互いに交わることはなく，またその端点は

$$0._{(3)}(2a_1)\cdots(2a_{n-1})1\overline{0} = 0._{(3)}(2a_1)\cdots(2a_{n-1})0\overline{2},$$

と

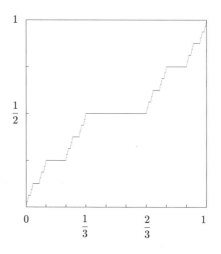

図 **14.3**　カントルの悪魔の階段

$$0._{(3)}(2a_1)\cdots(2a_{n-1})2\overline{0}$$

の形をしています（(14.3) 参照）．このとき

$$f(0._{(3)}(2a_1)\cdots(2a_{n-1})0\overline{2}) = 0._{(2)}a_1\cdots a_{n-1}0\overline{1} = 0._{(2)}a_1\cdots a_{n-1}1\overline{0}$$
$$= f(0._{(3)}(2a_1)\cdots(2a_{n-1})2\overline{0})$$

ですから，$f_{n,j}(x) = 0._{(2)}a_1\cdots a_{n-1}0\overline{1}$ $(x \in J_j^{(n)})$ と定義し，

$$f_C(x) = \begin{cases} f(x) & x \in C \\ f_{n,j}(x) & x \in J_{n,j} \ (n = 1, 2, \cdots ; j = 1, \cdots, 2^{n-1}) \end{cases}$$

とします．この関数を**カントル関数**といい，そのグラフを**カントルの悪魔の階段**といいます．

　悪魔の階段のもつ性質を定理として述べておきましょう．

　定理 14.5　$f_C(x)$ は $[0,1]$ から $[0,1]$ の上への単調増加な連続関数であり，ほとんどすべての点でその微分係数 $f_C'(x)$ は 0 である．

　証明　まず連続性を証明します．命題 14.3 の証明より $f_C(C) = [0,1]$ で

すから，f_C は $[0,1]$ から $[0,1]$ の上への写像です．またすでに述べたことから単調増加であることは明らかです．したがって，$c \in (0,1)$ において左極限 $f_C(c-) = \lim_{x<c, x \to c} f_C(x)$ と右極限 $f_C(c+) = \lim_{x>c, x \to c} f_C(x)$ が存在します．もし $f_C(c-) < f_C(c+)$ ならば，上への写像ということから，$f_C(c-) < y < f_C(c+)$ なるすべての点 y に対して $f_C(y') = y$ なる y' が存在することになりますが，単調性から常に $y' = c$ となり矛盾が生じます．したがって $(0,1)$ での連続性が得られます．$0, 1$ での連続性も同様にして証明できます．

$[0,1] \setminus C$ は互いに交わらない可算無限個の開区間の合併であり，しかもその各開区間上で $f_C(x)$ は定数になっています．したがって，$f_C'(x) = 0$ $(x \in [0,1] \setminus C)$ となっています．∎

練習問題

問題 14.1　$f_C(x)$ は C の各点上では微分不可能であることを証明せよ．

14.3　正方形を埋め尽くすほとんどいたるところ微分可能な曲線

カントル集合を用いると，ほとんどすべての点で微分可能な曲線であるにもかかわらず，正方形を埋め尽くすような不思議な曲線を作ることができます．

はじめに平面内の連続曲線の定義をしておきましょう．区間 $[a,b]$ 上で定義された二つの実数値連続関数 $x_1(t)$, $x_2(t)$ $(t \in [a,b])$ の組

$$x(t) = (x_1(t), x_2(t)) \quad (t \in [a,b])$$

を**連続曲線**といい，$x(a)$ を始点，$x(b)$ を終点といいます．特に $x_1(t)$, $x_2(t)$ が $t = c$ で微分可能であるとき $x(t)$ は $t = c$ で**微分可能**であるといいます．また

$$\{x(t) : t \in [a,b]\} \ (\subset \mathbb{R}^2)$$

を**連続曲線の軌跡**といいます．

本節では，連続曲線 $x(t)$ $(t \in [0,1])$ で，1 次元ルベーグ測度に関して a.e.

$t \in [0,1]$ で微分可能であり，しかもその軌跡 $\Gamma = \{x(t) : t \in [0,1]\}$ が $\Gamma = [0,1] \times [0,1]$ となるようなものを構成します．なお正方形を埋め尽くす連続曲線としてはペアノ曲線，ヒルベルト曲線などが知られていますが，それらはすべての点で微分不可能な曲線です．

$Q = [0,1] \times [0,1]$ とし，C をカントル集合

$$C = \left\{ 0._{(3)}(2t_1)(2t_2)(2t_3) \cdots : t_j = 0 \text{ または } 1 \right\}$$

とします．次のような写像を考えてみましょう．

$$\boldsymbol{f}(0._{(3)}(2t_1)(2t_2)(2t_3) \cdots) = \left(\begin{array}{c} 0._{(2)}t_1 t_3 t_5 \cdots \\ 0._{(2)}t_2 t_4 t_6 \cdots \end{array} \right)$$

明らかに $\boldsymbol{f}$ は C から Q への写像になっています．さらに

$$\boldsymbol{f}(C) = Q$$

であることもわかります．ルベーグはこの写像を I 上に拡張することによって問題の曲線を見つけました．

カントル集合の幾何的な表現を思い出してみましょう．それは $I_0 = I$ から出発して

$$I_1 = I \setminus \left(\frac{1}{3}, \frac{2}{3} \right), I_2 = I_1 \setminus \left(\frac{1}{9}, \frac{2}{9} \right) \setminus \left(\frac{7}{9}, \frac{8}{9} \right), \cdots$$

というように，開区間を順次抜き，

$$C = \bigcap_{n=1}^{\infty} I_n$$

となっているのでした．さて，$I_n \ (n = 1, 2, \cdots)$ を作る際に I_{n-1} から長さ 3^{-n} の小開区間 $J_i^{(n)}, \cdots, J_{2^{n-1}}^{(n)}$ が抜き取られますが，これらの小区間上で新たな写像を定義します．たとえば $J_i^{(n)} = (a, b)$ とするとき，$t \in [a, b]$ に対して

$$\boldsymbol{g}_{n,i}(t) = \frac{1}{b-a} \left((b-t)\boldsymbol{f}(a) + (t-a)\boldsymbol{f}(b) \right)$$

とおきます．このとき $\boldsymbol{g}_{n,i}(a) = \boldsymbol{f}(a)$, $\boldsymbol{g}_{n,i}(b) = \boldsymbol{f}(b)$ であり，$\boldsymbol{g}_{n,i}$ は $\boldsymbol{f}(a)$

と $\boldsymbol{f}(b)$ を結ぶ線分になっています. そして

$$
\boldsymbol{L}(t) = \begin{cases} \boldsymbol{f}(t) & (t \in C) \\ \boldsymbol{g}_{n,i}(t) & \left(t \in J_i^{(n)}, \ n = 1, 2, \cdots ; \ i = 1, \cdots, 2^{n-1} \right) \end{cases}
$$

とおきます（各 $J_i^{(n)}$ は互いに交わっていないことに注意してください）.
$\{\boldsymbol{f}(t) : t \in C\} = Q$ より明らかに

$$
\{\boldsymbol{L}(t) : t \in [0,1]\} = Q
$$

となっています. また定義より各 $J_i^{(n)}$ では微分可能で, しかも $[0,1] \setminus \bigcup_{n,i} J_i^{(n)} = C$ ですから, 定理 14.1 より $\boldsymbol{L}(t)$ は a.e. $t \in [0,1]$ で微分可能となっています. さらに $\boldsymbol{L}(t)$ $(t \in [0,1])$ は連続曲線であることも証明できます（証明は練習問題とします）.

定理 14.6　$\boldsymbol{L}(t)$ $(t \in [0,1])$ は連続曲線である. また 1 次元ルベーグ測度に関して a.e. $t \in [0,1]$ で $\boldsymbol{L}(t)$ は微分可能で,

$$
\{\boldsymbol{L}(t) : t \in [0,1]\} = Q
$$

である.

練習問題

問題 14.2　$\boldsymbol{L}(t)$ $(t \in [0,1])$ は連続曲線であることを証明せよ.

問題 14.3　$\boldsymbol{L}(t)$ $(t \in [0,1])$ は C の各点では微分不可能であることを証明せよ.

第 15 章

不思議な測度 0 の図形 —— ベシコヴィッチ集合

ルベーグ測度 0 の集合は，ルベーグ積分に関する解析では無視してよいものといえます．実際，この集合を無視することにより，20 世紀の解析学は大きく進展することができました．

ところが 20 世紀後半になって，ルベーグ測度 0 の集合が，ルベーグ積分を用いた解析に深刻な影響を及ぼしていることがわかってきました．その一つがベシコヴィッチ集合です．この章ではベシコヴィッチ集合について，その構成方法を中心に詳しく解説したいと思います．

15.1 ベシコヴィッチ集合と実解析学

大正から昭和初期に活躍した日本の数学者，掛谷宗一は次のような問題を提出しました．

[掛谷問題] 長さ 1 の線分を一回転させることのできる図形の中で面積がもっとも小さくてすむものは何か？

掛谷は最初，図 15.1 がその答えであろうと考えていました．

しかし，すぐに藤原と窪田によってこれよりも小さな図形があることが指摘されました（図 15.2）．

そして，1921 年に J. パルは高さが 1 の正三角形が掛谷問題の成り立つ最小の凸図形であることを証明しました．しかし凸という条件を落とした場合の

図 **15.1** 掛谷

図 **15.2** 藤原, 窪田

答えはわかりませんでした.

この問題に, 非常に興味深い解決を与えたのが, ロシアの数学者ベシコヴィッチです. ベシコヴィッチは 1928 年に次のような驚くべき結果を発表しました.

定理 15.1 どのように小さな正の数 ε に対しても, 2 次元ルベーグ測度が ε より小さく, しかもその図形の中で長さ 1 の線分を連続的に一回転できるものが存在する.

この定理は, ベシコヴィッチが 1918 年に掛谷の問題とは無関係に, まったく別の問題を考えている際に思い付いた次の定理から容易に導かれるものでした.

定理 15.2 あらゆる方向の長さ 1 の線分を含むような 2 次元ルベーグ測度 0 の図形が存在する.

定理 15.2 のような集合を**ベシコヴィッチ集合**あるいは**掛谷集合**といいます.

じつはこの定理 15.2 とその証明方法が 20 世紀後半の実解析に多大な影響を与えることとなったのです. 定理 15.2 の証明は次節にまわすことにして, ここでは定理 15.2 が実解析学に与えた影響を簡単に紹介したいと思います.

　ベシコヴィッチの定理に関連した最初のもっともインパクトのある結果は 1971 年に C. フェッファーマンによって証明されました。それは 1 変数関数の実解析学と 2 変数以上の実解析が本質的に違うことを示すものでした。それを述べるため，フーリエ変換の定義をしておきます。

　$\mathbb{R}^d$ の点 $x = (x_1, \cdots, x_d)$, $y = (y_1, \cdots, y_d)$ に対して，

$$x \cdot y = x_1 y_1 + \cdots + x_d y_d$$

とし，$|x| = \sqrt{x \cdot x}$ と表すことにします。$f \in L^1(\mathbb{R}^d)$ に対して，

$$\mathcal{F}[f](\xi) = \int_{\mathbb{R}^d} f(x) e^{-ix \cdot \xi} dx$$

とし，これを f の**フーリエ変換**といいます。また

$$\mathcal{F}^{-1}[f](x) = \frac{1}{(2\pi)^d} \int_{\mathbb{R}^d} f(\xi) e^{ix \cdot \xi} d\xi$$

を f の**逆フーリエ変換**といいます。

　フーリエ変換に関する基本的な定理の一つとしてフーリエ変換の収束定理（フーリエ反転公式）があります。これは $B(R) = \{x : x \in \mathbb{R}^d, \ |x| \leq R\}$ とし，$B(R)$ の特性関数 $\chi_{B(R)}(\xi)$ に対して

$$T_R f(x) = \mathcal{F}^{-1}[\chi_{B(R)} \mathcal{F}[f]](x)$$

としたとき，$f \in L^1(\mathbb{R}^d) \cap L^2(\mathbb{R}^d)$ に対して

$$\lim_{R \to \infty} \|T_R f - f\|_{L^2(\mathbb{R}^d)} = 0$$

が成り立つというものです。

　実解析学の古典的な問題の一つは，この収束が L^p ノルムで成り立つかどうかということでした。本書では証明を述べませんが，$d = 1$ の場合，M. リースによって次のことが証明されました。

　定理 15.3（**M. リース**）　$1 < p < \infty$ とすると，$f \in L^1(\mathbb{R}) \cap L^p(\mathbb{R})$ に対して

$$\lim_{R \to \infty} \|T_R f - f\|_{L^p(\mathbb{R})} = 0$$

が成り立つ.

$d \geq 2$ の場合は $2d/(d+1) < p < 2d/(d-1)$ の範囲でこの定理の主張が成り立つだろうと予想されていました. しかしこの予想に反して, C. フェッファーマンは次の定理を証明しました.

定理 15.4（**C. フェッファーマン**）　$d \geq 2$ とする. 任意の $f \in L^1(\mathbb{R}^d) \cap L^p(\mathbb{R}^d)$ に対して

$$\lim_{R \to \infty} \|T_R f - f\|_{L^p(\mathbb{R}^d)} = 0$$

が成り立つのは $p = 2$ の場合に限る.

この定理自身非常に衝撃的なものでしたが, それにもまして人々を驚かせたのは, この定理の証明に一見まったく関係のないベシコヴィッチの定理の証明方法が使われていたことでした. 次節では, そのベシコヴィッチの定理の証明を述べます. 定理 15.4 の証明は原論文

C. Fefferman, The multiplier problem for the ball, Annals of Mathematics, 94（1971）, 330–336

かあるいは Stein［24］を参照してください.

フェッファーマンの定理が発表された後も, さらにベシコヴィッチの定理と実解析とが深く関連していることがわかりつつあります. それについては第 17.4 節で触れたいと思います.

15.2　ペロンの木によるベシコヴィッチ集合の構成

定理 15.2 の証明, すなわちベシコヴィッチ集合の構成方法はいくつか知られていますが, 本節ではベシコヴィッチ, ペロンによるペロンの木を利用する方法を紹介します.

定理 15.2 の証明 証明をいくつかのステップに分けて述べていきます.

ベシコヴィッチ・モンスターを作る

操作 I

$\frac{1}{2} < \alpha < 1$ なる実数を一つとり, 固定します.

三角形 $T = \Delta ABC$ を考えます (図 15.3). 底辺 AB の中点を M とし, T の右片側の三角形 ΔMBC を底辺に沿って $(1-\alpha)AB$ だけ左側に平行移動します. 平行移動した三角形を $\Delta M'B'C'$ とします.

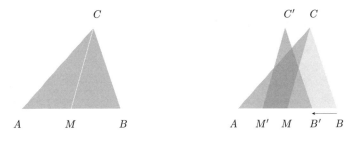

図 15.3 三角形の平行移動

図 15.4 のように点を P, Q, R とおきます. また, AB に平行な直線で点 P を通るものと, $C'M'$ との交点を D, CM との交点を E とおきます.

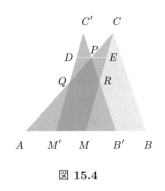

図 15.4

このとき,

$$\Delta C'DP = \Delta REP, \ \Delta C'DP \backsim \Delta C'M'B'$$

で，相似の比率は $1 - \alpha : 1$ となっています．また

$$\Delta CPE = \Delta QPD, \ \Delta CPE \backsim \Delta CAM$$

でやはり相似の比率は $1 - \alpha : 1$ となっています．したがって，

$$m_2(\Delta REP) = m_2(\Delta C'DP) = (1 - \alpha)^2 m_2(\Delta C'M'B')$$

$$m_2(\Delta QPD) = m_2(\Delta CPE) = (1 - \alpha)^2 m_2(\Delta CAM)$$

です．$\Phi_h(T) = \Delta PAB'$, $\Phi_a(T) = \Delta C'QP \cup \Delta CPR$ とおきます．このとき

$$m_2(\Phi_h(T)) = \alpha^2 m_2(T), \ m_2(\Phi_a(T)) = 2(1 - \alpha)^2 m_2(T)$$

となります．したがって，$\Phi(T) = \Phi_h(T) \cup \Phi_a(T)$ とおくと

$$m_2(\Phi(T)) = \left[\alpha^2 + 2\left(1 - \alpha\right)^2\right] m_2(T)$$

です．$\Phi_h(T)$ を $\Phi(T)$ の胴体，$\Phi_a(T)$ を $\Phi(T)$ の腕ということにします．

$$\boxed{\text{操作 II (1)}}$$

ΔABC の底辺 AB を 2^n 等分し，その分点を

$$A = A_0, A_1, \cdots, A_{2^n} = B$$

とおきます（図 15.5）．

2^{n-1} 個の三角形

$$\Delta A_0 A_2 C, \Delta A_2 A_4 C, \cdots, \Delta A_{2j} A_{2j+2} C, \Delta A_{2j+2} A_{2j+4} C, \cdots, \Delta A_{2^n-2} A_{2^n} C$$

に対して，操作 I を施して

$$\Phi(\Delta A_0 A_2 C), \Phi(\Delta A_2 A_4 C), \cdots, \Phi(\Delta A_{2^n-2} A_{2^n} C)$$

を作ります（図 15.6）．

各 $\Phi(\Delta A_{2j} A_{2j+2} C)$ は胴体 $\Phi_h(\Delta A_{2j} A_{2j+2} C)$ と腕 $\Phi_a(\Delta A_{2j} A_{2j+2} C)$ とからなっています．ここで

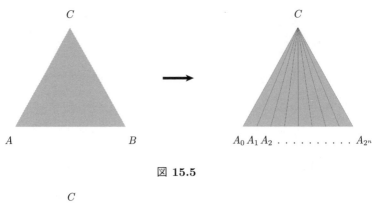

図 **15.5**

図 **15.6**

$$\Phi_h(\Delta A_{2j}A_{2j+2}C) \text{ の右側 } // \Phi_h(\Delta A_{2j+2}A_{2j+4}C) \text{ の左側}$$

ですから，$\Phi(\Delta A_{2j}A_{2j+2}C)$ $(j = 1, \cdots, 2^{n-1} - 1)$ を左へずらして，図 15.7 のように合体させます．

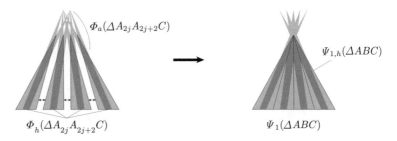

図 **15.7**

$\Phi_h(\Delta A_{2j}A_{2j+2}C)$ が合体してでき上った三角形を $\Psi_{1,h}(\Delta ABC)$ とおく

と（図 15.7 右図），これは ΔABC と相似な三角形になっています．この三角形には図のように 2^{n-1} 組の腕が重なり合って付いています．さて T をこのように分割と平行移動してでき上った図形を $\Psi_1(\Delta ABC)$ とおきます．$m_2(\Delta A_{2j}A_{2j+2}C) = \dfrac{1}{2^{n-1}}m_2(\Delta ABC)$ に注意すると，

$$m_2(\Psi_{1,h}(\Delta ABC)) = \sum_{j=0}^{2^{n-1}-1} m_2(\Phi_h(A_{2j}A_{2j+2}C))$$

$$= \alpha^2 \sum_{j=0}^{2^{n-1}-1} m_2(\Delta A_{2j}A_{2j+2}C)$$

$$= \alpha^2 m_2(\Delta ABC)$$

が成り立ちます．一方，$\Psi_{1,a}(\Delta ABC) = \Psi_1(\Delta ABC) \setminus \Psi_{1,h}(\Delta ABC)$ とおくと，

$$m_2(\Psi_{1,a}(\Delta ABC)) \le \sum_{j=0}^{2^{n-1}-1} m_2(\Phi_a(A_{2j}A_{2j+2}C))$$

$$= 2(1-\alpha)^2 \sum_{j=0}^{2^{n-1}-1} m_2(\Delta A_{2j}A_{2j+2}C)$$

$$= 2(1-\alpha)^2 m_2(\Delta ABC)$$

となります．したがって，

$$m_2(\Psi_1(\Delta ABC)) \le \left[\alpha^2 + 2(1-\alpha)^2\right] m_2(\Delta ABC)$$

操作 II（2）

さて，$\Psi_{1,h}(\Delta ABC)$ は 2^{n-1} の三角形の合併であり，今度はこの三角形たちに操作 II（1）と同じ操作をして作った図形を $\Psi_2(\Delta ABC)$ とおきます（図 15.8）．

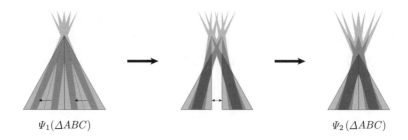

$$\Psi_1(\Delta ABC) \qquad\qquad\qquad\qquad\qquad \Psi_2(\Delta ABC)$$

図 **15.8**

これの心臓部 $\Psi_{2,h}(\Delta ABC)$ の面積は $\alpha^2\alpha^2 m_2(\Delta ABC)$ で，腕の面積は

$$m_2(\Psi_{2,a}(\Delta ABC)) \leq \left[2(1-\alpha)^2 + 2(1-\alpha)^2\alpha^2\right] m_2(\Delta ABC)$$

です．したがって

$$m_2(\Psi_2(\Delta ABC)) \leq \left[\alpha^4 + 2(1-\alpha)^2 + 2(1-\alpha)^2\alpha^2\right] m_2(\Delta ABC)$$

この操作を繰り返していくと，$\Psi_n(\Delta ABC)$ が得られますが（図 15.9），

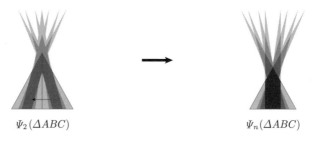

$$\Psi_2(\Delta ABC) \qquad\qquad\qquad\qquad \Psi_n(\Delta ABC)$$

図 **15.9**

この面積は

$$m_2(\Psi_n(\Delta ABC))$$
$$\leq \left[\alpha^{2n} + 2(1-\alpha)^2 + 2(1-\alpha)^2\alpha^2 + \cdots + 2(1-\alpha)^2\alpha^{2(n-1)}\right] m_2(\Delta ABC)$$
$$\leq \left[\alpha^{2n} + 2(1-\alpha)^2 \sum_{j=0}^{\infty} \alpha^{2j}\right] m_2(\Delta ABC)$$

$$= \left[\alpha^{2n} + 2(1-\alpha)^2 \frac{1}{1-\alpha^2} \right] m_2(\Delta ABC)$$

$$\leq \left[\alpha^{2n} + \frac{4}{3}(1-\alpha) \right] m_2(\Delta ABC)$$

となります．このことから，任意の $\varepsilon > 0$ に対して，α を 1 に十分近くとり，分割の個数 2^n を十分細かくすれば，

$$m_2(\Psi_n(\Delta ABC)) < \varepsilon m_2(\Delta ABC)$$

とできることがわかります．

$\Psi_n(\Delta ABC)$ は胴体が一つで腕がたくさん出ている怪物のようなので，ΔABC のベシコヴィッチ・モンスターということにします．

ベシコヴィッチ・モンスター族を作る

三角形 $T = \Delta ABC$ と T を含むような開集合 V が与えられたとします．十分小さな正数 ε に対して，T の底辺 BC を十分細かく $A = A_0, A_1, \cdots,$ $A_N = B$ と N 分割し，各小三角形 $\Delta A_j A_{j+1} C$ から面積が ε/N より小さくなるようなベシコヴィッチ・モンスターを作ります．この N 個のベシコヴィッチ・モンスターの合併集合を ΔABC のベシコヴィッチ・モンスター族といい，$BM(\Delta ABC)$ と表すことにします．$\Delta A_j A_{j+1} C$ のベシコヴィッチ・モンスターは，$\Delta A_j A_{j+1} C$ を 2^n 分割した小三角形（これを構成三角形ということにする）を高々長さ $A_j A_{j+1}$ だけ底辺に平行に移動させたものの合併であることに注意すると，十分大きな N をとれば，ベシコヴィッチ・モンスター族の面積が ε より小さく，$BM(\Delta ABC) \subset V$ とできることがわかります．

ベシコヴィッチ集合を作る

これで準備が完了です．いよいよベシコヴィッチ集合を作って行きましょう．

まず高さ 1 の正三角形 S_1 をとります．そして $S_1 \subset V_1$ かつ $m_2(\overline{V_1}) \leq 2m_2(S_1)$ なる開集合 V_1 をとります．このとき，S_1 のベシコヴィッチ・モンスター族 S_2 で

$$m_2(S_2) \leq 2^{-2}, \; S_2 \subset V_1$$

なるものがとれます. ここで S_2 は有限個の構成三角形の合併集合なので,

$$S_2 \subset V_2 \subset V_1,\ m_2(\overline{V_2}) \leq 2m_2(S_2)$$

なる開集合 V_2 をとることができます. S_2 の各構成三角形に対してベシコヴィッチ・モンスター族を作り, それらの合併集合 S_3 が

$$m_2(S_3) \leq 2^{-3},\ S_3 \subset V_2$$

となるようにできます. そして

$$S_3 \subset V_3 \subset V_2,\ m_2(\overline{V_3}) \leq 2m_2(S_3)$$

となるように開集合 V_3 をとります. この要領で S_n, V_n を作っていきます. すると次のことが成り立ちます.

$$V_1 \supset V_2 \supset V_3 \supset \cdots$$

$$V_n \supset S_n, \quad m_2(\overline{V_n}) \leq 2^{-n+1}.$$

そこで $K = \bigcap_{n=1}^{\infty} \overline{V_n}$ とおくと,

$$m_2(K) = \lim_{n\to\infty} m_2(\overline{V_n}) = 0$$

です. さらに, K は 60° 以下の任意の角度の傾きを持つ長さ 1 の線分を含んでいることが容易にわかります. (実際, どの S_i もそのような角度 θ の傾きの長さ 1 の線分 L_i を含んでいます. このとき, 必要なら部分列をとって, L_i の下側の端点がある点に収束しているとしてかまいません. この点を端点にした傾きが L_i と同じ線分で長さ 1 のものを L とすると $L \subset K$ となっています.) このような集合 K を 60 度ならびに 120 度回転させたものの合併が求めるベシコヴィッチ集合となっています. ∎

練習問題

問題 15.1　二つの平行な同じ長さの線分 L_1, L_2 があるとする (図 15.10 参照). 任意に $\varepsilon > 0$ をとる. このとき $L_1, L_2 \subset D$ なる図形 D で, L_1 を D の中を動かして L_2 に重ね合わせることができ, しかも $m_2(D) < \varepsilon$ をみたすものの例を考えよ.

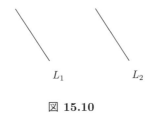

図 **15.10**

問題 15.2　定理 15.2 の証明を用いて，定理 15.1 を証明せよ．

【補助動画案内】

http://www.araiweb.matrix.jp/Lebesgue2/

KakeyaProblemAndHistory.html

掛谷予想の周辺　掛谷予想の解説動画（全 4 話）のうち No.2 をご覧ください．ベシコヴィッチ集合の構成についてアニメーションを使って解説しているので，本章の補助教材としてご視聴いただくとよいでしょう．

第 16 章

ハウスドルフ測度

　少し話題を変えて，ルベーグ測度 0 の図形を調べるための重要な数学的な測定器の一つである s 次元ハウスドルフ測度について述べたいと思います．ハウスドルフ測度はフラクタル幾何学，実解析学をはじめ多くの分野において重要な役割りを果たしています．

16.1　曲線の長さ

　はじめに連続曲線の長さの定義を復習しておきましょう．これは次のような発想により定められます．

　紙の上に描かれた曲線の長さを測定することを考えてみましょう．測定方法の一つは，実際によく行なわれていることですが，ディバイダー（両方の足が針になっているコンパス）を使うものです．まずディバイダーを一定の幅 ε に開いて曲線の端に一方の足をあてます．次にディバイダーの軸足を出発点として，曲線を出発点からたどっていって最初にディバイダーのもう一方の足が下ろせるところを探し出します．そしてそこに足を下ろします．今度は，下ろした足を始点にして同じことを繰り返していきます．

　もし N 回で終点あるいは終点のごく近くに到達できたら，その曲線の長さの近似値を $N\varepsilon$ とするのです．ε を小さくとればとるほど，それは私たちが感覚的に理解している "曲線の長さ" に近づいていくことが期待されます．

　この測定方法を少し修正して数学的に記述したものが曲線の長さの定義で

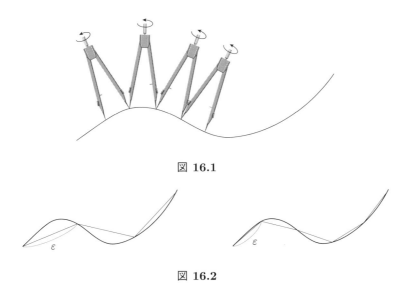

図 **16.1**

図 **16.2**

す．ただしディバイダーで曲線上に分点をとるのではなく，曲線 $x(t)$ のパラ
メータ t が定義されている区間 $[a, b]$ 内に分点

$$a = t_0 < t_1 < \cdots < t_n = b$$

をとります．そして曲線上の点

$$x(t_0), \, x(t_1), \cdots, x(t_n)$$

を線分で結び，できた線分の長さを足し合わせるのです．つまり図 16.3 の折
れ線の長さです．これは式で表すと

$$\sum_{j=1}^{n} d(x(t_j), x(t_{j-1}))$$

となります．

　さらに曲線のパラメータが定義されている区間 $[a, b]$ のすべての分割を考え，
それによって定められる折れ線の長さの上限

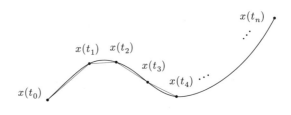

図 **16.3**

$$l(x) = \sup \left\{ \sum_{j=1}^{n} d(x(t_j), x(t_{j-1})) : \begin{array}{l} t_0, \cdots, t_n は有限個の点で \\ a = t_0 < t_1 < \cdots < t_n = b \end{array} \right\}$$

を曲線の**長さ**と定義します．後で示すように曲線によっては $l(x) = \infty$ となることもあるのですが，特に $l(x) < \infty$ のとき，連続曲線 x は**長さ**をもつといいます．

練習問題

問題 16.1　$x(t)$ $(t \in [a, b])$ を長さ有限の連続曲線とする．分割

$$\Delta : a = t_0 < t_1 < \cdots < t_n = b$$

に対して $\delta(\Delta) = \max_{1 \le i \le n} (t_i - t_{i-1})$ とおく．このとき，任意の $\varepsilon > 0$ に対して，ある $\delta > 0$ が存在し，$\delta(\Delta) < \delta$ なる任意の分割 Δ に対して

$$l(x) - \varepsilon < \sum_{j=1}^{n} d(x(t_j), x(t_{j-1})) \le l(x)$$

が成り立つ．

問題 16.2　$x(t)$ $(t \in [a, b])$ を長さ有限の連続曲線とする．$a \le \tau < \tau' \le b$ に対して $x(t)$ $(t \in [\tau, \tau'])$ の長さを $l(\tau, \tau')$ とおく．このとき，$l(a, \tau)$ は τ の関数として連続かつ単調増加である．さらに，もし

$$t, t' \in [a, b],\ t \ne t' \implies x(t) \ne x(t')$$

をみたしているならば，狭義単調増加になっている．

問題 16.3 C^1 級の曲線 $x(t)(t \in [a,b])$ は長さをもち,

$$l(x) = \int_a^b \sqrt{x_1'(t)^2 + x_2'(t)^2}dt$$

となることを証明せよ.

16.2 曲線の長さを測定できる 1 次元ハウスドルフ測度

すでに第 I 部で見てきたように, 2 次元ルベーグ測度 $m_2(\cdot)$ は平面上の図形の面積を測定する測定器のようなものです. この中に図形 A を入れるとその面積 $m_2(A)$ が出力されてきます. しかしこの測定器は万能ではありません. たとえば平面内の C^1 級の曲線の長さをこれで測定しようと思っても, 命題 2.13 が示すように C^1 級の曲線の 2 次元ルベーグ測度の値はいつでも 0 になってしまいます.

それでは曲線の長さを 1 次元ルベーグ測度を使って測ることができるでしょうか. 残念ながらそれもできません. なぜなら 1 次元ルベーグ測度は 1 次元ユークリッド空間上に定義されているので, 2 次元空間に広がっている曲線の長さを測定できないのです.

> 2 次元空間内の図形に対して定義された測定器で, 曲線の長さを測れるようなものはないでしょうか.

それができるような測定器がこれから紹介する 1 次元ハウスドルフ測度です.
以下では, なぜ 2 次元のルベーグ測度で曲線の長さを測定すると 0 になってしまったかを考えながら, 曲線の長さを測定できる測定器を定義するにはどうすればよいかを考えることにしたいと思います.

たとえばもっとも単純な曲線である線分 $A = \{(x,0) : x \in [0,1)\}$ を $m_2(\cdot)$ で測定してみましょう. そのため A を一辺の長さ $1/n$ の基本正方形 n 個で覆います. この被覆を用いると, 命題 2.13 の証明の繰り返しになりますが,

$$m_2(A) \le \sum_{j=1}^n \left(\frac{1}{n}\right)^2 = n\frac{1}{n^2} = \frac{1}{n}$$

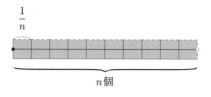

$$\frac{1}{n}$$

n個

図 16.4

となることがわかります．したがって A を覆う基本正方形をより小さくしていくと，すなわち $n \to \infty$ にしていくと $m_2(A) = 0$ になってしまうのです．

しかし容易に見てわかるように，A の長さは図 16.4 のように覆った基本正方形の面積 $1/n^2$ の和ではなく，一辺の長さ $1/n$ を足し合わせたものです．すなわち A の長さを測るには次のような量を用いればよいのではないかと思えます．

$$m'(A) = \inf\left\{\sum_{j=1}^{\infty} l(Q_j) : Q_j \text{は基本正方形で}, A \subset \bigcup_{j=1}^{\infty} Q_j\right\},$$

ただしここで，基本正方形 Q_j に対して，$l(Q_j)$ により Q_j の一辺の長さを表します．このようにすると，実際，確かに $m'(A) = 1$ という値がでてきます．

しかしながら，この定義には二つの問題点があります．一つは図 16.5（左図）からわかるように

$$B = \{(t,t) : t \in [0,1)\}$$

なる線分を考えても $m'(B) \leq 1$ となってしまうことです．この問題点についていえば，たとえば基本正方形ではなく円板を考え，基本正方形の一辺の長さを円板 D の直径 $d(D)$ に置き換えて

$$m''(A) = \inf\left\{\sum_{j=1}^{\infty} d(D_j) : D_j \text{は円板で}, A \subset \bigcup_{j=1}^{\infty} D_j\right\}$$

と定義すれば解決できます．こうすると $m''(B) = \sqrt{2}$, また $m''(A) = 1$ となります（証明は略します）．

もう一つの問題点は，たとえば図 16.6 のような折れ線 C を考えてみると

図 **16.5**

$m'(C) \le 1$ となってしまうことです．この問題点は，基本正方形を円板やもっと別の図形に代えても起こります．

1 辺 1 の正方形　　　　　　　　直径 1 の円板

図 **16.6**

この二つの問題を解決するため次のような定義が考えられます．$\mathbb{R}^2$ 内の任意の図形 U に対して，その直径を

$$d(U) = \sup \left\{ d(x,y) : x,\, y \in U \right\}$$

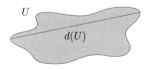

図 **16.7**

と定義します．ただし $d(\varnothing) = 0$ とします．また，$\delta > 0$ と $\mathbb{R}^2 \supset A$ が与えられたとき，$\mathbb{R}^2$ の部分集合 U_i $(i = 1, 2, \cdots)$ が

$$A \subset \bigcup_{j=1}^{\infty} U_j, \quad d(U_j) \le \delta$$

をみたすとき，U_i $(i = 1, 2, \cdots)$ は A の δ-**被覆**であるといいます．いま $\delta >$

0 を固定し，　$A \subset \mathbb{R}^2$ に対して

$$\mathcal{H}_\delta^1(A) = \inf\left\{\sum_{j=1}^{\infty} d(U_i) : U_i \text{は } A \text{ の } \delta\text{-被覆}\right\}$$

とします．このようにすると $0 < \delta' < \delta$ に対して A の δ'-被覆は δ-被覆ですから

$$\mathcal{H}_\delta^1(A) \le \mathcal{H}_{\delta'}^1(A)$$

となっています．そこで

$$\mathcal{H}^1(A) = \lim_{\delta \to 0} \mathcal{H}_\delta^1(A)$$

とおきます．$\mathcal{H}^1(\cdot)$ を 1 次元ハウスドルフ外測度といいます．結論を先に言えば，これが曲線の長さを測定できる測定器になっているのです．このことを証明する前に，$\mathcal{H}^1(\cdot)$ のいくつかの基本的な性質を証明しておきましょう．

定理 16.1　すべての $A \subset \mathbb{R}^2$ に対して $\mathcal{H}^1(A)$ が定義されていて次をみたす．

(1)　$0 \le \mathcal{H}^1(A) \le \infty, \mathcal{H}^1(\varnothing) = 0$　（非負性）

(2)　$A \subset B \Longrightarrow \mathcal{H}^1(A) \le \mathcal{H}^1(B)$　（単調性）

(3)　$\mathcal{H}^1\left(\bigcup_{n=1}^{\infty} A_n\right) \le \sum_{n=1}^{\infty} \mathcal{H}^1(A_n)$　（劣加法性）

(4)　$d(A, B) > 0$ ならば $\mathcal{H}^1(A \cup B) = \mathcal{H}^1(A) + \mathcal{H}^1(B)$　（分離性）

証明　(1), (2) は定義より明らかです．(3) は $\sum_{n=1}^{\infty} \mathcal{H}^1(A_n) = \infty$ の場合は明らかなので，$\sum_{n=1}^{\infty} \mathcal{H}^1(A_n) < \infty$ の場合を証明します．$\mathcal{H}_\delta^1(A_n)$ の定義より，任意の $\varepsilon > 0$ に対して A_n の δ-被覆 U_j^n $(j = 1, 2, \cdots)$ で

$$\sum_{j=1}^{\infty} d(U_j^n) \le \mathcal{H}_\delta^1(A_n) + \frac{\varepsilon}{2^n}$$

となるものがとれます．このとき，U_j^n $(j, n = 1, 2, \cdots)$ は $\bigcup_{n=1}^{\infty} A_n$ の δ-被覆

になっているので

$$\mathcal{H}^1_\delta \left(\bigcup_{n=1}^\infty A_n \right) \leq \sum_{n=1}^\infty \sum_{j=1}^\infty d(U_j^n) \leq \sum_{n=1}^\infty \mathcal{H}^1_\delta(A_n) + \varepsilon$$
$$\leq \sum_{n=1}^\infty \mathcal{H}^1(A_n) + \varepsilon$$

です. ε は任意の正数なので,

$$\mathcal{H}^1_\delta \left(\bigcup_{n=1}^\infty A_n \right) \leq \sum_{n=1}^\infty \mathcal{H}^1(A_n) \tag{16.1}$$

が得られます. また (16.1) は任意の $\delta > 0$ に対して成り立っているので, (3) が示されます.

次に (4) を証明します. $d(A,B) > \delta > 0$ なる δ をとります. U_j $(j = 1, 2, \cdots)$ を $A \cup B$ の $\delta/3$-被覆とします. このとき, U_j は A と B に同時に交わることはないので,

$$\sum_{j=1}^\infty d(U_j) \geq \sum_{j:A\cap U_j\neq\varnothing} d(U_j) + \sum_{j:B\cap U_j\neq\varnothing} d(U_j)$$
$$\geq \mathcal{H}^1_{\delta/3}(A) + \mathcal{H}^1_{\delta/3}(B)$$

したがって,

$$\mathcal{H}^1_{\delta/3}(A \cup B) \geq \mathcal{H}^1_{\delta/3}(A) + \mathcal{H}^1_{\delta/3}(B)$$

となります. ここで $\delta \to 0$ とすると

$$\mathcal{H}^1(A \cup B) \geq \mathcal{H}^1(A) + \mathcal{H}^1(B)$$

が得られます. 逆向きの不等式は (3) によります. よって (4) が証明されました. ∎

次に 1 次元ハウスドルフ外測度の完全加法性について述べておきましょう. ルベーグ外測度の場合は完全加法性を得るためルベーグ可測集合を考えました. ハウスドルフ外測度の場合は定義 5.1 のカラテオドリの意味での可測性にならって, 次のような定義をします.

定義 16.2　$E \subset \mathbb{R}^2$ がすべての $A \subset \mathbb{R}^2$ に対して

$$\mathcal{H}^1(A) = \mathcal{H}^1(A \cap E) + \mathcal{H}^1(A \cap E^c)$$

をみたすとき，$\mathcal{H}^1$-可測であるという．$\mathcal{H}^1$-可測集合全体のなす族を $\mathfrak{M}_{\mathcal{H}^1}$ と表す．

　ルベーグ外測度の場合，ルベーグ外測度のもつ非負性 (5.2)，単調性 (5.3)，劣加法性 (5.4) のみを使ってカラテオドリの意味の可測集合族に対して完全加法性を導き出すことができました（定理 5.4）．ハウスドルフ外測度も定理 16.19 より

$$0 \leq \mathcal{H}^1(A) \leq \infty, \mathcal{H}^1(\varnothing) = 0 \quad \text{(非負性)}$$

$$A \subset B \Longrightarrow \mathcal{H}^1(A) \leq \mathcal{H}^1(B) \quad \text{(単調性)}$$

$$\mathcal{H}^1\left(\bigcup_{n=1}^{\infty} A_n\right) \leq \sum_{n=1}^{\infty} \mathcal{H}^1(A_n) \quad \text{(劣加法性)}$$

が成り立つので，定理 5.4 の証明と同様にして次の定理を示すことができます（各自試みてください）．

定理 16.3　(1)　$\varnothing, \mathbb{R}^2 \in \mathfrak{M}_{\mathcal{H}^1}$.

(2)　$A \in \mathfrak{M}_{\mathcal{H}^1}$ ならば $A^c \in \mathfrak{M}_{\mathcal{H}^1}$.

(3)　$A_1, A_2, \cdots \subset \mathfrak{M}_{\mathcal{H}^1}$ ならば $\bigcup_{j=1}^{\infty} A_j \in \mathfrak{M}_{\mathcal{H}^1}$ であり，特に $A_i \cap A_j = \varnothing$ $(i \neq j)$ のとき，

$$\mathcal{H}^1\left(\bigcup_{j=1}^{\infty} A_j\right) = \sum_{j=1}^{\infty} \mathcal{H}^1(A_j)$$

が成り立つ．

　以下では 1 次元ハウスドルフ外測度 $\mathcal{H}^1(\cdot)$ を $\mathfrak{M}_{\mathcal{H}^1}$ 上に制限して考えた場合，$\mathcal{H}^1(\cdot)$ を **1 次元ハウスドルフ測度**ということにします．

　さて，どのような集合が $\mathfrak{M}_{\mathcal{H}^1}$ に入っているでしょうか？ 次のことがわかります．

定理 16.4　$F \subset \mathbb{R}^2$ が閉集合ならば $F \in \mathfrak{M}_{\mathcal{H}^1}$. したがって，定理 16.3 より，開集合，$G_\delta$ 集合，F_σ 集合も $\mathfrak{M}_{\mathcal{H}^1}$ に属する.

証明　$F \subset \mathbb{R}^2$ を $\varnothing$ でも $\mathbb{R}^2$ でもない閉集合とするとき，任意の $A \subset \mathbb{R}^2$ に対して

$$\mathcal{H}^1(A) \geq \mathcal{H}^1(A \cap F) + \mathcal{H}^1(A \cap F^c) \tag{16.2}$$

を証明すれば十分です（逆向きの不等式は劣加法性より明らかです）．$\mathcal{H}^1(A) = \infty$ の場合，(16.2) は明らかなので，$\mathcal{H}^1(A) < \infty$ の場合を証明します.

$$F_n = \left\{ x : x \in \mathbb{R}^2,\, d(\{x\}, F) \leq n^{-1} \right\} \quad (n = 1, 2, \cdots)$$

とおきます. 以下，$d(\{x\}, F) = d(x, F)$ と表します. F_n の定義から $A \cap F_n^c \neq \varnothing$ の場合，

$$d(A \cap F_n^c,\, A \cap F) \geq d(A \cap F_n^c, F) \geq n^{-1}$$

となっているので定理 16.1（4）より

$$\mathcal{H}^1(A \cap F_n^c) + \mathcal{H}^1(A \cap F) = \mathcal{H}^1\big((A \cap F_n^c) \cup (A \cap F)\big) \leq \mathcal{H}^1(A) \tag{16.3}$$

が成り立ちます. なお，(16.3) は $A \cap F_n^c = \varnothing$ の場合にも明らかに成り立っています. さて，ここでもしも

$$\limsup_{n \to \infty} \mathcal{H}^1(A \cap F_n^c) \geq \mathcal{H}^1(A \cap F^c) \tag{16.4}$$

を示せれば，(16.3) より (16.2) が得られます. そこでこれから先は (16.4) を証明することにします.

$$G_k = \left\{ x : x \in A,\, \frac{1}{k+1} < d(x, F) \leq \frac{1}{k} \right\} \quad (k = 1, 2, \cdots)$$

とおきます. このとき，$A \cap F^c = (A \cap F_n^c) \cup \left(\bigcup_{k=n}^{\infty} G_k \right)$ と表せるので $\mathcal{H}^1$ の劣加法性より

$$\mathcal{H}^1(A \cap F^c) \leq \mathcal{H}^1(A \cap F_n^c) + \sum_{k=n}^{\infty} \mathcal{H}^1(G_k) \tag{16.5}$$

となります. G_k の定め方から, $k \geq j+2$ であれば $d(G_j, G_k) \geq 1/(k(j+1))$
です. それゆえ定理 16.1（4）より

$$\sum_{k=1}^{m} \mathcal{H}^1(G_{2k}) = \mathcal{H}^1\left(\bigcup_{k=1}^{m} G_{2k}\right) \leq \mathcal{H}^1(A),$$

$$\sum_{k=1}^{m} \mathcal{H}^1(G_{2k-1}) = \mathcal{H}^1\left(\bigcup_{k=1}^{m} G_{2k-1}\right) \leq \mathcal{H}^1(A)$$

が示せます. したがって $\sum_{k=1}^{\infty} \mathcal{H}^1(G_k) \leq 2\mathcal{H}^1(A) < \infty$ となります. ゆえに
$\lim_{n\to\infty} \sum_{k=n}^{\infty} \mathcal{H}^1(G_k) = 0$ となるので,（16.5）において $n \to \infty$ とすれば（16.4）
が得られます. ∎

　最後に, 1 次元ハウスドルフ測度によって曲線の長さが測れることを示し
ます. 議論をあまり複雑にしないため扱う曲線を, 連続曲線 $x(t)$ $(t \in [a,b])$
で $s \neq t$ のとき $x(s) \neq x(t)$ をみたすようなものに限ります. このような曲線
をジョルダン弧といいます.
　いま $x(t)$ $(t \in [0,1])$ を有限な長さ l をもつジョルダン弧とします. 議論を
しやすくするため, この曲線の弧長によるパラメータ表示を導入しておきます.
$l(\tau)$ を曲線 $x(t)$ $(t \in [0,\tau])$ の長さとします. 問題 16.2 より, $l(\tau)$ は $[0,1]$ 上
の狭義単調増加な連続関数で, $l(0) = 0, l(1) = l$ となっています. したがっ
て, 中間値の定理から, 任意の $s \in [0,l]$ に対して $l(t) = s$ となる $t \in [0,1]$ が
存在し, しかも狭義単調性からそのような t はただ一つ存在します. そこで
$t = \tau(s)$ とおきます. 容易に $\tau(s)$ が $[0,l]$ 上の狭義単調増加な連続関数であ
ることが示せます（問題 16.4）. そこで,

$$\gamma(s) = x(\tau(s)), \quad (s \in [0,l])$$

とおくと, $\gamma(s)$ はジョルダン弧で,

$$\{x(t) : t \in [0,1]\} = \{\gamma(s) : s \in [0,l]\}$$

をみたします. 曲線 $\gamma(s)$ を 曲線 $x(t)$ の弧長によるパラメータ表示といいます.

命題 16.5 $l(x) = l(\gamma) = l$ となっている.

証明 任意の分割 $0 = t_0 < \cdots < t_n = 1$ をとります. このとき $\gamma(s_i) = x(t_i)$ なる s_i がただ一つ存在します. また $0 = s_0 < \cdots < s_n = l$ となっているので

$$\sum_{j=1}^n d(x(t_i), x(t_{i-1})) = \sum_{j=1}^n d(\gamma(s_i), \gamma(s_{i-1})) \leq l(\gamma)$$

です. したがって $l(x) \leq l(\gamma)$ が得られます. x と γ の役割を入れ替えて同様の議論をすれば $l(\gamma) \leq l(x)$ も示せます. ∎

$0 \leq s < t \leq l$ に対して $t - s$ は $\gamma(s)$ から $\gamma(t)$ までの曲線の長さを表しています. したがって

$$d(\gamma(t), \gamma(s)) \leq |t - s| \qquad (16.6)$$

が成り立っています.

定理 16.6 平面内の有限な長さ l をもつジョルダン弧を弧長によるパラメータ表示したものを $\{\gamma(s) : s \in [0, l]\}$ とする. このとき,

$$\mathcal{H}^1(\{\gamma(s) : s \in [0, l]\}) = l$$

である.

証明 $\Gamma(t, t') = \{\gamma(s) : s \in [t, t']\}$ $(t < t',\ t, t' \in [0, l))$, $\Gamma(t, l) = \{\gamma(s) : s \in [t, l]\}$ $(t \in [0, l))$ とします.

$\delta > 0$ とし, $0 = t_0 < t_1 < \cdots < t_n = l$ を $\sup_i(t_i - t_{i-1}) < \delta$ なる分点とします. このとき, $\Gamma(t_{i-1}, t_i)$ $(i = 1, \cdots, n)$ は $\Gamma(0, l)$ の δ-被覆です. 実際,（16.6）より

$$d(\Gamma(t_{i-1}, t_i)) = \sup_{s,t \in [t_{i-1}, t_i]} d(\gamma(s), \gamma(t)) \leq t_i - t_{i-1} < \delta$$

です. したがって

$$\mathcal{H}_\delta^1\left(\Gamma\left(0,l\right)\right) \le \sum_{i=1}^n d(\Gamma(t_{i-1},t_i)) \le \sum_{i=1}^n (t_i - t_{i-1}) = l$$

を得ます. ゆえに $\mathcal{H}^1\left(\Gamma\left(0,l\right)\right) \le l$ が導かれます. 逆向きの不等式を示すため, 二つの補題を準備します.

補題 16.7 φ を $\mathbb{R}^2$ から $\mathbb{R}^2$ への写像で,

$$d(\varphi(x),\varphi(y)) \le d(x,y) \quad (x,\,y \in \mathbb{R}^2)$$

をみたすものとする. $A \subset \mathbb{R}^2$ に対して $\varphi(A) = \{\varphi(x) : x \in A\}$ とおくと,

$$\mathcal{H}^1\left(\varphi\left(A\right)\right) \le \mathcal{H}^1\left(A\right)$$

が成り立つ.

証明 仮定より $U \subset \mathbb{R}^2$ に対して, $d(\varphi(U)) \le d(U)$ となります. したがって, A の任意の δ-被覆 U_i $(i=1,2,\cdots)$ に対して, $\varphi(U_i)$ $(i=1,2,\cdots)$ は $\varphi(A)$ の δ-被覆になっています. それゆえ

$$\mathcal{H}_\delta^1\left(\varphi\left(A\right)\right) \le \sum_{i=1}^\infty d\left(\varphi\left(U_i\right)\right) \le \sum_{i=1}^\infty d\left(U_i\right)$$

となり, $\mathcal{H}_\delta^1\left(\varphi\left(A\right)\right) \le \mathcal{H}_\delta^1\left(A\right)$ が得られます. $\delta \to 0$ として補題が示せます. ∎

補題 16.8 $x,\,y \in \mathbb{R}^2$ を結んだ線分を L' とする. すなわち $L' = \{tx + (1-t)y : t \in [0,1]\}$ とする. このとき, $\mathcal{H}^1\left(L'\right) \ge d(x,y)$ が成り立つ.

証明 L' の任意の δ-被覆 U_i $(i=1,2,\cdots)$ をとります. $U_i' = U_i \cap L'$ とおくと, U_i' $(i=1,2,\cdots)$ も L' の δ-被覆です. L_i を $U_i' \subset L_i \subset L'$ なる線分で $d(L_i) \le d(U_i')$ なるものとします. このとき, $L' = \bigcup_{i=1}^\infty L_i$ より $d(x,y) \le \sum_{i=1}^\infty d(L_i)$ がわかります. したがって

$$d(x,y) \le \sum_{i=1}^\infty d\left(U_i'\right) \le \sum_{i=1}^\infty d\left(U_i\right).$$

よって $d(x,y) \le \mathcal{H}_\delta^1(L') \le \mathcal{H}^1(L')$ が得られます. ∎

定理の証明の続き $0 = t_0 < \cdots < t_n = l$ を任意の分割とします. $\gamma(t_i)$ と $\gamma(t_{i-1})$ を結ぶ直線を L とし, $\gamma(t_i)$ と $\gamma(t_{i-1})$ を結ぶ線分を L' とします. 点 $x \in \mathbb{R}^2$ に x から L におろした垂線の足を対応させる写像を $p(x)$ とおきます（ただし $x \in L$ のときは $p(x) = x$ とします）.

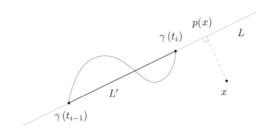

図 **16.8**

明らかに $d(p(x),p(y)) \le d(x,y)$ ですから補題 16.7 と $p(\Gamma(t_{i-1},t_i)) \supset L'$ および補題 16.8 より

$$\mathcal{H}^1(\Gamma(t_{i-1},t_i)) \ge \mathcal{H}^1(p(\Gamma(t_{i-1},t_i))) \ge \mathcal{H}^1(L') \ge d(\gamma(t_{i-1}),\gamma(t_i))$$

が成り立ちます. したがって,

$$\sum_{i=1}^n d(\gamma(t_{i-1}),\gamma(t_i)) \le \sum_{i=1}^n \mathcal{H}^1(\Gamma(t_{i-1},t_i)) = \mathcal{H}^1(\Gamma(0,l))$$

となります（問題 16.5 参照）. よって $l(\gamma) \le \mathcal{H}^1(\Gamma(0,l))$ を得ます. ∎

この定理の証明の方法を用いて, 次のことも得られます（証明は読者に委ねます）.

系 16.9 $\mathcal{H}^1(\{x(t) : t \in [0,1]\}) < \infty$ ならば $x(t)$ $(t \in [0,1])$ の長さは有限であり, その長さは $\mathcal{H}^1(\{x(t) : t \in [0,1]\})$ である.

練習問題

問題 16.4　　命題 16.5 の前に，長さ l のジョルダン弧 $x(t)(t \in [0,1])$ の弧長によるパラメータ表示 $\gamma(s)$ を定義したが，その際に定めた関数 $\tau(s)$ が狭義単調増加であることを証明せよ.

問題 16.5　　$x(t)(t \in [a,b])$ をジョルダン弧とする. $a \leq s < t \leq b$ とする. このとき $\{x(t) : t \in [s,t)\} \in \mathfrak{M}_{\mathcal{H}^1}$ を示せ.

16.3　1 次元ハウスドルフ測度では測れない曲線

L. F. リチャードソンは海岸線や国境線の長さを第 16.1 節で述べたディバイダーを使う方法で測定し，ある興味深い事実を発見しました. それは幅 $\varepsilon > 0$ に足を開いたディバイダーを使って，地図上の海岸線や国境線をたどって，何回ディバイダーを動かさねばならないかを調べると，大ブリテン島の海岸をはじめいくつかの海岸線あるいは国境線ではディバイダーを"定数 $\times \varepsilon^{-s}$"回動かさねばならないということです. ただし s は $1 < s < 2$ なる数です[1].

この観測結果で興味深いことは $s > 1$ であるということです. もしこのような海岸線あるいは国境線の長さ l を測ろうとすると，それは

$$l \geq 定数 \times \varepsilon^{-s} \times \varepsilon = 定数 \times \varepsilon^{1-s} \tag{16.7}$$

ですが，ここで ε を限りなく小さくしていくと，（実際にそれを測定することはできないと思われますが）数学的には

$$l \geq 定数 \times \varepsilon^{1-s} \to \infty \quad (\varepsilon \to 0) \tag{16.8}$$

となってしまうのです. これは ε を小さくとれば，たとえば大ブリテン島の海岸線の長さの測定値がいくらでも大きくなること，そしてその長さが ∞ であることを推測させます.

さて，$l = \infty$ となってしまったのは，（16.7）の式において ε を掛けたためです. もし ε の代わりに ε^s をかけてみると，当たり前のことですが

---

[1] 詳細は，マンデルブロ『フラクタル幾何学』参照. そこに載っているグラフ（p.33）によれば大ブリテン島の西海岸の場合 s はおよそ 1.24 程度.

$$定数 \times \varepsilon^{-s} \times \varepsilon^{s} = 定数 \tag{16.9}$$

となり，ε を小さくしていっても，有限値に収まります．このことは何を意味するでしょうか．それを知るため，少し別の考察をしてみたいと思います．

　海岸線ではなく，距離 L だけ伸びた幅 $\delta > 0$ のほぼ直線状の道路を考えてみます．これを幅 ε のディバイダーで海岸線のときのように測っていくと始点から終点までほぼ $L\varepsilon^{-1}$ 回ずらす操作が必要です．このとき，この道のおよその長さは

$$L\varepsilon^{-1} \times \varepsilon = L \tag{16.10}$$

として測れます．

　それではこの道の総面積を測るにはどうすればよいでしょうか．そのためにはこの道を幅 ε の正方形で覆って，その正方形の面積の総和を求めればよいことになります．覆うために必要な正方形の数はおよそ $\delta L\varepsilon^{-2}$ 個です．したがって面積はだいたい

$$\delta L\varepsilon^{-2} \times \varepsilon^{2} = \delta L \tag{16.11}$$

となります．つまり，道の長さ（1次元ルベーグ測度）を測定するのには，(16.10) のように ε を掛け，面積（2次元ルベーグ測度）を測定するのには，(16.11) のように ε^{2} を掛けていることがわかります．

　それではもう一度振り返って (16.9) を見てみましょう．この場合 ε^{s} ($1 < s < 2$) を掛けています．これは海岸線の "長さ" を測定するには，s 次元のルベーグ測度ともいうべきものが適していることを示唆しているのではないでしょうか．

　しかし s 次元のルベーグ測度とは一体何なのでしょうか．じつはそれが，これから私たちが学ぶ s 次元ハウスドルフ測度なのです．

注意 16.1　長さが無限大で面積が 0 になるような連続曲線は数学的にも構成することができます．たとえば後で紹介するコッホ曲線がそれにあたります．（なおルベーグ曲線は長さが無限大で面積が 1 の連続曲線です．）

16.4　s 次元ハウスドルフ外測度

前節の考察に基づき，1 次元ハウスドルフ外測度を真似て次のようなものを定義します．$0 \leq s$ と $A \subset \mathbb{R}^2$ に対して

$$\mathcal{H}_\delta^s(A) = \inf\left\{\sum_{j=1}^\infty d(U_i)^s : U_i \text{は } A \text{ の } \delta\text{-被覆}\right\}$$

とします．ただし $0^s = 0 \, (s > 0)$ ですが，$s = 0$ の場合は便宜上，$d(\varnothing)^0 = 0$, $d(\{x\})^0 = 1$ とします．1 次元ハウスドルフ外測度のときと同様に，$0 < \delta' < \delta$ ならば $\mathcal{H}_\delta^s(A) \leq \mathcal{H}_{\delta'}^s(A)$ となります．そこで

$$\mathcal{H}^s(A) = \lim_{\delta \to 0} \mathcal{H}_\delta^s(A)$$

とおき，**s 次元ハウスドルフ外測度**といいます．$s = 0$ ならば，これは A に含まれる点の個数を表し，$s = 1$ が 1 次元ハウスドルフ外測度，すなわち曲線の長さを測定できるものになっています．そして $s = 2$ のときは後述の命題 16.10，定理 16.11 をみるとわかるように，2 次元ルベーグ測度に近いものになっていることがわかります．s が整数でない場合，たとえば $1 < s < 2$ の場合は，面積が 0 であり，しかも長さが ∞ であるような図形の“厚み”のようなものを測定できる新しい測定器になっているといえます．

命題 16.10　$A \subset \mathbb{R}^2$ とする．$\mathcal{H}^2(A) < \infty$ であるための必要十分条件は $m_2^*(A) < \infty$ である．さらに次の不等式が成り立つ．

$$\frac{1}{2}\mathcal{H}^2(A) \leq m_2^*(A) \leq \pi \mathcal{H}^2(A) \tag{16.12}$$

証明　$m_2^*(A) < \infty$ とします．ルベーグ外測度の定義と補題 2.15 より，任意の $\varepsilon > 0$ に対して，$A \subset \bigcup_{i=1,2,\cdots} Q_i$ なる高々可算個の基本正方形で，

$$m_2^*(A) \geq \sum_{i=1,2,\cdots} |Q_i| - \varepsilon \tag{16.13}$$

かつ $d(Q_i) < \varepsilon$ をみたすものがとれます．ここで $|Q_i| = (d(Q_i)/\sqrt{2})^2$ より

$$m_2^*(A) \geq \sum_{i=1,2,\cdots} \left(\frac{d(Q_i)}{\sqrt{2}} \right)^2 - \varepsilon$$

$$\geq \frac{1}{2} \mathcal{H}_\varepsilon^2(A) - \varepsilon$$

です. ここで $\varepsilon \to 0$ とすると $\mathcal{H}^2(A) < \infty$ であることならびに (16.12) の一番目の不等式が得られます.

一方, $\mathcal{H}^2(A) < \infty$ であるとすると, 任意の $\varepsilon > 0$ に対して, A の ε-被覆 $\{U_i\}_{i=1,2,\cdots}$ で

$$\mathcal{H}_\varepsilon^2(A) \geq \sum_{i=1,2,\cdots} d(U_i)^2 - \varepsilon$$

となるものが存在します. $U_i \subset B_i$ なる半径 $d(U_i)$ の閉球 B_i をとると,

$$\mathcal{H}_\varepsilon^2(A) \geq \sum_{i=1,2,\cdots} 4^{-1} d(B_i)^2 - \varepsilon$$

でもあります. さて, $B_i \subset \bigcup_{j=1}^\infty Q_{ij}$ なる基本正方形で,

$$m_2^*(B_i) \geq \sum_{j=1}^\infty |Q_{ij}| - \frac{\varepsilon}{2^i}$$

なるものが存在します. $m_2^*(B_i) = m_2(B_i) = \pi d(B_i)^2$ ですから (このことは定理 3.7 を利用すれば示せます),

$$\mathcal{H}^2(A) \geq \mathcal{H}_\varepsilon^2(A) \geq \frac{1}{\pi} \sum_i m_2^*(B_i) - \varepsilon$$

$$\geq \frac{1}{\pi} \left(\sum_{i,j} |Q_{ij}| - \varepsilon \right) - \varepsilon$$

です. ここで ε は任意の正数であったので

$$\mathcal{H}^2(A) \geq \frac{1}{\pi} \sum_{i,j} |Q_{ij}| \geq \frac{1}{\pi} m_2^*(A)$$

を得ます. ■

じつはこれよりももっと強い次の関係式が成り立っています.

定理 16.11 $A \subset \mathbb{R}^2$ に対して

$$\mathcal{H}^2(A) = \frac{4}{\pi} m_2^*(A)$$

この定理の証明は少し複雑なのでこの講義では省略します.

次に，s 次元ハウスドルフ外測度の代数的な性質をいくつか紹介しておきましょう．s 次元ハウスドルフ外測度についても，$\mathbb{R}^2$ 上の 1 次元ハウスドルフ測度の場合と同様の方法で次の定理が証明できます.

定理 16.12 $0 \leq s$ とする．$A \subset \mathbb{R}^2$ に対して $\mathcal{H}^s(A)$ が定義されていて次をみたす.

(1) $0 \leq \mathcal{H}^s(A) \leq \infty, \mathcal{H}^s(\varnothing) = 0$

(2) $A \subset B \Longrightarrow \mathcal{H}^s(A) \leq \mathcal{H}^s(B)$

(3) $\mathcal{H}^s \left(\bigcup_{n=1}^{\infty} A_n \right) \leq \sum_{n=1}^{\infty} \mathcal{H}^s(A_n)$

(4) $d(A, B) > 0$ ならば $\mathcal{H}^s(A \cup B) = \mathcal{H}^s(A) + \mathcal{H}^s(B)$.

s 次元ハウスドルフ外測度の完全加法性を得るため 1 次元ハウスドルフ外測度のときと同様にして次のような定義をします.

定義 16.13 $E \subset \mathbb{R}^2$ がすべての $A \subset \mathbb{R}^2$ に対して

$$\mathcal{H}^s(A) = \mathcal{H}^s(A \cap E) + \mathcal{H}^s(A \cap E^c)$$

をみたすとき，$\mathcal{H}^s$-可測であるという．$\mathcal{H}^s$-可測集合全体のなす族を $\mathfrak{M}_{\mathcal{H}^s}$ と表す.

証明は 1 次元ハウスドルフ外測度のときと同様なので省略しますが次の定理が得られます.

定理 16.14 (1) $\varnothing, \mathbb{R}^2 \in \mathfrak{M}_{\mathcal{H}^s}$.

(2) $A \in \mathfrak{M}_{\mathcal{H}^s}$ ならば $A^c \in \mathfrak{M}_{\mathcal{H}^s}$.

(3) $A_1, A_2, \cdots \subset \mathfrak{M}_{\mathcal{H}^s}$ ならば $\bigcup_{j=1}^{\infty} A_j \in \mathfrak{M}_{\mathcal{H}^s}$ であり，特に $A_i \cap A_j = \varnothing$ $(i \neq j)$ のとき，

$$\mathcal{H}^s \left(\bigcup_{j=1}^{\infty} A_j \right) = \sum_{j=1}^{\infty} \mathcal{H}^s(A_j)$$

が成り立つ.

定理 16.15 $A \subset \mathbb{R}^2$ が閉集合ならば $A \in \mathfrak{M}_{\mathcal{H}^s}$ である. したがって前定理より G_δ 集合, F_σ 集合も $\mathfrak{M}_{\mathcal{H}^s}$ に属する.

なお s 次元ハウスドルフ外測度 $\mathcal{H}^s$ を特に $\mathfrak{M}_{\mathcal{H}^s}$ に属する集合に制限して考えるときには, $\mathcal{H}^s$ を $\mathfrak{M}_{\mathcal{H}^s}$ 上の **s 次元ハウスドルフ測度**といいます.

s 次元ハウスドルフ測度と 2 次元ルベーグ測度は, 少し似ている性質をもっています. この点について述べておきたいと思います.

2 次元ルベーグ測度は平行移動に対して不変な性質を持っていましたが, s 次元ハウスドルフ外測度も同様の性質をもっています.

$x = (x_1, x_2), a = (a_1, a_2)$ に対して

$$x + a = (x_1 + a_1, x_2 + a_2)$$

と定めます.

命題 16.16 $A \subset \mathbb{R}^2, a \in \mathbb{R}^2$ に対して $A + a = \{x + a : x \in A\}$ とする. このとき

$$\mathcal{H}^s(A + a) = \mathcal{H}^s(A)$$

証明 $d(A + a) = d(A)$ より命題が得られます. ∎

さて, $\lambda > 0$ に対して

$$\lambda x = (\lambda x_1, \lambda x_2)$$

とし, $A \subset \mathbb{R}^2$ と $\lambda > 0$ に対して $\lambda A = \{\lambda x : x \in A\}$ とします. このとき, 問題 4.2 より, $A \in \mathfrak{M}_2$ ならば $\lambda A \in \mathfrak{M}_2$ であり,

$$m_2(\lambda A) = \lambda^2 m_2(A)$$

となっていました（問題 4.2 では λA を $\delta_\lambda(A)$ と記してある）. s 次元ハウスドルフ外測度の場合次のことが成り立ちます.

命題 16.17 $A \subset \mathbb{R}^2$, $\lambda > 0$ に対して,

$$\mathcal{H}^s(\lambda A) = \lambda^s \mathcal{H}^s(A)$$

である.

証明 $U_i \ (i = 1, 2, \cdots)$ を A の δ-被覆とすると, $\lambda U_i \ (i = 1, 2, \cdots)$ は λA の被覆で,

$$d(\lambda U_i) = \lambda d(U_i)$$

をみたしています. したがって, $\lambda U_i \ (i = 1, 2, \cdots)$ は λA の $\lambda\delta$-被覆であって,

$$\mathcal{H}^s_{\lambda\delta}(\lambda A) \leq \sum_{i=1}^\infty \lambda^s d(U_i)^s = \lambda^s \sum_{i=1}^\infty d(U_i)^s$$

となります. ここで U_i は A の任意の δ-被覆なので, $\mathcal{H}^s_{\lambda\delta}(\lambda A) \leq \lambda^s \mathcal{H}^s_\delta(A)$ がわかります. $\delta \to 0$ とすると

$$\mathcal{H}^s(\lambda A) \leq \lambda^s \mathcal{H}^s(A)$$

がわかります. またこのことから

$$\mathcal{H}^s(A) = \mathcal{H}^s(\lambda^{-1}\lambda A) \leq \lambda^{-s} \mathcal{H}^s(\lambda A)$$

ですから, $\lambda^s \mathcal{H}^s(A) \leq \mathcal{H}^s(\lambda A)$ もわかります. ∎

練習問題

問題 16.6 $A \subset \mathbb{R}^2$ とする. $s > 2$ のとき $\mathcal{H}^s(A) = 0$ である.

問題 16.7 T を $\mathbb{R}^2$ から $\mathbb{R}^2$ への上への 1 対 1 写像で, $0 < c < \infty$ に対して,

$$d(T(x), T(y)) = cd(x, y)$$

をみたすものとする. $A \subset \mathbb{R}^2$ に対して $T(A) = \{T(x) : x \in A\}$ とする. 次のことを示せ.

(i) $0 \leq s \leq 2$ に対して, $\mathcal{H}^s(T(A)) = c^s \mathcal{H}^s(A)$.

(ii) $A \in \mathfrak{M}_{\mathcal{H}^s}$ ならば $T(A) \in \mathfrak{M}_{\mathcal{H}^s}$.

16.5　$\mathbb{R}^d$ 上の s 次元ハウスドルフ外測度

さてこれまで $\mathbb{R}^2$ 上の s 次元ハウスドルフ外測度 $(0 \leq s)$ を構成してきましたが, 同様の方法によって $\mathbb{R}^d$ 上に s 次元ハウスドルフ外測度 $(0 \leq s)$ を構成することができます. ほとんど繰り返しになりますが, その定義を述べておきましょう.

$U \subset \mathbb{R}^d$ に対して, その直径を

$$d(U) = \sup \{d(x,y) : x, y \in U\} \qquad (\text{ただし } d(\varnothing) = 0)$$

と定義します. ここで

$$d(x,y) = \sqrt{\sum_{i=1}^{d} (x_i - y_i)^2} \quad x = (x_1, \cdots, x_d),\, y = (y_1, \cdots, y_d) \in \mathbb{R}^d$$

です. $U_i\ (i = 1, 2, \cdots)$ が $A \subset \mathbb{R}^d$ の δ-被覆であるとは $A \subset \bigcup_{i=1}^{\infty} U_i$ であって, しかも $d(U_i) \leq \delta$ となるものとします. $0 \leq s \leq d$ と $A \subset \mathbb{R}^d$ に対して

$$\mathcal{H}_{\delta}^s(A) = \inf \left\{ \sum_{i=1}^{\infty} d(U_i)^s : U_i \text{は } A \text{ の } \delta\text{-被覆} \right\}$$

(ただし $s = 0$ の場合は便宜上 $d(\varnothing)^0 = 0$, $d(\{x\})^0 = 1$ とする) とし,

$$\mathcal{H}^s(A) = \lim_{\delta \to 0} \mathcal{H}_{\delta}^s(A)$$

とします. これを $\mathbb{R}^d$ 上の s 次元ハウスドルフ外測度といいます.

次のことが成り立ちます.

命題 16.18　$0 \leq s$ とし, $A \subset \mathbb{R}^d$ とする. A の $\mathbb{R}^d$ 上の s 次元ハウスド

ルフ外測度の値が $T \in [0, \infty]$ であるための必要十分条件は $A \times \{0\} \times \cdots \times \{0\}$ (k 個の積)
の $\mathbb{R}^{d+k}$ 上の s 次元ハウスドルフ外測度の値が T となることである.

証明 $U_i \subset \mathbb{R}^d$ $(i = 1, 2, \cdots)$ を A の δ-被覆とします. このとき, 明らかに $U_i \times \{0\} \times \cdots \times \{0\}$ (k 個の直積) は $A \times \{0\} \times \cdots \times \{0\}$ (k 個の直積) の δ-被覆になっています. また, $V_i \subset \mathbb{R}^{d+k}$ が $A \times \{0\} \times \cdots \times \{0\}$ (k 個の直積) の δ-被覆であれば

$$V_i' = V_i \cap \left(\mathbb{R}^d \times \underset{k \text{ 個の直積}}{\{0\} \times \cdots \times \{0\}} \right)$$

とおくと V_i' $(i = 1, 2, \cdots)$ は A の δ-被覆になっています. このことから命題が証明できます. ∎

これから先この講義では, $A \subset \mathbb{R}^d$ に対して A の s 次元ハウスドルフ外測度 $\mathcal{H}^s(A)$ という場合は $\mathbb{R}^d$ 上の s 次元ハウスドルフ外測度のことを指すことにします.

$\mathbb{R}^2$ 上の 1 次元ハウスドルフ測度の場合と同様の方法で次の定理が証明できます.

定理 16.19 $0 \le s$ とする. $A \subset \mathbb{R}^d$ に対して $\mathcal{H}^s(A)$ が定義されていて次をみたす.

(1) $0 \le \mathcal{H}^s(A) \le \infty$, $\mathcal{H}^s(\varnothing) = 0$

(2) $A \subset B \Longrightarrow \mathcal{H}^s(A) \le \mathcal{H}^s(B)$

(3) $\mathcal{H}^s \left(\bigcup_{n=1}^{\infty} A_n \right) \le \sum_{n=1}^{\infty} \mathcal{H}^s(A_n)$

(4) $d(A, B) > 0$ ならば $\mathcal{H}^s(A \cup B) = \mathcal{H}^s(A) + \mathcal{H}^s(B)$, ただし

$$d(A, B) = \inf \{ d(x, y) : x \in A, y \in B \}.$$

ハウスドルフ外測度の完全加法性を得るため 1 次元ハウスドルフ外測度のときと同様にして次のような定義をします.

定義 16.20　$E \subset \mathbb{R}^d$ がすべての $A \subset \mathbb{R}^d$ に対して

$$\mathcal{H}^s(A) = \mathcal{H}^s(A \cap E) + \mathcal{H}^s(A \cap E^c)$$

をみたすとき，$\mathcal{H}^s$-可測であるという．$\mathcal{H}^s$-可測集合全体のなす族を $\mathfrak{M}_{\mathcal{H}^s}$ と表す．

次の定理が得られます．

定理 16.21　(1)　$\varnothing, \mathbb{R}^d \in \mathfrak{M}_{\mathcal{H}^s}$.

(2)　$A \in \mathfrak{M}_{\mathcal{H}^s}$ ならば $A^c \in \mathfrak{M}_{\mathcal{H}^s}$.

(3)　$A_1, A_2, \cdots \subset \mathfrak{M}_{\mathcal{H}^s}$ ならば $\bigcup_{j=1}^{\infty} A_j \in \mathfrak{M}_{\mathcal{H}^s}$ であり，特に $A_i \cap A_j = \varnothing$ $(i \neq j)$ のとき，

$$\mathcal{H}^s \left(\bigcup_{j=1}^{\infty} A_j \right) = \sum_{j=1}^{\infty} \mathcal{H}^s(A_j)$$

が成り立つ．

なお $\mathbb{R}^2$ 上の場合と同様，s 次元ハウスドルフ外測度 $\mathcal{H}^s$ を特に $\mathfrak{M}_{\mathcal{H}^s}$ に属する集合に限定して $\mathcal{H}^s$ を考えるときには，$\mathcal{H}^s$ を $\mathfrak{M}_{\mathcal{H}^s}$ 上の **s 次元ハウスドルフ測度**といいます．

1 次元ハウスドルフ外測度のときと同様の証明で次のことも得られます．

定理 16.22　$A \subset \mathbb{R}^d$ が閉集合ならば $A \in \mathfrak{M}_{\mathcal{H}^s}$ である．また G_δ 集合，F_σ 集合も $\mathfrak{M}_{\mathcal{H}^s}$ に属する．

本講義では証明をしていない定理ですが，2 次元の場合の定理 16.11 に対応する d 次元の場合の結果として次のことが知られています．

定理 16.23　$\mathbb{R}^d$ 上の d 次元ハウスドルフ外測度 $\mathcal{H}^d$ と d 次元ルベーグ外測度 m_d^* の間には，

$$\frac{\pi^{d/2}}{2^d(d/2)!} \mathcal{H}^d(A) = m_d^*(A), \quad A \subset \mathbb{R}^d$$

の関係がある．ここで $(d/2)! = \Gamma(d/2+1)$, Γ はガンマ関数．

練習問題

問題 16.8   定理 16.19 を証明せよ．

問題 16.9 $A_1, A_2, \cdots \subset \mathbb{R}^d$ が $\mathcal{H}^s$-可測であるとする．
(1) $A_1 \subset A_2 \subset \cdots$ ならば

$$\lim_{n \to \infty} \mathcal{H}^s(A_n) = \mathcal{H}^s \left(\bigcup_{n=1}^{\infty} A_n \right).$$

(2) $A_1 \supset A_2 \supset \cdots$ ならば，$\displaystyle\bigcap_{n=1}^{\infty} A_n$ は $\mathcal{H}^s$-可測であり，$\mathcal{H}^s(A_1) < \infty$ であれば

$$\lim_{n \to \infty} \mathcal{H}^s(A_n) = \mathcal{H}^s \left(\bigcap_{n=1}^{\infty} A_n \right)$$

が成り立つ．

問題 16.10 $x(t)$ が $[a,b]$ から $\mathbb{R}^d$ への連続写像で，$t \neq s$ ならば $x(t) \neq x(s)$ をみたすとき，$\mathbb{R}^d$ 内のジョルダン弧といい，その長さは平面内の連続曲線のときと同様に

$$l(x) = \sup \left\{ \sum_{j=1}^{n} d(x(t_j), x(t_{j-1})) : \begin{array}{l} t_0, \cdots, t_n \text{は有限個の点で} \\ a = t_0 < t_1 < \cdots < t_n = b \end{array} \right\}$$

と定義される．$\mathcal{H}^1$ を $\mathbb{R}^d$ 上の 1 次元ハウスドルフ外測度とするとき，

$$\mathcal{H}^1(\{x(t) : t \in [a,b]\}) = l(x)$$

であることを示せ．

問題 16.11 $A \subset \mathbb{R}^d$ とし，$s > d$ とする．このとき $\mathcal{H}^s(A) = 0$ である．

第 17 章

ハウスドルフ次元

　ある図形 $A \subset \mathbb{R}^d$ の厚みをハウスドルフ測度を使って測ろうとするとき，あまり大きな次元のハウスドルフ測度で測っても，$\mathcal{H}^s(A) = 0$ となってしまいます．またあまり小さすぎる次元のハウスドルフ測度では $\mathcal{H}^s(A) = \infty$ となってしまいます．そこで

$$0 < \mathcal{H}^s(A) < \infty \qquad (17.1)$$

となるような s を求めることが問題となります．これは A を解析するのにもっとも適したハウスドルフ測度の次元を求める問題ともいえ，解析学上興味ある課題です．

　ところで必ずしも (17.1) をみたす s が存在するとは限りません．実際後で示すように，ベシコヴィッチ集合 K は

$$\mathcal{H}^s(K) = \begin{cases} \infty & (0 \le s < 2) \\ 0 & (2 \le s) \end{cases}$$

となっています．そこでこのような場合も考慮に入れるならば，s を 0 から次第に大きくしていったとき，はじめて $\mathcal{H}^s(A) < \infty$ となる s を求めることが問題といえましょう．この s がハウスドルフ次元ですが，厳密な定義は次節で述べます．

　なお一般に (17.1) をみたすような集合 A は s-集合とよばれ，最近では s-集合上の実解析が発展しています．

17.1　ハウスドルフ次元

はじめにハウスドルフ次元の定義をします.

定義 17.1　$A \subset \mathbb{R}^d$ に対して

$$\dim_H A = \inf \{ s \in [0, \infty) : \mathcal{H}^s(A) = 0 \}$$

とし, $\dim_H A$ を A の**ハウスドルフ次元**という.

ただし, $s > d$ ならば $\mathcal{H}^s(A) = 0$ なので, $A \subset \mathbb{R}^d$ のハウスドルフ次元は必ず $0 \leq \dim_H A \leq d$ となっています.

次の命題は, もし A の厚みを測定することのできるハウスドルフ測度があれば, その次元がハウスドルフ次元に他ならないことを示すものです.

命題 17.2　$A \subset \mathbb{R}^d$ がある s に対して, $0 < \mathcal{H}^s(A) < \infty$ をみたしているとする. このとき

$$\dim_H A = s$$

である.

この命題の証明のため, ハウスドルフ外測度のもつ次の性質を証明しておきます.

補題 17.3　$A \subset \mathbb{R}^d$ に対して,
(1)　$\mathcal{H}^t(A) < \infty \Longrightarrow \mathcal{H}^s(A) = 0 \ (t < s)$
(2)　$\mathcal{H}^s(A) > 0 \Longrightarrow \mathcal{H}^t(A) = \infty \ (t < s)$

証明　(1)　$U_i \ (i = 1, 2, \cdots)$ を A の任意の δ-被覆（ただし $0 < \delta < 1$）とします. このとき

$$\sum_{i=1}^{\infty} d(U_i)^t = \delta^{t-s} \sum_{i=1}^{\infty} \delta^{s-t} d(U_i)^t \geq \delta^{t-s} \sum_{i=1}^{\infty} d(U_i)^{s-t} d(U_i)^t$$

$$= \delta^{t-s} \sum_{i=1}^{\infty} d(U_i)^s \geq \delta^{t-s} \mathcal{H}^s_\delta(A)$$

したがって

$$\mathcal{H}_\delta^t(A) \geq \delta^{t-s}\mathcal{H}_\delta^s(A) \tag{17.2}$$

が成り立っています. ゆえに $\mathcal{H}^t(A) < \infty$ より

$$\mathcal{H}_\delta^s(A) \leq \delta^{s-t}\mathcal{H}_\delta^t(A) \to 0 \quad (\delta \to 0)$$

となります.

(2) $\mathcal{H}^s(A) > \varepsilon > 0$ をみたす ε をとります. このとき定義より, ある $\delta_0 > 0$ が存在し, $0 < \delta < \delta_0$ ならば $\mathcal{H}_\delta^s(A) \geq \varepsilon$ となります. したがって, (17.2) より,

$$\lim_{\delta \to 0} \mathcal{H}_\delta^t(A) \geq \lim_{\delta \to 0} \delta^{t-s}\varepsilon = \infty$$

が得られます. ∎

命題 17.2 の証明　$\mathcal{H}^s(A) < \infty$ であるから補題 17.3 (1) より, $s < s'$ に対して $\mathcal{H}^{s'}(A) = 0$ です. ゆえに $\dim_H A \leq s$ となります. $s = 0$ ならば $\dim_H A = s$ です. $s > 0$ の場合, $\dim_H A = s$ となることを示します. もしも $\dim_H A < s$ とすると $\dim_H A \leq u < s$ で $\mathcal{H}^u(A) = 0$ をみたす u が存在します. ところが仮定より, $\mathcal{H}^s(A) > 0$ ですから, 補題 17.3 (2) より $\mathcal{H}^u(A) = \infty$ でなければなりません. これは矛盾です. よって, $\dim_H A = s$ であることが証明されました. ∎

ハウスドルフ次元は次のように言い換えることもできます.

命題 17.4　$A \subset \mathbb{R}^d$ に対して

$$\dim_H A = \sup\{s \in [0, \infty) : \mathcal{H}^s(A) = \infty\}.$$

証明　$a = \sup\{s : \mathcal{H}^s(A) = \infty\}$ とおきます. 補題 17.3 より $\mathcal{H}^s(A) = \infty$ ならば $0 \leq s' \leq s$ に対して $\mathcal{H}^{s'}(A) = \infty$ でなければならないので $a \leq \dim_H A$ です. もし $a < \dim_H A$ であるとすると, $a < s < s' < \dim_H A$ をとれます.

a の定義から，$\mathcal{H}^s(A) < \infty$ ですから，補題 17.3 より $\mathcal{H}^{s'}(A) = 0$ となります．これは $\dim_H A$ の定義に反します．よって $a = \dim_H A$ です．

【補助動画案内】

http://www.araiweb.matrix.jp/Lebesgue2/

KakeyaProblemAndHistory.html

掛谷予想の周辺　掛谷予想に関する動画（全 4 話）のうちの No.3 に，ハウスドルフ外測度とハウスドルフ次元に関する解説もあります．

17.2　さまざまな図形のハウスドルフ次元

　この節では，非整数次元をもつさまざまな図形のハウスドルフ次元を具体的に計算してみます．特に自己相似集合とよばれる図形のハウスドルフ次元を計算する方法を紹介し，その応用例を述べます．

17.2.1　カントル集合のハウスドルフ次元

　カントル集合 C は $m_1(C) = 0$ でありますが非可算無限集合です．この図形のハウスドルフ次元を計算してみましょう．

　計算 1　カントル集合の幾何的な構成を思い出してみましょう．区間 $I_0 = [0,1]$ からはじめて，$I_1, I_2, \cdots$ を作り（記号は第 14.1 節の「カントル集合の幾何的な構成」参照），$C = \bigcap_{n=1}^{\infty} I_n$ としました．各 I_n は長さ 3^{-n} の小区間 2^n 個の合併となっています．その小区間を $I_{n,j}$ $(j = 1, \cdots, 2^n)$ とおきます．便宜上 $I_{n,j} = \varnothing$ $(j > 2^n)$ としておきます．$I_{n,j}$ $(j = 1, 2, \cdots)$ は C の 3^{-n}-被覆になっているので

$$\mathcal{H}^s_{3^{-n}}(C) \leq \sum_{j=1}^{\infty} d(I_{n,j})^s = \sum_{j=1}^{2^n} 3^{-ns} = 2^n 3^{-ns}$$

となりますが，$s = \dfrac{\log 2}{\log 3}$ の場合は，任意の n に対して $2^n 3^{-ns} = 1$ となるので，$\mathcal{H}^s(C) \leq 1$ がわかります．したがって，

$$\dim_H C \leq \frac{\log 2}{\log 3}$$

です.

次にこの不等式の逆向きを証明しましょう. $0 < \delta < 1$ とし, C の任意の
$\delta/2$-被覆 U_i $(i = 1, 2, \cdots)$ をとります. また U_i' を一辺の長さ $2d(U_i)$ の開区
間で $U_i \subset U_i'$ なるものとします. すると C が有界閉集合なので, 十分大きな
N に対して

$$C \subset \bigcup_{i=1}^{N} U_i' \subset \bigcup_{i=1}^{N} \overline{U_i'}$$

となります. k_i を $3^{-(k_i+1)} \leq d(U_i') < 3^{-k_i}$ なる非負の整数とします. この
とき, $d(U_i') < 3^{-k_i}$ なので $\overline{U_i'}$ は I_{k_i} を構成する小区間のうち高々一個とし
か交われません. したがって, $l \geq k_i$ なる l に対して $\overline{U_i'}$ は I_l を構成してい
る小区間と高々 2^{l-k_i} 個としか交わらないことがわかります.

いま l を十分大きくとって, $3^{-(l+1)} \leq d(U_i')$ $(i = 1, \cdots, N)$ となるように
します. $C \subset \bigcup_{i=1}^{N} U_i'$ より $\bigcup_{i=1}^{N} U_i'$ は I_l のすべての構成小区間と交わり, 構成
小区間の数は 2^l 個です. したがって

$$2^l \leq \sum_{i=1}^{N} 2^{l-k_i}$$

でなければなりません. また,

$$\sum_{i=1}^{N} 2^{l-k_i} = \sum_{i=1}^{N} 2^l 3^{-sk_i} \leq \sum_{i=1}^{N} 2^l 3^s d(U_i')^s$$
$$\leq 2^l 3^s 2^s \sum_{i=1}^{N} d(U_i)^s$$

ゆえに

$$\sum_{i=1}^{N} d(U_i)^s \geq 6^{-s}$$

となり, $\mathcal{H}^s(F) > 0$ がわかります. よって

$$\dim_H C = \frac{\log 2}{\log 3} \fallingdotseq 0.63093$$

です.

さて, C のハウスドルフ次元の計算において, $\dim_H C \le \log 2/\log 3$ の証明に比べると $\dim_H C \ge \log 2/\log 3$ の証明はすこし技巧的でした. 一般に, ハウスドルフ次元の下からの評価は上からの評価に比べ難しいことが多いのです.

計算 2　もう一つカントル集合のハウスドルフ次元の非常に巧妙な計算方法があるので紹介しておきましょう.

まずカントル集合 C は左側の部分 $C_L = C \cap \left[0, \dfrac{1}{3}\right]$ と右側の部分 $C_R = C \cap \left[\dfrac{2}{3}, 1\right]$ に分かれていることに注意してください. カントル集合はその構成から, じつは C_L は C を $\dfrac{1}{3}$ に縮めたコピーであり, C_R は C を $\dfrac{1}{3}$ に縮めて, $\dfrac{2}{3}$ 右へ平行移動したものなのです.

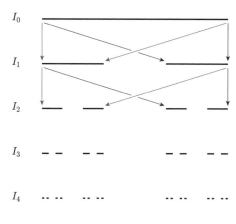

図 **17.1**　1 次元カントル集合

すなわち

$$\psi_1(x) = \frac{1}{3}x, \quad \psi_2(x) = \frac{1}{3}x + \frac{2}{3}$$

とすると

$$\psi_1(C) = C_L, \quad \psi_2(C) = C_R \tag{17.3}$$

なのです．このことを証明しましょう．$x \in C$ は

$$x \in C_L \Longleftrightarrow x = 0._{(3)}0(2a_2)(2a_3)\cdots$$

$$x \in C_R \Longleftrightarrow x = 0._{(3)}2(2a_2)(2a_3)\cdots$$

$(a_i = 0$ または $1)$ となっています．一方 $x = 0._{(3)}(2x_1)(2x_2)\cdots = \sum_{n=1}^{\infty} \frac{2x_n}{3^n}$
に対して，

$$\psi_1(x) = \sum_{n=1}^{\infty} \frac{2x_n}{3^{n+1}} = 0._{(3)}0(2x_1)(2x_2)\cdots$$

$$\psi_2(x) = \sum_{n=1}^{\infty} \frac{2x_n}{3^{n+1}} + \frac{2}{3} = 0._{(3)}2(2x_1)(2x_2)\cdots$$

です．したがって（17.3）が得られます．

さて（17.3）より

$$C = C_L \cup C_R = \psi_1(C) \cup \psi_2(C) \tag{17.4}$$

となります．さらに ψ_i が縮小率 $\frac{1}{3}$ のアフィン変換なので，$\mathcal{H}^s(\psi_i(C)) = \left(\frac{1}{3}\right)^s \mathcal{H}^s(C)$ もわかります（問題 16.7 参照）．したがって，このことと（17.4）より任意の $0 < s \leq 2$ に対して

$$\mathcal{H}^s(C) = \mathcal{H}^s(\psi_1(C)) + \mathcal{H}^s(\psi_2(C))$$
$$= \left(\frac{1}{3}\right)^s \mathcal{H}^s(C) + \left(\frac{1}{3}\right)^s \mathcal{H}^s(C) \tag{17.5}$$

が成り立ちます．もしある $0 < s$ に対して，$0 < \mathcal{H}^s(C) < \infty$ であるとします．このとき（17.5）の両辺を $\mathcal{H}^s(C)$ で割り，

$$1 = \left(\frac{1}{3}\right)^s + \left(\frac{1}{3}\right)^s$$

が得られます。したがって，この方程式を解けば $s = \dfrac{\log 2}{\log 3}$ である必要があります。形式的にはこのようにして C のハウスドルフ次元が求められます。なおこの計算には，あくまでもある s に対して $0 < \mathcal{H}^s(C) < \infty$ が成り立っていることが仮定されていることに注意してください。

しかしながら，計算 2 の方法は計算 1 に比べて多くのことを語っています。それは何もカントル集合でなくとも，有界閉集合 K がある縮小率 α $(0 < \alpha < 1)$ のアフィン変換 $\psi_1, \cdots, \psi_m$ に対して

$$K = \psi_1(K) \cup \cdots \cup \psi_m(K)$$

$$\psi_i(K) \cap \psi_j(K) = \varnothing \ (i \neq j)$$

をみたしているものならば適用できる計算方法だからです。この場合

$$\mathcal{H}^s(K) = \sum_{j=1}^m \alpha^s \mathcal{H}^s(K)$$

となるので，もし $0 < \mathcal{H}^s(K) < \infty$ なる s があれば，それは $1 = m\alpha^s$ をみたしていなければならず K のハウスドルフ次元が $s = -\log m / \log \alpha$ であることが自動的に得られるのです。なおアフィン変換を使ってこのように作られる図形の例については，後述の第 17.2.2 節から第 17.2.4 節をご覧ください。

計算 2 を正当化する　さて計算 2 はまだ厳密なものとはいえません。これを厳密なものとするためには，次のことが成り立っていなければなりません。

$$\exists s \in (0,2] : 0 < \mathcal{H}^s(C) < \infty \tag{17.6}$$

以下ではこのことを証明していきましょう。じつは (17.6) は，より一般的な定理の系として得られます。その定理は多くの複雑な図形のハウスドルフ次元を計算するのにも役に立つので，述べておきたいと思います。次の定義から始めます。

定義 17.5　$0 < c < 1$ とする。$\mathbb{R}^2$ から $\mathbb{R}^2$ への写像 ψ が縮小率 c の**相似縮小変換**であるとは

$$d(\psi(x),\psi(y)) = cd(x,y), \quad x,y \in \mathbb{R}^2$$

をみたすことである.

たとえば相似率 c のアフィン変換は $0 < c < 1$ のとき $\mathbb{R}^2$ 上の相似縮小変換になっています.

定理 17.6（Moran [20]，Hutchinson [15]）　$\psi_1, \psi_2, \cdots, \psi_m \ (m \geq 2)$ を $\mathbb{R}^2$ から $\mathbb{R}^2$ への相似縮小変換で，その縮小率を $c \ (0 < c < 1)$ であるとする. $K \subset \mathbb{R}^2$ を

$$K = \psi_1(K) \cup \cdots \cup \psi_m(K) \tag{17.7}$$

をみたす空でない有界閉集合とする. さらに，次の (i)，(ii)，(iii) をみたす有界な開集合 $U \subset \mathbb{R}^2$ をとることができるものとする.

(i)　$\psi_i(U) \subset U \quad (i = 1, \cdots, m)$

(ii)　$\psi_i(U) \cap \psi_j(U) = \varnothing \quad (i \neq j)$

(iii)　$K \subset \overline{U}$

このとき，$s = \dfrac{\log m}{\log(c^{-1})}$ とおくと，$0 < \mathcal{H}^s(K) < \infty$ が成り立つ. したがって，$\dim_H K = s$ である.

注意 17.1　$s \leq 2$ なので，定理の仮定をすべてみたすには，$mc^2 \leq 1$ でなければならないことがわかります. また U が空でないという条件を仮定すれば，条件 (iii) は定理 E.4，定理 E.5 を用いて定理 17.6 の他の条件から導くことができます.

練習問題

問題 17.1　上記注意 17.1 において述べた後半の主張を証明せよ.

一般に (17.7) をみたす図形を**自己相似集合**といいます. また条件 (i)，(ii)，(iii) をみたす開集合がとれることを**開集合条件**がみたされているといいます.

定理 17.6 の証明は次節で述べることにし，とりあえず，ここでは計算 2 の考え方（あるいは定理 17.6）を使っていくつかの図形のハウスドルフ次元を計算してみましょう.

17.2.2　平面上のカントル集合のハウスドルフ次元

平面上のカントル集合は一辺の長さが 1 の閉正方形と縮小率 1/3 の相似縮小変換

$$\psi_1 \begin{pmatrix} x \\ y \end{pmatrix} = \begin{pmatrix} \dfrac{1}{3} & 0 \\ 0 & \dfrac{1}{3} \end{pmatrix} \begin{pmatrix} x \\ y \end{pmatrix}, \ \psi_2 \begin{pmatrix} x \\ y \end{pmatrix} = \psi_1 \begin{pmatrix} x \\ y \end{pmatrix} + \begin{pmatrix} \dfrac{2}{3} \\ 0 \end{pmatrix},$$

$$\psi_3 \begin{pmatrix} x \\ y \end{pmatrix} = \psi_1 \begin{pmatrix} x \\ y \end{pmatrix} + \begin{pmatrix} 0 \\ \dfrac{2}{3} \end{pmatrix}, \ \psi_4 \begin{pmatrix} x \\ y \end{pmatrix} = \psi_1 \begin{pmatrix} x \\ y \end{pmatrix} + \begin{pmatrix} \dfrac{2}{3} \\ \dfrac{2}{3} \end{pmatrix}$$

を使って図のように繰り返し変換して得られる図形で

$$C^{(2)} = \psi_1(C^{(2)}) \cup \psi_2(C^{(2)}) \cup \psi_3(C^{(2)}) \cup \psi_4(C^{(2)})$$

となるものです. このような図形が $\psi_1, \cdots, \psi_4$ に対してただ一つ存在することは, 付録 E の定理 E.5 によって保証されています. さて $U = (0,1) \times (0,1)$ を考えれば, これが開集合条件をみたしていることが容易にわかります.

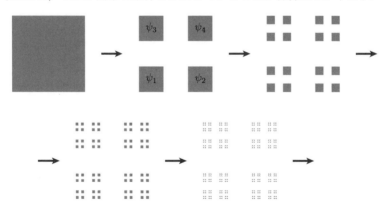

図 **17.2**　2 次元カントル集合

したがって

$$1 = \left(\frac{1}{3} \right)^s + \left(\frac{1}{3} \right)^s + \left(\frac{1}{3} \right)^s + \left(\frac{1}{3} \right)^s$$

となり，これより $3^s = 4$，すなわち

$$\dim_H C^{(2)} = s = \frac{\log 4}{\log 3} \fallingdotseq 1.2619$$

がわかります.

17.2.3　コッホ曲線のハウスドルフ次元

ここでは，コッホ曲線という長さが無限大の連続曲線を構成し，そのハウスドルフ次元を計算します.

まず長さ 1 の線分 $g_0 = [0,1] \times \{0\}$ を考えます. これを $1/3$ に縮小して図のように移動します.

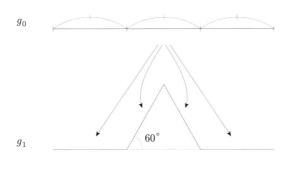

g_0

g_1　60°

図 **17.3**

これらの変換は次式で与えられるものです.

$$\psi_0 \begin{pmatrix} x \\ y \end{pmatrix} = \frac{1}{3} \begin{pmatrix} 1 & 0 \\ 0 & 1 \end{pmatrix} \begin{pmatrix} x \\ y \end{pmatrix} \tag{17.8}$$

$$\psi_1 \begin{pmatrix} x \\ y \end{pmatrix} = \frac{1}{3} \begin{pmatrix} \dfrac{1}{2} & -\dfrac{\sqrt{3}}{2} \\ \dfrac{\sqrt{3}}{2} & \dfrac{1}{2} \end{pmatrix} \begin{pmatrix} x \\ y \end{pmatrix} + \frac{1}{3} \begin{pmatrix} 1 \\ 0 \end{pmatrix} \tag{17.9}$$

$$\psi_2 \begin{pmatrix} x \\ y \end{pmatrix} = \frac{1}{3} \begin{pmatrix} \dfrac{1}{2} & \dfrac{\sqrt{3}}{2} \\ -\dfrac{\sqrt{3}}{2} & \dfrac{1}{2} \end{pmatrix} \begin{pmatrix} x \\ y \end{pmatrix} + \frac{1}{3} \begin{pmatrix} \dfrac{3}{2} \\ \dfrac{\sqrt{3}}{2} \end{pmatrix} \tag{17.10}$$

$$\psi_3 \begin{pmatrix} x \\ y \end{pmatrix} = \frac{1}{3} \begin{pmatrix} 1 & 0 \\ 0 & 1 \end{pmatrix} \begin{pmatrix} x \\ y \end{pmatrix} + \frac{1}{3} \begin{pmatrix} 2 \\ 0 \end{pmatrix} \tag{17.11}$$

こうしてできた折れ線を g_1 とします. すなわち

$$g_1 = \psi_0(g_0) \cup \psi_1(g_0) \cup \psi_2(g_0) \cup \psi_3(g_0)$$

です. この折れ線は長さ 1 の線分 g_0 の縮小率 1/3 のアフィン変換像 $\psi_0(g_0)$, $\cdots, \psi_3(g_0)$ を合わせたものですから

$$\frac{1}{3} \times 4 = \frac{4}{3}$$

の長さを持ちます.

さらにこれを図 17.4 のように 1/3 に縮小して平行移動したものを g_2 とおきます.

g_2

図 **17.4**

すなわち

$$g_2 = \psi_0(g_1) \cup \psi_1(g_1) \cup \psi_2(g_1) \cup \psi_3(g_1)$$

です. g_2 は $\psi_j\psi_i(g_0)$ $(i, j = 0, 1, 2, 3)$ を合わせたもので, $\psi_j\psi_i$ は縮小率 $(1/3)^2$ のアフィン変換で 4^2 個あるので, g_2 の長さは,

$$\left(\frac{1}{3}\right)^2 \times 4^2 = \left(\frac{4}{3}\right)^2$$

です. さらに g_2 を 1/3 に縮小して図 17.5 のように移動したものを g_3 します.

このとき g_3 の長さは,

g_3

図 **17.5**

$$\left(\frac{1}{3}\right)^3 \times 4^3 = \left(\frac{4}{3}\right)^3$$

です. この操作を繰り返して $g_4, g_5, \cdots$ を作っていきます. このとき g_n の長さは $\left(\dfrac{4}{3}\right)^n$ となっています.

　結局 $n \to \infty$ として得られる g_n の極限 g が連続曲線となり, その長さが $\displaystyle\lim_{n\to\infty}\left(\frac{4}{3}\right)^n = \infty$ となるのです.

図 **17.6**　コッホ曲線

練習問題

問題 17.2　このことを証明せよ.

連続曲線 g を**コッホ曲線**といいます.
コッホ曲線は縮小率 1/3 の相似縮小変換 (17.8) ～ (17.11) を使って,

$$g = \psi_1(g) \cup \psi_2(g) \cup \psi_3(g) \cup \psi_4(g)$$

となっていることが付録 E の定理 E.5 の証明の後の注意よりわかり, また図

17.7 のような多角形から辺を除いた開集合によって開集合条件もみたされます.

図 **17.7**　開集合条件をみたす開集合の例

したがって $s = \dfrac{\log 4}{\log 3} \fallingdotseq 1.2619$ となります.

【補助動画案内】

http://www.araiweb.matrix.jp/Lebesgue2/SelfSimilar.html

フラクタル **No.1**　イントロダクション：コッホの雪片曲線

コッホ曲線がどのように生成されていくのかをご覧いただけるアニメーション動画です.

17.2.4　シェルピンスキー・ガスケットのハウスドルフ次元

最後にシェルピンスキーのガスケット（またはギャスケット）を紹介します. これは図のように一辺の長さが 1 の正三角形 T と縮小率 $1/2$ の相似縮小変換

$$\psi_1 \begin{pmatrix} x \\ y \end{pmatrix} = \begin{pmatrix} \dfrac{1}{2} & 0 \\ 0 & \dfrac{1}{2} \end{pmatrix} \begin{pmatrix} x \\ y \end{pmatrix},$$

$$\psi_2 \begin{pmatrix} x \\ y \end{pmatrix} = \begin{pmatrix} \dfrac{1}{2} & 0 \\ 0 & \dfrac{1}{2} \end{pmatrix} \begin{pmatrix} x \\ y \end{pmatrix} + \begin{pmatrix} \dfrac{1}{2} \\ 0 \end{pmatrix},$$

$$\psi_3 \begin{pmatrix} x \\ y \end{pmatrix} = \begin{pmatrix} \dfrac{1}{2} & 0 \\ 0 & \dfrac{1}{2} \end{pmatrix} \begin{pmatrix} x \\ y \end{pmatrix} + \begin{pmatrix} \dfrac{1}{4} \\ \dfrac{\sqrt{3}}{4} \end{pmatrix}$$

を使ってできていく図形です.

このような図形が ψ_1, ψ_2, ψ_3 に対してただ一つ存在することは, 付録 E の

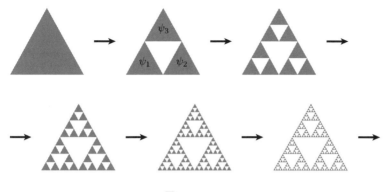

図 **17.8**

定理 E.5 およびその後の解説によって保証されています．また U を T から辺を除いてできる開集合とすれば，これによって開集合条件がみたされることがわかります．したがって，ハウスドルフ次元 s は

$$1 = 3\left(\frac{1}{2}\right)^s$$

を解くことにより求められ，$s = \dfrac{\log 3}{\log 2} \fallingdotseq 1.5850$ です．

【補助動画案内】

http://www.araiweb.matrix.jp/Lebesgue2/SelfSimilar.html

フラクタル No.2: 様々な自己相似集合

シェルピンスキー・ガスケットをはじめさまざまな自己相似集合が生成される様子を描いたアニメーションをご覧いただけます．直観的な把握ができます．

17.3 定理 17.6 の証明

この節では，定理 17.6 を証明します．

まず，集合 $A \subset \mathbb{R}^2$ と $i_1, \cdots, i_k \in \{1, \cdots, m\}$ に対して

$$A_{i_1 \cdots i_k} = \psi_{i_k}\left(\cdots \psi_{i_2}\left(\psi_{i_1}(A)\right)\cdots\right)$$

と表すことにします．このとき，条件 (17.7) より次のことが成り立ちます．

補題 17.7　$k \in \mathbb{N}$ に対して

$$\bigcup_{i_1, \cdots, i_k = 1}^{m} K_{i_1 \cdots i_k} = K.$$

証明　$k = 1$ の場合，これは条件 (17.7) に他なりません．$k = 2$ の場合は $k = 1$ の場合を用いて次のことがわかります．

$$\bigcup_{i_1, i_2 = 1}^{m} K_{i_1 i_2} = \bigcup_{i_1 = 1}^{m} \left(\bigcup_{i_2 = 1}^{m} \psi_{i_1} \left(\psi_{i_2} (K) \right) \right) = \bigcup_{i_1 = 1}^{m} \psi_{i_1} \left(\bigcup_{i_2 = 1}^{m} \psi_{i_2} (K) \right)$$
$$= \bigcup_{i_1 = 1}^{m} \psi_{i_1} (K) = K$$

一般の k の場合も繰り返しこの論法を用いれば証明できます．∎

もう一つ準備をします．定理の条件に現れる有界開集合 U をとり固定し，$A \subset \mathbb{R}^2$ と自然数 k に対して，$A \cap \overline{U_{i_1 \cdots i_k}} \neq \varnothing$ となる $U_{i_1 \cdots i_k}$ の個数を $\lambda_k(A)$ で表します．すなわち

$$I_k(A) = \left\{ (i_1, \cdots, i_k) : i_1, \cdots, i_k \in \{1, \cdots, m\}, \; A \cap \overline{U_{i_1 \cdots i_k}} \neq \varnothing \right\}$$

に属する元の個数です．そして

$$\mu_k(A) = \frac{\lambda_k(A)}{m^k}$$

とおきます．$\mu_k(A)$ は $U_{i_1 \cdots i_k}$ のうち，$A \cap \overline{U_{i_1 \cdots i_k}} \neq \varnothing$ となるようなものの割合です．次のことは容易にわかると思います．証明は練習問題とします（問題 17.3 参照）．

補題 17.8　$k \in \mathbb{N}$ とする．次のことが成り立つ．

(1)　$\mu_{k+1}(A) \leq \mu_k(A)$

(2)　$A \subset B \Longrightarrow \mu_k(A) \leq \mu_k(B)$

(3)　$\mu_k(A_1 \cup \cdots \cup A_n) \leq \mu_k(A_1) + \cdots + \mu_k(A_n)$

(4)　$\mu_k(K) = 1$

定理 17.6 の証明　まず $\dim_H K \leq s$ であることを証明しましょう. 各 ψ_j が縮小写像であることから

$$d\left(K_{i_1 \cdots i_k}\right) \leq c d\left(K_{i_1 \cdots i_{k-1}}\right) \leq c^2 d\left(K_{i_1 \cdots i_{k-2}}\right) \cdots \leq c^k d(K) \ (=: \delta_k \text{ とおく})$$

です. $0 < c < 1$ より, 任意の $\delta > 0$ に対して, $\delta_k < \delta$ となるように十分大きな k をとることができます. さて補題 17.7 から, $\{K_{i_1 \cdots i_k}\}$ は K の δ-被覆になっているので,

$$\mathcal{H}^s_\delta(K) \leq \sum_{i_1, \cdots, i_k = 1}^m d\left(K_{i_1 \cdots i_k}\right)^s \leq \sum_{i_1, \cdots, i_k = 1}^m c^{ks} d(K)^s$$

$$= m^k c^{ks} d(K)^s = (mc^s)^k d(K)^s$$

$$= d(K)^s < \infty.$$

したがって, $\mathcal{H}^s(K) < \infty$ となり, $\dim_H(K) \leq s$ を得ます.

次に逆向きの不等式を証明しましょう. このためには, $\mathcal{H}^s(K) > 0$ を示せば十分です. そこで $0 < \delta < c/2$ なる δ と K の任意の δ-被覆 $\{W_j\}_{j=1}^\infty$ に対して,

$$\sum_{j=1}^\infty d(W_j)^s \geq \gamma > 0$$

(ただし γ は δ にも $\{W_j\}_{j=1}^\infty$ にも関係しない定数) が成り立つことを証明します. もしこれが示せれば, $\mathcal{H}^s_\delta(K) \geq \gamma$ がわかり, $\delta \to 0$ として $\mathcal{H}^s(K) \geq \gamma > 0$ を得ます.

$\{W_j\}_{j=1}^\infty$ を K の任意の δ-被覆とし, W_j を含むような直径 $2d(W_j)$ の開円板 D_j を一つとっておきます. $d(D_j) = 2d(W_j)$ ですから,

$$\sum_{j=1}^\infty d(W_j)^s = 2^{-s} \sum_{j=1}^\infty d(D_j)^s \tag{17.12}$$

が成り立っています. 以下, $\displaystyle\sum_{j=1}^\infty d(D_j)^s$ について考えることにします. まず K は有界閉集合なので,

$$K \subset D_1 \cup \cdots \cup D_N$$

となるように有限個の D_j をとることができます．ゆえに $k \in \mathbb{N}$ に対して

$$1 = \mu_k(K) \leq \sum_{j=1}^{N} \mu_k(D_j) \qquad (17.13)$$

です．さて，$d(D_j) \leq 2\delta < c$ ですから，ある $l_j \in \mathbb{N}$ で $c^{l_j} \leq d(D_j) < c^{l_j - 1}$ をみたすものが存在します．したがって

$$\mu_{l_j}(D_j) = \frac{\lambda_{l_j}(D_j)}{m^{l_j}} = c^{l_j s} \lambda_{l_j}(D_j) \leq d(D_j)^s \lambda_{l_j}(D_j)$$

が成り立ちます．ゆえに（17.13）より

$$1 = \mu_{\max\{l_1, \cdots, l_N\}}(K) \leq \sum_{j=1}^{N} d(D_j)^s \lambda_{l_j}(D_j) \qquad (17.14)$$

となります．次に $\lambda_{l_j}(D_j)$ を評価します．以下では特に混乱の心配がない限り，$l = l_j$ と略記します．U は有界な開集合なので，十分小さな半径 r をもつ閉円板 B と，十分大きな半径 R をもつ閉円板 B' を $B \subset U \subset B'$ となるようにとることができます．これらに $\psi_{i_1}, \cdots, \psi_{i_l}$ を施せば $B_{i_1 \cdots i_l} \subset U_{i_1 \cdots i_l} \subset B'_{i_1 \cdots i_l}$ となります．ここで各 ψ_{i_j} は相似縮小ですから，$B_{i_1 \cdots i_l}$ の半径は $c^l r$，$B'_{i_1 \cdots i_l}$ の半径は $c^l R$ となっています．D_j の中心を x_j とすると，

$$D_j \cap \overline{U_{i_1 \cdots i_l}} \neq \varnothing \Longrightarrow U_{i_1 \cdots i_l} \subset D\left(x_j, (2R+1)d(D_j)\right)$$

（ただしここで $D(x,t)$ は中心 x，半径 t の開円板）が成り立ちます．なぜなら任意に $x \in U_{i_1 \cdots i_l}$ をとると，$D_j \cap \overline{U_{i_1 \cdots i_l}} \ni y$ に対して

$$d(x, x_j) \leq d(x, y) + d(y, x_j) < 2c^l R + d(D_j)$$
$$< (2R+1)d(D_j)$$

となるからです．したがって，

$$\bigcup_{(i_1, \cdots, i_l) \in I_l(D_j)} U_{i_1 \cdots i_l} \subset D\left(x_j, (2R+1)d(D_j)\right)$$

がわかります．ゆえに

$$m_2\left(\bigcup_{(i_1,\cdots,i_l)\in I_l(D_j)} U_{i_1\cdots i_l}\right) \le m_2\left(D\left(x_j,(2R+1)d(D_j)\right)\right)$$

$$\le \pi(2R+1)^2 d(D_j)^2 \qquad (17.15)$$

一方，$U_{i_1\cdots i_l}$ は仮定 (ii) より互いに交わることはないので，

$$m_2\left(\bigcup_{(i_1,\cdots,i_l)\in I_l(D_j)} U_{i_1\cdots i_l}\right) = \sum_{(i_1,\cdots,i_l)\in I_l(D_j)} m_2\left(U_{i_1\cdots i_l}\right)$$

です．さらに $B_{i_1\cdots i_l} \subset U_{i_1\cdots i_l}$ より

$$\sum_{(i_1,\cdots,i_l)\in I_l(D_j)} m_2\left(U_{i_1\cdots i_l}\right) \ge \sum_{(i_1,\cdots,i_l)\in I_l(D_j)} \pi r^2 c^{2l}$$

$$= \lambda_l(D_j)\pi r^2 c^{2l}$$

$$= \lambda_l(D_j)\pi r^2 c^2 c^{2(l-1)}$$

$$> \lambda_l(D_j)\pi r^2 c^2 d(D_j)^2 \qquad (17.16)$$

も成り立ちます．したがって，(17.15), (17.16) より

$$\lambda_l(D_j)\pi r^2 c^2 d(D_j)^2 < \pi(2R+1)^2 d(D_j)^2$$

となり，結局

$$\lambda_l(D_j) < \left(\frac{2R+1}{rc}\right)^2$$

という不等式が導かれます．これを (17.14) に代入すると

$$1 \le \left(\frac{2R+1}{rc}\right)^2 \sum_{j=1}^{N} d(D_j)^s$$

が得られます．したがって，(17.12) より

$$\sum_{j=1}^{\infty} d(W_j)^s = 2^{-s}\sum_{j=1}^{N} d(D_j)^s \ge 2^{-s}\left(\frac{rc}{2R+1}\right)^2$$

が示せます．∎

今述べた定理は $\mathbb{R}^2$ の自己相似集合に関するものでしたが，同様の証明で容易に $\mathbb{R}^d$ の場合に一般化できます．また，この定理はすべての相似縮小変換の縮小率が等しい場合ですが，縮小率が異なる場合にも次のような形で成り立ちます．証明はたとえば [30]，[10] にあります．

定理 17.9（Moran [20]，Hutchinson [15]） $\psi_1, \psi_2, \cdots, \psi_m \ (m \geq 2)$ を $\mathbb{R}^d$ から $\mathbb{R}^d$ への相似縮小変換で，その縮小率を $c_i \ (0 < c_i < 1)$ であるとする．すなわち各 ψ_j は

$$d(\psi_j(x), \psi_j(y)) = c_j d(x, y) \quad \left(x, y \in \mathbb{R}^d\right)$$

をみたすものとする．$K \subset \mathbb{R}^d$ を

$$K = \psi_1(K) \cup \cdots \cup \psi_m(K)$$

をみたす空でない有界閉集合とする．さらに，次の (i)，(ii)，(iii) をみたす有界開集合 $U \subset \mathbb{R}^d$ をとることができるものとする．

(i) $\psi_i(U) \subset U \quad (i = 1, \cdots, m)$

(ii) $\psi_i(U) \cap \psi_j(U) = \varnothing \quad (i \neq j)$

(iii) $K \subset \overline{U}$

このとき，$1 = c_1^s + \cdots + c_m^s$ をみたす $s > 0$ がただ一つ存在し，$0 < \mathcal{H}^s(K) < \infty$ となる．したがって $\dim_H K = s$ である．

練習問題

問題 17.3 補題 17.8 を証明せよ．（ヒント：(4) の証明には補題 17.7 を用いる．）

17.4 掛谷集合と掛谷予想

第 15 章で学んだベシコヴィッチ集合のハウスドルフ次元について述べておきましょう．1971 年にデーヴィスは次の定理を証明しました．

定理 17.10（デーヴィス） すべての方向の長さ 1 の線分を含む有界閉集合のハウスドルフ次元は 2 である．

　したがってベシコヴィッチの集合のハウスドルフ次元は 2 になります．本書ではこの定理の証明はしませんが，その代わりにいくつかのコメントと，この定理に関わる未解決問題（本書執筆時）について解説します．

　今まで見てきた多くの図形は，たとえば 2 次元カントル集合 C の場合，そのハウスドルフ次元は $s = \dfrac{\log 4}{\log 3}$ で，同時に $0 < \mathcal{H}^s(C) < \infty$ となっていました．一般に定理 17.6 あるいは定理 17.9 の条件をみたす自己相似集合 K の場合，$0 < \mathcal{H}^s(K) < \infty$ であり，そのハウスドルフ次元が s でした．しかし 2 次元ベシコヴィッチ集合 K の場合は，少し状況が変わっていて，$\mathcal{H}^2(K) = 0$ であるにもかかわらず $\dim_H K = 2$ なのです．

　さて，一般に次のような定義がされています．

定義 17.11　$K \subset \mathbb{R}^d$ が d 次元ベシコヴィッチ集合あるいは d 次元掛谷集合であるとは，K が有界閉集合で，すべての方向の長さ 1 の線分を含み，かつ

$$m_d(K) = 0$$

なるものである．

　デーヴィスの定理から，2 次元掛谷集合 K のハウスドルフ次元は 2 であることがわかっています．3 次元以上の場合はどうなっているでしょうか？ 次のことが予想され，掛谷予想とよばれています．

予想 1（掛谷予想）　$d \geq 3$ でもすべての d 次元掛谷集合のハウスドルフ次元は d であろう．

　この予想は実解析のいくつかの未解決問題と密接に関連していることが最近わかってきました．たとえば

　(1)　フーリエ変換のボッホナーリース総和法に関する問題が肯定的に解ければ，掛合予想が肯定的に解ける（T. タオ, 1999）．

　(2)　フーリエ変換の制限問題が肯定的に解ければ，掛谷予想が肯定的に解ける（J. ブルガン, 1991）．

　(3)　掛谷極大関数の L^p 評価に関する予想が肯定的ならば，掛谷予想が肯

定的に解ける（J. ブルガン, 1991）.

etc.

【補助動画案内】

http://www.araiweb.matrix.jp/Lebesgue2/
KakeyaProblemAndHistory.html

掛谷予想の周辺

掛谷予想について歴史的経緯からその発展を動画でご覧いただけます.

掛谷予想 No. 1 掛谷予想の前哨戦 - 掛谷予想が生まれる背景（掛谷予想の歴史について, 筆者の独自調査で解明された掛谷問題発祥の経緯を込めて解説します）.

掛谷予想 No. 2 ベシコヴィッチの定理とベシコヴィッチモンスター.

掛谷予想 No. 3 掛谷予想とハウスドルフ次元.

掛谷予想 No. 4 多変数フーリエ解析と掛谷予想.

第 18 章

抽象的な測度と積分

　本章では，ルベーグ測度とルベーグ積分を抽象化した抽象的測度論と積分論について解説します．抽象化することによりルベーグ積分論の適用範囲は広くなり，たとえば測度論的確率論など，確率論にも新たな発展をもたらしました．

　これまでの章で見てきたように，面積を測る量として d 次元ルベーグ測度があり，それをもとにルベーグ積分が定義されました．積分の定義とそれに関する基本的な定理は，より一般的な抽象的設定で理論を組み立てられることも知られています．ここではその基礎的な部分を述べたいと思います

18.1　σ-集合体と抽象的測度

　第 4.1 節の定理 4.1 で述べたようにルベーグ可測集合はいくつかの集合代数的な性質をもっています．じつは積分論はその性質をもっているような集合族上でも組み立てることができるのです．

　これから先，X を空でない任意の集合とします．そして $\mathcal{P}(X)$ により X の部分集合全体のなす集合とします．次のような定義をします．

　定義 18.1　$\mathcal{P}(X) \supset \mathcal{F}$ が X 上の **σ-集合体**であるとは
(i)　$X \in \mathcal{F}$
(ii)　$A \in \mathcal{F}$ ならば $A^c \, (= X \backslash A) \in \mathcal{F}$
(iii)　$A_n \in \mathcal{F} \, (n = 1, 2, \cdots)$ ならば $\displaystyle\bigcup_{n=1}^{\infty} A_n \in \mathcal{F}$

をみたすことである.

定理 4.1 あるいは定理 6.11 (1) より d 次元ルベーグ可測集合全体のなす集合族 $\mathfrak{M}_d$ は $\mathbb{R}^d$ 上の σ-集合体となっています. 第 16 章の定理 16.14, 16.21 よりハウスドルフ可測集合と呼ばれる集合からなる集合族 $\mathfrak{M}_{\mathcal{H}^s}$ も $\mathbb{R}^d$ 上の σ-集合体です.

空でない集合 X 上の σ-集合体 $\mathcal{F}$ が与えられているとします. このとき, X と $\mathcal{F}$ との組 $(X, \mathcal{F})$ を**可測空間**といいます. ルベーグ測度のもつ性質のうち, 次のようなものを抜き出して, X 上の抽象的な測度が定義されます.

定義 18.2 $(X, \mathcal{F})$ を可測空間とする. $\mathcal{F}$ 上の関数 μ が次の条件
(i) $\mu(A) \in [0, \infty]$ $(A \in \mathcal{F})$
(ii) $\mu(\varnothing) = 0$
(iii) $A_n \in \mathcal{F}, A_n \cap A_m = \varnothing$ $(n \neq m)$ であれば

$$\mu\left(\bigcup_{n=1}^{\infty} A_n\right) = \sum_{n=1}^{\infty} \mu(A_n)$$

をみたすとき, μ を可測空間 $(X, \mathcal{F})$ 上の**測度**という.

またこのとき, $X, \mathcal{F}, \mu$ の組 $(X, \mathcal{F}, \mu)$ を**測度空間**という.

すでに示した定理により d 次元ルベーグ測度 m_d は可測空間 $(\mathbb{R}^d, \mathfrak{M}_d)$ 上の測度になっています.

測度にはいろいろな例が知られています. たとえば, 第 16 章で学んだ $\mathbb{R}^d$ 上の s 次元ハウスドルフ測度は可測空間 $(\mathbb{R}^d, \mathfrak{M}_{\mathcal{H}^s})$ 上の測度です. 次のような例もあります.

例 18.3 f を $\mathbb{R}^d$ 上の非負値ルベーグ可測関数とする. $A \in \mathfrak{M}_d$ に対して

$$\mu(A) = \int_A f \, dm_d$$

とすると, μ は可測空間 $(\mathbb{R}^d, \mathfrak{M}_d)$ 上の測度である.

例 18.3 の μ を d 次元ルベーグ測度 m_d に絶対連続な測度といい, f をそ

の密度関数といいます.

その他の例については追々述べることにして, 少し変わった測度の例として**数え上げ測度**をあげておきましょう.

例 18.4　X を自然数全体からなる集合 $\mathbb{N}$ とし, $\mathcal{F} = \mathcal{P}(X)$ とする. 明らかに $(X, \mathcal{F})$ は可測空間になっている. また $A \in \mathcal{F}$ に対して $\mu(A)$ により A に含まれる元の個数を表す. ただし, A に含まれる元が有限個でない場合は $\mu(A) = \infty$ とする. このとき μ は $(X, \mathcal{F})$ 上の測度になっている.

このほか次のような例もあります.

例 18.5　$(X, \mathcal{F})$ を可測空間とし, $x \in X$ とする. $G \in \mathcal{F}$ に対して

$$\delta_x(G) = \begin{cases} 1, & x \in G \\ 0, & x \notin G \end{cases}$$

と定義する. δ_x が $(X, \mathcal{F})$ 上の測度になっていることが容易に確認できる. δ_x を $(X, \mathcal{F})$ 上の x に台をもつ**ディラック測度**という.

解析学や確率論のさまざまな場面で, ボレル測度と呼ばれるものがよく使われます. ボレル測度の定義をしておきます. $X = \mathbb{R}^d$ とし X の開集合全体からなる集合族を $\mathcal{O}_X$ と表します.

$$\mathcal{B}_X = \bigcap \{\mathcal{F} : \mathcal{F} \text{ は } X \text{ 上の} \sigma\text{-集合体で, } \mathcal{O}_X \subset \mathcal{F}\} \tag{18.1}$$

とおきます. なおここで $\mathcal{O}_X \subset \mathcal{F}$ をみたす σ-集合体 $\mathcal{F}$ は少なくとも一つ存在します. たとえば, $\mathcal{P}(X)$ は σ-集合体で, $\mathcal{O}_X \subset \mathcal{P}(X)$ をみたしています. $\mathcal{B}_X$ が X 上の σ-集合体になることは容易に示せます. $\mathcal{B}_X$ を X 上の**ボレル σ-集合体**といいます. $A \subset X$ で $A \in \mathcal{B}_X$ であるものはボレル集合あるいはボレル可測集合と呼ばれています. また, 可測空間 $(X, \mathcal{B}_X)$ 上の測度を X 上の**ボレル測度**, あるいは d 次元ボレル測度といいます. 開集合はルベーグ可測なので, $\mathcal{O}_X \subset \mathfrak{M}_d$ です. したがって $\mathcal{B}_X \subset \mathfrak{M}_d$ となっています. このことから, d 次元ルベーグ測度は d 次元ボレル測度になっていることがわかります. また第 16 章で学んだ $\mathbb{R}^d$ 上の s 次元ハウスドルフ測度も d 次元ボレル

測度になっています.

注意 18.1　（1）本書の範囲を超えるので，詳細は述べませんが，ボレル可測，ボレル測度は一般の位相空間でも定義されます. 本注意は位相空間論をまだ学んでいない読者は飛ばしても構いません. X を位相空間とし，$\mathcal{O}_X$ をその開集合系とします. このとき（18.1）と同様に σ-集合体 $\mathcal{B}_X$ を定義できます. これを位相空間 X の σ-ボレル集合体といい，これに属する集合を X のボレル集合あるいはボレル可測集合といいます. また可測空間 $(X, \mathcal{B}_X)$ 上の測度を X 上のボレル測度といいます.
（2）$\mathbb{R}$ 上の 1 次元ルベーグ可測集合は 1 次元ボレル可測でしょうか？　本書では立ち入りませんが，選択公理を仮定すると，1 次元ボレル可測集合でルベーグ可測でないものの存在が証明できることが知られています.

これまで述べてきた例は $\mathbb{R}^d$ あるいは $\mathbb{N}$ 上の測度でしたが，さらに $\mathbb{R}$ の無限直積や $[0, \infty)$ 上の実数値連続関数全体からなる空間 $C([0, \infty))$ 上の測度で有用なものもあります（第 18.6 節参照）.

測度空間について完備性という性質もあります. 定義は次のものです.

定義 18.6　測度空間 $(X, \mathcal{F}, \mu)$ が**完備**であるとは，$N \in \mathcal{F}$, $\mu(N) = 0$ に対して，N の任意の部分集合 A が $A \in \mathcal{F}$ となることである.

たとえば $(\mathbb{R}^d, \mathfrak{M}_d, m_d)$ は完備です（命題 2.11 参照）.

さて，抽象的な測度についても次の有用な定理が成り立ちます. 証明は定理 4.5 と同様なのでここでは省略します.

定理 18.7　$(X, \mathcal{F}, \mu)$ を測度空間とする. $A_1, A_2, \cdots \in \mathcal{F}$ とする.
（1）$A_1 \subset A_2 \subset \cdots$ ならば

$$\lim_{n \to \infty} m_d(A_n) = m_d \left(\bigcup_{n=1}^{\infty} A_n \right).$$

（2）$A_1 \supset A_2 \supset \cdots$ かつ $\mu(A_1) < \infty$ ならば

$$\lim_{n \to \infty} m_d(A_n) = m_d \left(\bigcap_{n=1}^{\infty} A_n \right).$$

18.2　積分の定義

　基本的には，ルベーグ積分の定義において $\mathbb{R}^d$ を X に，$\mathfrak{M}_d$ を X 上の σ-集合体 $\mathcal{F}$，そして m_d を可測空間 $(X,\mathcal{F})$ 上の測度 μ に置き換えて読み替えると測度 μ に関する積分になります.

　まず X 上の可測関数の定義からはじめましょう.

　定義 18.8　X から $[-\infty, +\infty]$ への関数 $f(x)$ が $\mathcal{F}$-**可測**であるとは，$\mathbb{R}$ の任意の開集合 G に対して，

$$\{f \in G\} = \{x : x \in X,\ f(x) \in G\}$$

ならびに $\{f = +\infty\}$, $\{f = -\infty\}$ が $\mathcal{F}$ に属することであるとする. また，複素数値関数の場合は，その実部と虚部が $\mathcal{F}$-可測であるとき，$\mathcal{F}$-**可測**であるという.

　このようにしておくと，ルベーグ可測関数に関する結果（命題 7.6〜定理 7.9）は X 上の $\mathcal{F}$-可測関数に対しても成り立つことが，ルベーグ可測の場合の証明と同様にして証明することができます.

　可測単関数も同様に定義できます.

　定義 18.9　ある互いに交わらない集合 $A_j \in \mathcal{F}$ $(j=1,\cdots,n)$ で，

$$X = \bigcup_{j=1}^{n} A_j$$

なるものと，ある複素数 a_j $(j=1,\cdots,n)$ によって

$$s(x) = \sum_{j=1}^{n} a_j \chi_{A_j}(x) \tag{18.2}$$

と表される関数を X 上の $\mathcal{F}$-**可測単関数**という. 特に $a_j \geq 0$ $(j=1,\cdots,n)$ であるとき，$s(x)$ を**非負値 $\mathcal{F}$-可測単関数**という.

　ルベーグ可測関数の場合（定理 7.12）と同様にして次の近似定理が証明できます.

定理 18.10　X 上の $\mathcal{F}$-可測関数 $f(x)$ が非負値であるとき，E 上の $\mathcal{F}$-可測単関数 $s_n(x)$ $(n = 1, 2, \cdots)$ で，すべての $x \in X$ に対して

$$0 \le s_1(x) \le s_2(x) \le \cdots \le s_n(x) \le \cdots \le f(x)$$

$$\lim_{n \to \infty} s_n(x) = f(x)$$

なるものをとることができる.

X 上の非負値 $\mathcal{F}$-可測単関数 $s(x) = \sum_{j=1}^{n} a_j \chi_{A_j}(x)$ に対して，

$$\int_X f(x) d\mu(x) = \sum_{j=1}^{n} a_j \mu(A_j)$$

と定義します. これはルベーグ積分の場合と同様に，非負値 $\mathcal{F}$-可測単関数の表現（18.2）によらないことがわかります. これをもとに，非負値 $\mathcal{F}$-可測関数 $f(x)$ に対する積分の定義ができます. すなわち，

$$\int_E f(x) d\mu(x) = \sup \int_E s(x) d\mu(x) \ (\le \infty),$$

ただしここで，sup は $0 \le s(x) \le f(x)$ $(x \in E)$ なる E 上の非負値 $\mathcal{F}$-可測単関数全体にわたってとるものとします.

さらに実数値 $\mathcal{F}$-可測関数 $f(x)$ の場合は，これを（8.5）と同様に正の部分 $f_+(x)$ と負の部分 $f_-(x)$ に分けて考え，

$$\int_X f_+(x) d\mu(x), \quad \int_X f_-(x) d\mu(x) \tag{18.3}$$

のいずれかが有限値であるとき，

$$\int_X f(x) d\mu(x) = \int_X f_+(x) d\mu(x) - \int_X f_-(x) d\mu(x)$$

と定め，特に（18.3）の両方が有限のときは**可積分**であるといいます.

複素数値 $\mathcal{F}$-可測関数 $f(x)$ はその実部 $\mathrm{Re}\, f(x)$ と虚部 $\mathrm{Im}\, f(x)$ が可積分であるとき，可積分であるといい，

$$\int_X f(x)d\mu(x) = \int_X \operatorname{Re} f(x)d\mu(x) + i\int_X \operatorname{Im} f(x)d\mu(x)$$

により $f(x)$ の積分を定義します.

18.3　ルベーグの収束定理

　このように定めると，ルベーグ積分のときと同様の証明で，単調収束定理，ファトゥーの補題，ルベーグの収束定理が μ に関する積分に対しても証明できます.　なお，抽象的な設定では，$x \in X$ に関するある命題 $P(x)$ が X 上のほとんどすべての点で成り立つということを

$$\{x \in X : P(x) \text{ が成り立つ }\} \in \mathcal{F}　\text{ かつ}$$

$$\mu(\{x \in X : P(x) \text{ が成り立たない }\}) = 0$$

なることとします.　このようにする理由は，$A \in \mathcal{F}$，$\mu(A) = 0$，$B \subset A$ でも $B \in \mathcal{F}$ であることが保証されていないからです.　X のほとんどすべての点で成り立つことを X 上のほとんどいたるところで成り立つ，ともいいます.

　定理 18.11（単調収束定理）　X 上の $\mathcal{F}$-可測関数 $f_n(x)$ $(n = 1, 2, \cdots)$ が X 上ほとんどすべての点で非負値かつ単調増加で，X 上の $\mathcal{F}$-可測関数 $f(x)$ に収束しているとする.　このとき

$$\lim_{n \to \infty} \int_X f_n(x)dx = \int_X f(x)dx$$

である.

　補題 18.12（ファトゥーの補題）　$f_n(x)$ を X 上の非負値 $\mathcal{F}$-可測関数とする $(n = 1, 2, \cdots)$.　このとき

$$\int_X \liminf_{n \to \infty} f_n(x)d\mu(x) \le \liminf_{n \to \infty} \int_X f_n(x)d\mu(x)$$

が成り立つ.

　定理 18.13（ルベーグの収束定理）　$f_n(x)$ $(n = 1, 2, \cdots)$, $f(x)$ を X 上

の $\mathcal{F}$-可測関数とする. X 上のほとんどすべての点で

$$f(x) = \lim_{n \to \infty} f_n(x)$$

が成り立ち, さらに X 上のルベーグ積分可能な関数 $\varphi(x)$ で

$$|f_n(x)| \le \varphi(x) \quad x \in X$$

をみたすものが存在するとする. このとき $f(x)$ は X 上ルベーグ積分可能であり,

$$\lim_{n \to \infty} \int_X f_n(x)dx = \int_X f(x)dx$$

が成り立つ.

　これらの定理, 補題の証明はそれぞれ定理 8.4, 補題 9.4, 定理 9.3 のものと同様なので省略します.

　例　$X = \mathbb{N}$, $\mathcal{F} = \mathcal{P}(X)$, また μ を数え上げ測度とします. このとき, X 上の複素数値 $\mathcal{F}$-可測関数 $f(x)$ は $\mathbb{N}$ の元に複素数を対応させる写像なので, それは複素数列 $\{f(k)\}_{k=1}^{\infty}$ とみなすことができます. このとき, 可積分であるとは

$$\sum_{k=1}^{\infty} |f(k)| < \infty$$

となることであり, また積分は和

$$\int_{\mathbb{N}} f(x)d\mu(x) = \sum_{k=1}^{\infty} f(k)$$

になっています. ルベーグの収束定理をこの設定に適用すると, 次のようになります.

　系 18.14　複素数列 $\left\{a_k^{(n)}\right\}_{k=1}^{\infty}$ $(n = 1, 2, \cdots)$ および $\{a_k\}_{k=1}^{\infty}$ があり,

$$\lim_{n \to \infty} a_k^{(n)} = a_k \ (k = 1, 2, \cdots)$$

をみたしているとする. もしある正数列 $\{\varphi_k\}_{k=1}^{\infty}$ で

$$\left| a_k^{(n)} \right| \leq \varphi_k \ (n, k = 1, 2, \cdots) \ \text{かつ} \ \sum_{k=1}^{\infty} \varphi_k < \infty$$

となるものをとれるならば

$$\lim_{n \to \infty} \sum_{k=1}^{\infty} a_k^{(n)} = \sum_{k=1}^{\infty} \lim_{n \to \infty} a_k^{(n)} = \sum_{k=1}^{\infty} a_k$$

が成り立つ.

注意 18.2 フビニの定理も抽象的な設定で証明することができますが, 証明は本書の方法を形式的に読み直すだけではできません. 少し工夫が必要です. 詳細はたとえば 伊藤 [16] など抽象的な測度論を扱っている本を参照するとよいでしょう.

18.4 測度を作る——抽象的外測度を使った構成

第 16 章で学んだように, s 次元ハウスドルフ測度は s 次元ハウスドルフ外測度 $\mathcal{H}^s$ からカラテオドリ流の可測集合族 $\mathfrak{M}_{\mathcal{H}^s}$ を作り, $\mathcal{H}^s$ の $\mathfrak{M}_{\mathcal{H}^s}$ への制限により定義しました. このプロセスは抽象化することができます.

本節ではルベーグ外測度を抽象化した外測度を定義し, この抽象的な外測度から測度を作る方法を述べます.

本節では特に断らない限り X を空でない集合とします. 抽象的な外測度は第 5 章で学んだルベーグ外測度の性質である非負性 (5.2), 単調性 (5.3), 劣加法性 (5.4) (第 16 章も参照) をモデルに次のように定義されます.

定義 18.15 Φ が X 上の外測度とは, 次の (OM1) ～ (OM3) をみたすことである.

(OM1) $\Phi : \mathcal{P}(X) \to [0, \infty], \ \Phi(\emptyset) = 0$ (非負性)

(OM2) $A \subset B \subset X \Rightarrow \Phi(A) \leq \Phi(B)$ (単調性)

(OM3) $A_1, A_2, \cdots \in \mathcal{P}(X) \Rightarrow \Phi\left(\bigcup_{n=1}^{\infty} A_n \right) \leq \sum_{n=1}^{\infty} \Phi(A_n)$ (劣加法性).

いうまでもなく d 次元ルベーグ外測度や s 次元ハウスドルフ外測度は $\mathbb{R}^d$

上の外測度の一例です．一般に外測度 Φ が与えられると，そこから次のように
して測度空間を作ることができます．まず，カラテオドリの意味の可測性を
動機として，次のような定義をします．

定義 18.16 $A \subset X$ が Φ-可測であるとは，任意の $E \subset X$ に対して

$$\Phi(E) = \Phi(E \cap A) + \Phi(E \cap A^c)$$

をみたすことである．

$$\mathfrak{M}_{\Phi}^* = \{A \subset X : A \text{ は } \Phi\text{-可測}\}$$

と定義する．

　明らかに $\varnothing, X \in \mathfrak{M}_{\Phi}^*$ です．さらに次のことが示せます．証明は命題 5.3 と
同様なので省略します．

定理 18.17 $\mathfrak{M}_{\Phi}^*$ は X の σ-集合体である．

　さらに定理 5.4 と同様にして（同様なので証明は省きますが）次のことも証
明できます．

定理 18.18 Φ は可測空間 $(X, \mathfrak{M}_{\Phi}^*)$ 上の測度である．

　この測度は完備になっています．すなわち

定理 18.19 $(X, \mathfrak{M}_{\Phi}^*, \Phi)$ は完備である．

　証明 $A \in \mathfrak{M}_{\Phi}^*$, $\Phi(A) = 0$, $B \subset A$ とします．このとき単調性（OM2）
から $0 \leq \Phi(B) \leq \Phi(A) = 0$ です．ゆえに任意の $E \subset X$ に対して，劣加法
性（OM3）と単調性（OM2）から

$$\Phi(E) \leq \Phi(E \cap B) + \Phi(E \cap B^c) \leq \Phi(B) + \Phi(E)$$
$$= \Phi(E).$$

ゆえに $B \in \mathfrak{M}_{\Phi}^*$ です．■

以上述べたことから，完備測度空間を作るには外測度を構成すればよいことがわかりました．d 次元ルベーグ外測度 m_d^* からこのプロセスで完備測度空間 $(\mathbb{R}^d, \mathfrak{M}_{m_d^*}^*, m_d^*)$ を構成することができます．これと d 次元ルベーグ測度からなる測度空間 $(\mathbb{R}^d, \mathfrak{M}_d, m_d)$ とは違いはあるのでしょうか．じつは両者が一致する，すなわち，$\mathfrak{M}_{m_d^*}^* = \mathfrak{M}_d$ であり，したがって $m_d^*(A) = m_d(A)$ $(A \in \mathfrak{M}_d)$ になるというのが定理 5.5 に他なりません．

ここではある外測度を構成し，そこから測度を構成します．ポイントとなるのは集合体上の有限加法的測度という測度の公理を弱めたものです．

まず集合体の定義から始めます．

定義 18.20 $\mathcal{F}_0$ を X の部分集合からなるある族 とする．$\mathcal{F}_0$ が X の**集合体**であるとは，

$$X \in \mathcal{F}_0$$

$$B \in \mathcal{F}_0 \Rightarrow B^c \in \mathcal{F}_0$$

$$B_1, \cdots, B_n \in \mathcal{F}_0 \Rightarrow \bigcup_{k=1}^{n} B_k \in \mathcal{F}_0$$

をみたすことである．

有限加法的測度は次のように定義されます．

定義 18.21 X を空でない集合，$\mathcal{F}_0$ を X の集合体とする．$\mu^{(0)}$ が $\mathcal{F}_0$ 上の**有限加法的測度**であるとは，次の条件をみたすことである．
(F1) $\mu^{(0)} : \mathcal{F}_0 \to [0, \infty]$,
(F2) $\mu^{(0)}(\varnothing) = 0$,
(F3) 任意の自然数 n に対して，

$$F_1, \cdots, F_n \in \mathcal{F}_0,\ F_j \cap F_k = \varnothing\ (j \neq k)$$
$$\Rightarrow \mu^{(0)} \left(\bigcup_{k=1}^{n} F_k \right) = \sum_{k=1}^{n} \mu^{(0)}(F_k).$$

有限加法的測度 $\mu^{(0)}$ が有限であるとは $\mu^{(0)}(X) < \infty$ をみたすことである．

また μ_0 が σ-**有限**であるとは, $X_1, X_2, \cdots \in \mathcal{F}_0$ で, $X_1 \subset X_2 \subset \cdots$, $X = \bigcup_{n=1}^{\infty} X_n$ かつ $\mu^{(0)}(X_n) < \infty$ $(n = 1, 2, \cdots)$ をみたすものが存在することである.

集合体 $\mathcal{F}_0$ 上の有限加法的測度 $\mu^{(0)}$ からルベーグ外測度にならって次が定義されます. $A \subset X$ に対して

$$\Phi_{\mu^{(0)}}(A) = \inf \left\{ \sum_{n=1}^{\infty} \mu^{(0)}(A_n) : A_1, A_2, \cdots \in \mathcal{F}_0,\ A \subset \bigcup_{n=1}^{\infty} A_n \right\}$$

とします. 次のことが成り立ちます.

定理 18.22 $\Phi_{\mu^{(0)}}$ は X 上の外測度である. したがって, $\Phi_{\mu^{(0)}}$ の定義域を $\mathfrak{M}^*_{\Phi_{\mu^{(0)}}}$ に制限すると, $(X, \mathfrak{M}^*_{\Phi_{\mu^{(0)}}}, \Phi_{\mu^{(0)}})$ は完備測度空間である.

本書では $\Phi_{\mu^{(0)}}$ を $\mu^{(0)}$ から誘導される外測度と呼びます.

証明 非負性 (5.2), 単調性 (5.3) は定義より明らかです. 劣加法性 (5.4) はルベーグ外測度の劣加法性 (定理 3.2) の証明と同様の考え方でできます. ∎

測度のこの構成方法の応用例は第 18.5 節で解説します.

練習問題

問題 18.1 X の部分集合からなるある族 $\mathcal{A}$ を考える.

$$\sigma[\mathcal{A}] = \bigcap \{\mathcal{F} : \mathcal{F} \text{ は } X \text{ 上の}\sigma\text{-集合体で, } \mathcal{A} \subset \mathcal{F}\}$$

とおく. $\sigma[\mathcal{A}]$ は X の σ-集合体であることを示せ. $\sigma[\mathcal{A}]$ を $\mathcal{A}$ で**生成される** σ-**集合体**という.

問題 18.2 $\mu^{(0)}$ を集合体 $\mathcal{F}$ 上の有限加法的測度とする. $A_1, \cdots, A_n \in \mathcal{F}$ に対して次を示せ.

$$\mu^{(0)} \left(\bigcup_{k=1}^{n} A_k \right) \leq \sum_{k=1}^{n} \mu^{(0)}(A_k).$$

18.5　ホップの拡張定理と確率分布関数への応用

　確率論・統計学では $\mathbb{R}$ 上の 1 次元ボレル測度 μ で，$\mu(\mathbb{R}) = 1$ をみたすものを **1 次元分布** といいます．たとえば，$\sigma > 0$, $m \in \mathbb{R}$ とし，ボレル集合 $A \subset \mathbb{R}$ に対して，

$$\mu_g(A) = \frac{1}{\sqrt{2\pi\sigma}} \int_A e^{-(x-m)^2/2\sigma} dm_1(x)$$

は 1 次元分布になっています．μ_g は平均 m，分散 σ のガウス分布（あるいは正規分布）と呼ばれているものです．

　一般に 1 次元分布 μ に対して

$$F(x) = \mu((-\infty, x]) \ (x \in \mathbb{R}) \tag{18.4}$$

を μ の **分布関数** といいます．

　これまで学んだ積分の性質から次のことが示せます．

　命題 18.23　μ が 1 次元分布とし，F を μ の分布関数とする．このとき次のことが成り立つ．

（D1）　$a \le b \Rightarrow F(a) \le F(b)$.

（D2）　F は $\mathbb{R}$ 上で右連続，すなわち，任意の $x \in \mathbb{R}$ に対して，$\displaystyle\lim_{h>0,\,h\to 0} F(x+h) = F(x)$.

（D3）　$\displaystyle\lim_{x\to-\infty} F(x) = 0$, $\displaystyle\lim_{x\to\infty} F(x) = 1$.

　証明　（D1）は明らか．（D2）：$x_1 > x_2 > \cdots \to x$ をみたす任意の数列に対して $I_n = (x, x_n]$ とすると $\mu(I_1) < \infty$ かつ $I_1 \supset I_2 \supset \cdots$, $\displaystyle\bigcap_{n=1}^{\infty} I_n = \varnothing$ です．したがって，$\displaystyle\lim_{n\to\infty} \mu(I_n) = \mu(\varnothing) = 0$（定理 18.7）．また $I_n = (-\infty, x_n] \setminus (-\infty, x]$ より

$$\mu(I_n) = \mu((-\infty, x_n]) - \mu((-\infty, x]) = F(x_n) - F(x).$$

したがって（D2）が得られます．（D3）：$\mu(\mathbb{R}) = 1$ より $x_1 > x_2 > \cdots \to -\infty$

なる任意の数列に対して，$I_n = (-\infty, x_n]$ とおくと，$I_1 \supset I_2 \supset \cdots$, $\displaystyle\bigcap_{n=1}^{\infty} I_n = \varnothing$ なので定理 18.7 より $F(x_n) = \mu(I_n) \to 0 \ (n \to \infty)$ です．$x_1 < x_2 < \cdots \to \infty$ なる任意の数列に対して，$I_n = (-\infty, x_n]$ とおくと，$I_1 \subset I_2 \subset \cdots$, $\displaystyle\bigcup_{n=1}^{\infty} I_n = \mathbb{R}$ となっています．したがって，定理 18.7 より $F(x_n) = \mu(I_n) \to \mu(\mathbb{R}) = 1$ が得られます．∎

じつはこの逆が成立しています．本節の目標は次の定理を示すことです．

定理 18.24　F が (D1), (D2), (D3) をみたす $\mathbb{R}$ 上の関数ならば，(18.4) をみたす $\mathbb{R}$ 上のボレル測度 μ が一意的に存在する．すなわち，F を分布関数とするような 1 次元分布が一意的に存在する．

定理の証明のため，いくつかの準備から始めます．以下では次の左半開区間をベースにして議論を進めます．

$$(a, b] = \begin{cases} (a, b] & -\infty < a < b < \infty \\ (-\infty, b] & -\infty = a < b < \infty \\ (a, \infty) & -\infty < a < b = \infty \\ (-\infty, \infty) & -\infty = a < b = \infty \end{cases}$$

便宜上，これらを総称して広義左半開区間と呼ぶことにします．そして $\mathbb{R}$ の部分集合で，有限個の広義左半開区間の和集合として表されるもの全体のなす集合族を $\mathcal{L}$ で表します．このとき，$\mathcal{L}$ が $\mathbb{R}$ の集合体であることが容易に示せます．広義左半開区間 $(a, b]$ に対して

$$|I|_F = F(b) - F(a)$$

と定めます（ただし $F(-\infty) = \displaystyle\lim_{x \to -\infty} F(x) \ (= 0)$, $F(\infty) = \displaystyle\lim_{x \to \infty} F(x) \ (= 1)$ とします）．

さて，$L \in \mathcal{L}$ は有限個の互いに交わらない広義左半開区間 $L_1, \cdots, L_N$ によって

$$L = \bigcup_{n=1}^{N} L_n$$

と表せます. このとき

$$\nu_F(L) = \sum_{n=1}^{N} |L_n|_F$$

と定めると, この定義は L の有限個の互いに交わらない広義左半開区間の和集合の表し方によらないことが示せ, ν_F は $\mathcal{L}$ 上の有限加法的測度で, $\nu_F(\mathbb{R}) = 1$ となっています. 定理 18.22 より $(\mathbb{R}, \mathfrak{M}_{\nu_F}^*, \Phi_{\nu_F})$ が完備測度空間になります.

また, 定理 6.9 では $\mathbb{R}$ の空でない開集合が, 互いに交わらない右半開区間の和集合で表せることが示されていますが, 定理 3.14 の証明の議論を左半開区間に修正して行えば, 左半開区間でも成り立つことがわかります. すなわち, $\mathbb{R}$ の空でない開集合 G に対して, 互いに交わらない左半開区間 $I_1, I_2, \cdots$ が存在し, $G = \bigcup_{n=1}^{\infty} I_n$ が成り立ちます. したがって, $\mathbb{R}$ の開集合は $\mathfrak{M}_{\nu_F}^*$ に含まれます. ゆえに, 1 次元 σ-ボレル集合体 $\mathcal{B}_{\mathbb{R}}$ について $\mathcal{B}_{\mathbb{R}} \subset \mathfrak{M}_{\nu_F}^*$ です. これより Φ_{ν_F} は $\mathcal{B}_{\mathbb{R}}$ 上の測度, すなわち 1 次元ボレル測度となっています.

したがって, 示すべきことは

$$\mathcal{L} \subset \mathfrak{M}_{\nu_F}^* \text{ かつ } \Phi_{\nu_F}(L) = \nu_F(L) \ (L \in \mathcal{L}) \tag{18.5}$$

となることです. 実際, (18.5) が示されれば, $(a, b] \in \mathcal{L}$ ですから

$$\Phi_{\nu_F}((a, b]) = \nu_F((a, b]) = F(b) - F(a)$$

です. じつは (18.5) は次のホップの拡張定理を使って示すことができます.

定理 18.25 (ホップの拡張定理) X を空でない集合, $\mathcal{F}_0$ を X の集合体とする. μ_0 を $\mathcal{F}_0$ 上の有限加法的測度とする. $\mathcal{F}$ を $\mathcal{F}_0$ で生成される σ-集合体とする (問題 18.1 参照). また, μ_0 から誘導される外測度を Φ とおく. このとき次の (1) と (2) は互いに同値である.

(1) Φ は可測空間 $(X, \mathcal{F})$ 上の測度で,

$$\Phi(A) = \mu_0(A), \ A \in \mathcal{F}_0 \tag{18.6}$$

をみたす.

(2) $A_1, A_2, \cdots \in \mathcal{F}_0$, $A_j \cap A_k = \varnothing$ $(j \neq k)$, $\bigcup_{n=1}^{\infty} A_n \in \mathcal{F}_0$ ならば

$$\mu_0 \left(\bigcup_{k=1}^{n} A_k \right) = \sum_{k=1}^{\infty} \mu_0(A_k) \tag{18.7}$$

が成り立つ.

特に $\mu_0(X) < \infty$ の場合,（1）または（2）は次の（3）とも同値である.

(3) $A_1, A_2, \cdots \in \mathcal{F}_0$ に対して

$$A_1 \supset A_2 \supset \cdots, \ \bigcap_{n=1}^{\infty} A_n = \varnothing \Rightarrow \lim_{n \to \infty} \mu_0(A_n) = 0 \tag{18.8}$$

が成り立つ.

さらに $\mu_0(X) < \infty$ の場合, (18.6) をみたす $(X, \mathcal{F})$ 上の測度は一意的に定まる.

証明の前に証明あるいは後の議論で必要になるので, 次のことに注意しておきます. $A, B \in \mathcal{F}_0$, $A \subset B$ ならば

$$\mu_0(B) = \mu_0((B \backslash A) \cup A) = \mu_0(B \backslash A) + \mu_0(A) \geq \mu_0(A)$$

が成り立っています. 特に $\mu_0(A) < \infty$ ならば $\mu_0(B \backslash A) = \mu_0(B) - \mu_0(A)$ が成り立ちます.

定理 18.25 の証明　（1）$\Rightarrow$（2）は明らかなので,（2）$\Rightarrow$（1）を証明します. 定理 18.17, 定理 18.19 より, $(X, \mathfrak{M}_{\Phi}^{*}, \Phi)$ は完備測度空間です. $\mathcal{F} \subset \mathfrak{M}_{\Phi}^{*}$ を示します. そのため $A \in \mathcal{F}_0$ を任意にとります. E を X の任意の部分集合とします. 任意に $\varepsilon > 0$ をとると, μ_0 から誘導される外測度の定義から, $E \subset \bigcup_{n=1}^{\infty} A_n$ をみたす $A_n \in \mathcal{F}_0$ で,

$$\sum_{n=1}^{\infty} \mu_0(A_n) \leq \Phi(E) + \varepsilon$$

をみたすものが存在します. $A, A^c, A_n \in \mathcal{F}_0$ より

$$\Phi(E) + \varepsilon \geq \sum_{n=1}^{\infty} \mu_0(A_n) = \sum_{n=1}^{\infty} \mu_0(A \cap A_n) + \sum_{n=1}^{\infty} \mu_0(A^c \cap A_n)$$
$$\geq \Phi(A \cap E) + \Phi(A^c \cap E).$$

ここで ε は任意の正数ですから，$\Phi(E) \geq \Phi(A \cap E) + \Phi(A^c \cap E)$ です．この逆の向きの不等式は Φ の劣加法性から明らかです．したがって $A \in \mathfrak{M}_{\Phi}^*$ が得られます．ゆえに $\mathcal{F}_0 \subset \mathfrak{M}_{\Phi}^*$ です．$\mathfrak{M}_{\Phi}^*$ は σ-集合体ですから，$\mathcal{F} \subset \mathfrak{M}_{\Phi}^*$ が成り立ちます．

Φ は $(X, \mathfrak{M}_{\Phi}^*)$ 上の測度なので，$(X, \mathcal{F})$ 上の測度となります．

次にこの Φ が (18.6) をみたすことを示します．$A \in \mathcal{F}_0$ とします．明らかに $\Phi(A) \leq \mu_0(A)$ です．以下では，この逆向きの不等式を示します．任意に $\varepsilon > 0$ をとると，ある $A_1, A_2, \cdots \in \mathcal{F}_0$ を，$A \subset \bigcup_{n=1}^{\infty} A_n$ かつ

$$\sum_{n=1}^{\infty} \mu_0(A_n) \leq \Phi(A) + \varepsilon$$

となるようにとれます．$B_1 = A_1$, $B_n = A_n \setminus \bigcup_{k=1}^{n-1} A_k$ $(n \geq 1)$ と定めると，$B_n \in \mathcal{F}_0$ $(n \geq 0)$ であり，$B_j \cap B_k = \varnothing$ $(j \neq k)$, $A \subset \bigcup_{n=1}^{\infty} A_n = \bigcup_{n=1}^{\infty} B_n$ です．μ_0 の単調性から

$$\Phi(A) + \varepsilon \geq \sum_{n=1}^{\infty} \mu_0(A_n) \geq \sum_{n=1}^{\infty} \mu_0(B_n) \geq \sum_{n=1}^{\infty} \mu_0(A \cap B_n)$$

となっています．$A = \bigcup_{n=1}^{\infty} (A \cap B_n)$ ですから，前提としている (2) より

$$\sum_{n=1}^{\infty} \mu_0(A_n \cap B_n) = \mu_0 \left(\bigcup_{n=1}^{\infty} (A \cap B_n) \right) = \mu_0(A)$$

です．ゆえに $\Phi(A) + \varepsilon \geq \mu_0(A)$ が得られます．ここで ε は任意の正数なので，$\Phi(A) \geq \mu_0(A)$ が示せました．よって $\Phi(A) = \mu_0(A)$ です．

(1) $\Rightarrow$ (3) は定理 4.5 (2) の証明と同様です．(3) $\Rightarrow$ (2) は問題としておきます（問題 18.3）．証明は問題 18.3 の解答をご覧ください．

最後に一意性を証明します. ν を可測空間 $(X, \mathcal{F})$ 上の測度で, $\mathcal{F}_0$ 上では μ_0 と一致するものとします. Φ の定義と測度 ν の劣化法性から容易に $\nu(A) \leq \Phi(A)$ $(A \in \mathcal{F})$ が示せます. 逆向きの不等式を示します. $A \in \mathcal{F}$ とします. $A^c \in \mathcal{F}$ なので, すでに示したことから $\nu(A^c) \leq \Phi(A^c)$ です. したがって

$$\nu(A) = \nu(X) - \nu(A^c) = \mu_0(X) - \nu(A^c) \geq \mu_0(X) - \Phi(A^c)$$
$$= \Phi(X) - \Phi(A^c) = \Phi(A).$$

よって $\nu(A) = \Phi(A)$ $(A \in \mathcal{F})$ が示されました. ∎

注意 18.3　　この定理の一意性の主張は, 証明に若干工夫が要りますが, μ_0 が σ-有限であれば成り立つことが知られています. 証明は練習問題とします.

最後に定理 18.24 の証明を完了させておきます.

定理 18.24 の証明　　これまでの議論から, 定理 18.25 (3) を示せば証明が終了します. (3) を示すには次のことを示せば十分です.

$$A_n \in \mathcal{F}_0 \ (n = 1, 2, \cdots), \ A_1 \supset A_2 \supset \cdots, \ \lim_{n \to \infty} \nu_F(A_n) > 0$$
$$\Rightarrow \bigcap_{n=1}^{\infty} A_n \neq \varnothing.$$

$\lim_{n \to \infty} \nu_F(A_n) \geq \delta > 0$ とすると, 任意の n に対して $\nu_F(A_n) \geq \delta$ です. 任意の $\varepsilon > 0$ と任意の広義左半開区間 I に対して, F の仮定より, ある有界な左半開区間 J で, その閉包 $\overline{J}$ が $\overline{J} \subset I$ をみたし, かつ $\nu_F(I) - \nu_F(J) < \varepsilon$ となるものをとれます. これより各 A_n に対して, 有限個の有界な左半開区間の和集合 A_n° で, $\overline{A_n^\circ} \subset A_n$ かつ $\nu_F(A_n) - \nu_F(A_n^\circ) < \delta/2^{n+1}$ をみたすものの存在が示せます. $B_n = \bigcap_{k=1}^{n} A_k^\circ$ とおきます. 明らかに $\overline{B_n} \subset A_n$ です. さて, 問題 18.2 より

$$\delta - \nu_F(B_n) \leq \nu_F(A_n) - \nu_F(B_n) = \nu_F(A_n \backslash B_n) = \nu_F \left(\bigcup_{k=1}^{n} (A_n \backslash A_k^\circ) \right)$$
$$\leq \sum_{k=0}^{n} \left(\nu_F(A_n) - \nu_F(A_k^\circ) \right) < \sum_{k=0}^{n} \delta/2^{k+1} < \frac{\delta}{2}.$$

ゆえに $\nu_F(B_n) > \dfrac{\delta}{2}$ です．これより $B_n \neq \varnothing$ であるから，$\overline{B_n} \neq \varnothing$．ここで $\overline{B_n}$ は有界閉集合で，$\overline{B_n} \supset \overline{B_{n+1}}$ ですから，位相数学の良く知られた性質（問題 18.4）から $\bigcap_{n=1}^{\infty} \overline{B_n} \neq \varnothing$ です．よって $\bigcap_{n=1}^{\infty} A_n \neq \varnothing$ が示されました．

練習問題

問題 18.3　X を空でない集合，$\mathcal{F}_0$ が X の集合体とする．μ_0 を $\mathcal{F}_0$ 上の有限加法的測度で，$\mu_0(X) < \infty$ とする．次の条件をみたしているとする．$A_1, A_2, \cdots \in \mathcal{F}_0$ に対して

$$A_1 \supset A_2 \supset \cdots, \quad \bigcap_{n=1}^{\infty} A_n = \varnothing \Rightarrow \lim_{n \to \infty} \mu_0(A_n) = 0.$$

このとき μ_0 は（18.7）をみたすことを証明せよ．

問題 18.4　$\varnothing \neq F_n \subset \mathbb{R}$ $(n = 1, 2, \cdots)$ を有界閉集合で，$F_1 \supset F_2 \supset \cdots$ とする．このとき $\bigcap_{n=1}^{\infty} F_n \neq \varnothing$ である．

18.6　測度論的な確率論

本章ではこれまで抽象的な測度論について解説してきました．ルベーグ測度やルベーグ積分の理論を抽象化することの威力の一つは確率論への応用にあります．ここでは確率論への導入を解説します．

確率論の公理化としてコルモゴロフは測度論的確率論と呼ばれる定式化を導入しました．それは次のようなものです．

コルモゴロフは測度空間 $(\Omega, \mathcal{F}, P)$ で $P(\Omega) = 1$ をみたすもの（と同値なもの）を**確率空間**と呼びました．確率論の言葉では，Ω が標本空間，Ω の要素が根元事象，$\mathcal{F}$ の要素が事象です．そして事象 $A \in \mathcal{F}$ に対する $P(A)$ が事象 A の起こる確率とされます．P は確率測度とも呼ばれます．また実数値 $\mathcal{F}$ 可測関数は確率変数と呼ばれ[1]，測度 P について積分可能な関数 X に対

---

[1]実数値に限定する必要はありませんが，本書では実数値の場合を考えます．

して，その積分が期待値と呼ばれ，

$$E(X) = \int_{\Omega} X(\omega) dP(\omega)$$

と表されます．測度論的確率論では，事象の独立は次のように定義されます．$A_1, \cdots, A_n \in \mathcal{F}$ が互いに独立とは，任意の $m \in \{1, 2, \cdots, n\}$ と $1 \leq i_1 < \cdots < i_m \leq n$ をみたす任意の番号に対して

$$P(A_{i_1} \cap \cdots \cap A_{i_m}) = P(A_{i_1}) \cdots P(A_{i_m})$$

をみたすことです．また，Ω 上の確率変数 $X_1, \cdots, X_n$ が互いに独立とは，任意の 1 次元ボレル集合 $G_1, \cdots, G_n$ に対して，$\{X_k \in G_k\} = \{\omega \in \Omega : X_k(\omega) \in G_k\}$ としたときに

$$P(\{X_1 \in G_1\} \cap \cdots \cap \{X_n \in G_n\})$$
$$= P(\{X_1 \in G_1\}) \cdots P(\{X_n \in G_n\})$$

が成り立つことです．Ω 上の確率変数の無限列 $X_1, X_2, \cdots$ が互いに独立であるとは，任意の自然数 n と任意の番号 $1 \leq i_1 < \cdots < i_n$ に対して，$X_{i_1}, \cdots, X_{i_n}$ が互いに独立になることです．

　確率測度の例としては，たとえば第 18.5 節で述べた 1 次元分布があります．これは $\mathbb{R}$ 上に定義された測度です．この他にも $\mathbb{R}^d$ 上の d 次元ボレル測度 μ で $\mu(\mathbb{R}^d) = 1$ をみたすものは d 次元分布として登場します．しかし，さらに無限次元空間上の測度を扱うこともあります．最後にその一例を紹介したいと思います．

　物理現象の一つにブラウン運動があります．これは 1827 年にイギリスの植物学者ロバート・ブラウンが発見したものです．彼は水面上で花粉から放出された微小な粒子が不規則な運動を始めることを発見しました．この現象はブラウン運動と呼ばれています．詳しい歴史は省きますが，アメリカの数学者ノーバート・ウィーナーがブラウン運動に対してウィーナー過程と呼ばれる確率過程による数学的な定式化を行いました．ここではウィーナー過程と関わりの深い 1 次元ウィーナー測度と呼ばれるある関数空間上に定義される測度を紹介

します. 定義のために関数

$$p(t,x) = \frac{1}{\sqrt{2\pi t}} e^{-x^2/(2t)}, \ (t,x) \in (0,\infty) \times \mathbb{R}$$

及び関数からなる集合

$$\boldsymbol{W} = \{w : w \text{ は } [0,\infty) \text{ 上の実数値連続関数}\}$$

を定めておきます. 1 次元ウィーナー測度は $\boldsymbol{W}$ 上に定義されます. そのため
にある $\boldsymbol{W}$ の σ-集合体を導入しておきます. 有限個の $0 = t_0 < t_1 < \cdots < t_n$
と 1 次元ボレル測度 $A_0, A_1, \cdots, A_n$ に対して

$$I_{A_0,\cdots,A_n}^{t_0,\cdots,t_n} = \{w \in \boldsymbol{W} : w(t_0) \in A_0, \cdots, w(t_n) \in A_n\}$$

とします. このような形の集合をボレル筒集合といいます. ボレル筒集合全体
のなす集合族を $\mathcal{C}$ で表します. $\mathcal{C}$ で生成される $\boldsymbol{W}$ の σ-集合体を $\sigma[\mathcal{C}]$ で表
します.

定理 18.26 可測空間 $(\boldsymbol{W}, \sigma[\mathcal{C}])$ 上の確率測度 P で次の条件をみたすも
のがただ一つ存在する. 任意のボレル筒集合 $I_{A_0,\cdots,A_n}^{t_0,\cdots,t_n}$ に対して

$$P(I_{A_0,\cdots,A_n}^{t_0,\cdots,t_n}) = \int_{A_0} d\delta_0(x_0) \int_{A_1} dx_1 \int_{A_2} dx_2 \cdots \int_{A_n} dx_n$$

$$\times p(t_1 - t_0, x_1 - x_0) p(t_2 - t_1, x_2 - x_1) \cdots p(t_n - t_{n-1}, x_n - x_{n-1})$$

が成り立つ (ここで δ_0 は 0 に台をもつ $\mathbb{R}$ 上のディラック測度).

　この定理の測度 P を初期分布 δ_0 の **1 次元ウィーナー測度**といいます.
ウィーナー測度の存在の証明はいくつか知られていますが, 本書の範囲を超え
るため省略します (たとえば [W] などを参照).
　1 次元ウィーナー測度 P から 0 を出発点とする (関数空間型) 1 次元ウィー
ナー過程, あるいは (関数空間型) 1 次元ブラウン運動が得られます. $t \in$
$[0,\infty)$ に対して

$$X_t(w) = w(t) \quad (w \in \boldsymbol{W})$$

と定めます. このとき次のことが成り立ちます.

定理 18.27　次の（W1），（W2），（W3）が成り立つ.

（W1）　$P(\{\omega \in \boldsymbol{W} : X_0(\omega) = 0\}) = 1$.

（W2）　$P(\{\omega \in \boldsymbol{W} :$ 関数 $t \mapsto X_t(\omega)$ は $[0, \infty)$ 上連続 $\}) = 1$.

（W3）　任意の有限個の $0 = t_0 < t_1 < \cdots < t_n$ に対して確率変数の列

$$X_{t_0},\ X_{t_1} - X_{t_0}, \cdots, X_{t_n} - X_{t_{n-1}}$$

は独立であり，1 次元ボレル集合 $A_1, \cdots, A_n$ に対して

$$P(\{\omega \in \boldsymbol{W} : X_{t_1} \in A_1, \cdots, X_{t_n} \in A_n\})$$
$$= \int_{\mathbb{R}} d\delta_0(x_0) \int_{A_1} dx_1 \int_{A_2} dx_2 \cdots \int_{A_n} dx_n$$
$$\times p(t_1 - t_0, x_1 - x_0)p(t_2 - t_1, x_2 - x_1) \cdots p(t_n - t_{n-1}, x_n - x_{n-1})$$

$$(18.9)$$

をみたす.

$(0, 0) \in \mathbb{R}^2$ を出発点とする 2 次元ブラウン運動は，$(\Omega, \mathcal{F}, P)$ 上の $0 \in \mathbb{R}$ を出発点とする互いに独立な 1 次元ウィーナー過程 $\{X_t^1\}_{t \in [0, \infty)}$，$\{X_t^2\}_{t \in [0, \infty)}$ を用意し，$X_t = (X_t^1, X_t^2)$ とすれば得られます. 同様に $\mathbb{R}^d$ 上の d 次元ブラウン運動も得られます.

ブラウン運動については数多くの興味深い結果が知られています. その一つであるペイリー・ウィーナー・ジグムントの定理を記しておきます.

定理 18.28　P に関する測度 0 集合 $F \subset \boldsymbol{W}$ を除いて，ブラウン運動 $\{X_t\}_t$ の路は至る所微分不可能である. すなわち，$w \in \boldsymbol{W} \backslash F$ に対して，関数

$$[0, \infty) \ni t \longmapsto X_t(w)$$

は t に関して至る所微分不可能である.

ブラウン運動は応用上重要な役割を果たす確率過程です. 下記に挙げる補助

動画では，ブラウン運動の古典的調和解析への興味深い応用例を照会しています．

　このように確率論では本質的に抽象的な測度論，さらに積分論が使われます．

【補助動画案内】

http://www.araiweb.matrix.jp/Lebesgue2/
AnalysisProbability.html

実解析と確率論 – マルチンゲール，ブラウン運動，実解析
2 次元ブラウン運動の古典的調和解析の興味深い応用である角谷の定理を紹介しています．

http://www.araiweb.matrix.jp/Lebesgue2/DaniellIntegrals.html

ダニエル積分とその使い方 – 確率論への応用
　ダニエル積分の観点からコイン投げをモデルにした無限次元空間上の測度の存在（伊藤 [I]）を解説しています．ダニエル積分は積分を関数空間上の汎関数として捉える方法による積分論です．

付　録

付録 A

実数の基本的な性質

　ジョルダンの理論，ルベーグの理論は実数空間上の図形の面積に関するものです．そのため，実数のさまざまな性質が使われます．ここでは，本書で必要になる実数の基本的な性質を紹介しておきたいと思います[1]．

A.1 　数列の収束

　まず数列の収束の定義をしておきましょう．数列 $\{a_n\}_{n=1}^{\infty}$ があるとします．高校の教科書などでは $n \to \infty$ のとき a_n が a に収束することを，n を限りなく大きくしていったときに，a_n がある実数 a に限りなく近づくこととしています．しかし厳密にはもう少していねいに定義をしておかねばなりません．というのは，「限りなく大きくしていったとき」であるとか，「限りなく近づく」といった表現にはあいまいさがあるからです．

　これらの数学的な定義をするために，a_n が a に限りなく近づいていくということのイメージを思いおこしておきましょう．たとえば，$y = a$ を軸とした非常に狭い帯を考えてみてください．どんなに狭くてもかまいません．

　a_n は n をどんどん大きくしていくと a に限りなく近づいていくのですから，ある程度の大きさ以上の n に対しては，a_n は今考えた帯の中に必ず入っ

---

[1] 本書の目的は実数についてのお話をすることではないので，実数の定義，定理の証明は述べません．興味のある方は参考文献にあげた赤［22］，ハイラー・ワナー［13］，新井［A］などをご覧ください．

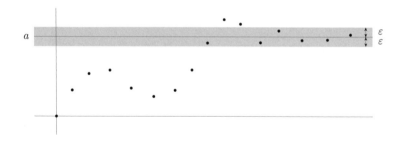

図 A.1

ていなければなりません．つまり帯の幅を 2ε とおけば，

$$n \text{ が十分大きければ，} \quad |a_n - a| < \varepsilon \quad \text{が成り立つ}$$

ということです．

　さて「n が十分大きければ」の部分は，どう数学的に表現すればよいでしょうか？ これは，ある自然数 N があって，n がそれよりも大きければ，$|a_n - a| < \varepsilon$ が成り立つことであると考えられます．そこで，以上のことをまとめてみると，「n を大きくしていったときに，a_n がある実数 a に限りなく近づく」は，次のようなことを意味していると考えられます．

　　　どのような正の数 $\varepsilon > 0$ を与えても

$$N < n \Longrightarrow |a_n - a| < \varepsilon$$

　　が成り立つように自然数 N をとれる[2]．

　このことを念頭において，次のような定義がされます．

　定義 A.1　　数列 $\{a_n\}_{n=1}^{\infty}$ が n を限りなく大きくしていったときに限りなく a に近づくとは，どのような正の数 ε を与えても

$$N < n \Longrightarrow |a_n - a| < \varepsilon$$

---

[2] $\Longrightarrow$ は「ならば」と読みます．$N < n \Longrightarrow |a_n - a| < \varepsilon$ は「$N < n$ ならば $|a_n - a| < \varepsilon$」と読んでください．

が成り立つように自然数 N をとれることである．このことを n を大きくして
いったときに a_n は a に**収束する**といい，

$$\lim_{n \to \infty} a_n = a$$

と表す．

例をあげてこの定義を説明しましょう．

例 A.2 $a_n = \dfrac{1}{n}\ (n = 1, 2, \cdots)$ とするとき，$\displaystyle\lim_{n \to \infty} \dfrac{1}{n} = 0$ である．

証明 正の数 ε を任意に与えます．N を $\dfrac{1}{\varepsilon} < N$ なる自然数とすると，$N < n$ ならば

$$|a_n - 0| = \frac{1}{n} < \frac{1}{N} < \varepsilon$$

が成り立っています．∎

A.2　上限と下限

上限と下限の概念はルベーグ積分論を展開するにあたって非常に重要なもの
です．まず上に有界，下に有界という用語から定義します．

定義 A.3 $X \subset \mathbb{R}$ とする．X が**上に有界**であるとは，ある実数 a で，

$$\text{すべての } x \in X \text{ に対して } x \leq a$$

をみたすものが存在することである．そしてこのような a を X の**上界**という．
また X が**下に有界**であるとは，ある実数 b で，

$$\text{すべての } x \in X \text{ に対して } b \leq x$$

をみたすものが存在することである．そしてこのような b を X の**下界**という．

たとえば，$X = [0, 1]$ であれば，上にも下にも有界で，2 は X の上界の一

つ, 0 は X の下界の一つです. 一方, $X = [0, \infty)$ は上に有界ではなく, $X = (-\infty, 0]$ は下に有界ではありません.

さて X が上に有界であれば, 上界は無数に存在します. 実際 X の上界 a に対して a 以上の実数はみな X の上界になっています. 特に X の上界の中で次の性質をもつものを X の**上限**といいます.

定義 A.4　$X \subset \mathbb{R}$ が上に有界であるとする. $a \in \mathbb{R}$ が 次の (1), (2) をみたすとき a は X の**上限**であるという.

(1)　a は X の上界である.

(2)　どのような $\varepsilon > 0$ に対しても必ず $a - \varepsilon < x$ となるような $x \in X$ が存在する.

たとえば $[0,1]$ の上限は 1, また $[0,1)$ の上限も 1 です. 実際どんな $\varepsilon > 0$ に対しても, $1 - \varepsilon < x < 1$ なる $0 < x < 1$ が存在します. しかし 2 は $[0,1]$, の上界ではありますが, 上限ではありません. なぜなら ε として $1/2$ を考えると, $2 - \varepsilon < x$ なる $x \in [0,1]$ は存在しないからです.

$\mathbb{R}$ の部分集合は上に有界であれば, 定義より必ずその上界は存在します. それでは, 上限は存在するでしょうか？ これに対する答えが次の定理です.

定理 A.5　$\mathbb{R}$ の空でない部分集合は上に有界であれば, 必ずただ一つの上限をもつ. ([13]　第 III 章 定理 1.12 参照.)

$X \subset \mathbb{R}$ が上に有界であるとき, X の上限を

$$\sup_{x \in X} x$$

という記号で表します. 便宜上, 上に有界でない集合 $X \subset \mathbb{R}$ に対しては $\sup_{x \in X} x = +\infty$ と定めます. ($+\infty$ については 第 2.2 節参照.)

上限と同様にして下限も次のように定義されます.

定義 A.6　$X \subset \mathbb{R}$ が下に有界であるとする. $a \in \mathbb{R}$ が 次の (1), (2) をみたすとき X の**下限**であるという.

(1) a は X の下界である.

(2) どのような $\varepsilon > 0$ に対しても必ず $x < a + \varepsilon$ となるような $x \in X$ が存在する.

定理 A.5 から次の定理が証明できます.

定理 A.7 $\mathbb{R}$ の空でない部分集合は下に有界であれば, 必ずただ一つの下限をもつ.

下に有界な集合 $X \subset \mathbb{R}$ の下限を

$$\inf_{x \in X} x$$

という記号で表します. 便宜上, 下に有界でない集合 $X \subset \mathbb{R}$ に対しては $\inf_{x \in X} x = -\infty$ とします. ($-\infty$ については 第 2.2 節参照.)

次の二つの定理は有用で本書でも使っています.

定理 A.8 (1) 上に有界な単調増加列 $\{a_n\}_{n=1}^{\infty}$, すなわち

$$a_1 \le a_2 \le a_3 \le \cdots \le M < \infty$$

であれば $\lim_{n \to \infty} a_n$ が存在する.

(2) 下に有界な単調減少列 $\{a_n\}_{n=1}^{\infty}$, すなわち

$$a_1 \ge a_2 \ge a_3 \ge \cdots \ge M > -\infty$$

であれば $\lim_{n \to \infty} a_n$ が存在する.

定理 A.9 (実数の完備性) $\{x_n\}_{n=1}^{\infty}$ を実数列とする. もし

$$\lim_{n,m \to \infty} |x_n - x_m| = 0$$

ならば, 必ず $x = \lim_{n \to \infty} x_n$ となる実数 x が存在する.

詳細はたとえば新井 [A] 第 8 章を参照してください.

付録 B

有界閉集合

　有界閉集合はいくつかの便利な性質をもっています．本文では主に $\mathbb{R}^2$ の場合を扱っていますが，この付録では $\mathbb{R}^d$ $(d = 1, 2, 3, \cdots)$ の場合を説明することにします．$\mathbb{R}^d \ni x = (x_1, \cdots, x_d), y = (y_1, \cdots, y_d)$ に対して

$$d(x, y) = \sqrt{\sum_{j=1}^{d} (x_j - y_j)^2}$$

とします．点 $x^{(n)} \in \mathbb{R}^d$ $(n = 1, 2, \cdots)$ がある点 $x \in \mathbb{R}^d$ に**収束**するとは

$$d(x^{(n)}, x) \to 0 \ (n \to \infty)$$

となることです．閉集合は次のように定義されます．

　定義 B.1　$A \subset \mathbb{R}^d$ が閉集合であるとは，A 内の点 x_n $(n = 1, 2, \cdots)$ がある点 $x \in \mathbb{R}^d$ に収束しているならば，その収束先 x がいつでも $x \in A$ となっているようなものである．

　特に有界な閉集合，すなわち $r > 0$ を大きくとって

$$A \subset \underbrace{[-r, r) \times \cdots \times [-r, r)}_{d \text{ 個}}$$

とできるような閉集合 A のことを**有界閉集合**という．

　たとえば $x \in \mathbb{R}^d$ と $r > 0$ に対して

$$\overline{B_d(x,r)} = \{y : y \in \mathbb{R}^d,\, d(x,y) \le r\}$$

を中心 x, 半径 r の**閉球**といいますが, これは有界閉集合になっています.

さて有界閉集合の際立った性質の一つは次のものです.

定理 B.2 （ボルツァノ・ワイエルシュトラスの定理） $A \subset \mathbb{R}^d$ を有界閉集合とする. $x^{(n)} \in A\ (n = 1, 2, \cdots)$ とすると, $\{n\}_{n=1}^{\infty}$ のある部分列

$$n(1) < n(2) < n(3) < \cdots \to \infty$$

とある $x \in A$ が存在し, $d(x^{n(j)}, x) \to 0\ (j \to \infty)$ が成り立つ. すなわち A 内の任意の点列は, A のある点に収束するような部分列を持っている. （[A] 定理 10.4 参照.）

この定理と同様に重要な役割を果たすものが, 被覆に関する定理です. まず $\mathbb{R}^d$ の開集合を定義しておきましょう.

定義 B.3 $x \in \mathbb{R}^d$ と $r > 0$ に対して

$$B_d(x,r) = \{y : y \in \mathbb{R}^d,\, d(x,y) < r\}$$

とする. これを中心 x, 半径 r の**開球**という. $U \subset \mathbb{R}^d$ が開集合であるとは, 任意の $x \in U$ に対して, ある $r > 0$ を $B_d(x,r) \subset U$ となるようにとれる集合のことである.

定理 B.4 $A \subset \mathbb{R}^d$ を有界閉集合とする. $U_\lambda\ (\lambda \in \Lambda)$ を $\mathbb{R}^d$ の開集合で, $A \subset \bigcup_{\lambda \in \Lambda} U_\lambda$ をみたしているとする. このとき, $U_\lambda\ (\lambda \in \Lambda)$ の中から有限個の $\lambda(1), \cdots, \lambda(n)$ を選んで

$$A \subset \bigcup_{j=1}^{n} U_{\lambda(j)}$$

とできる. （新井 [A, 定理 10.5] 参照.）

集合 $\varnothing \ne A \subset \mathbb{R}^d$ に対して

$$\overline{A} = \{x \in \mathbb{R}^d : d(x, A) = 0\}$$

とします. また $\overline{\varnothing} = \varnothing$ と定めます. 明らかに $A \subset \overline{A}$ です. 次のことが成り立ちます.

定理 B.5　$\overline{A}$ は閉集合である. 特に A が有界集合ならば, $\overline{A}$ は有界閉集合である.

証明　$A \neq \varnothing$ の場合を示します. $x^{(n)} \in A \ (n = 1, 2, \cdots)$, $x \in \mathbb{R}^d$ で, $\lim_{n \to \infty} d(x^{(n)}, x) = 0$ とします. もしも $d(x, A) > 0$ であるとします. $d(x, A) > \delta > 0$ なる実数 δ をとります. 十分大きな番号 N に対して, $d(x^{(N)}, x) < \delta$ となっています. ところが $x^{(N)} \in A$ より $d(x, A) \leq d(x^{(N)}, x) < \delta$ となってしまう. よって $d(x, A) = 0$, すなわち $x \in \overline{A}$ となり, 題意が示せました. ∎

注意 B.1　位相数学では A を含む最小の閉集合を A の閉包といいますが, $\overline{A}$ は A の閉包になっています. 実際, $(\varnothing \neq A \subset) B$ を閉集合とします. $x \in \overline{A}$ ならば $d(x, A) = 0$ より, ある $x^{(n)} \in A$ が存在し, $\lim_{n \to \infty} d(x^{(n)}, x) = 0$ となっています. $x^{(n)} \in B$ でもあるので, $x \in B$ です. ゆえに $\overline{A} \subset B$ です.

開集合の有界閉集合による近似について述べておきます. これは解析学全般でしばしば使われるものであり, 本書でも用います.

定理 B.6　$D \subset \mathbb{R}^d$ を空でない開集合とする. このとき, 有界開集合 $D_n \subset \mathbb{R}^d$ (空集合の場合もある) で次をみたすものが存在する.

$$D_n \subset \overline{D_n} \subset D_{n+1} \ (n = 1, 2, \cdots),$$
$$D = \bigcup_{n=1}^{\infty} D_n.$$

本書では便宜上 $\{D_n\}_{n=1}^{\infty}$ を D の有界近似列ということにします.

証明　$D = \mathbb{R}^d$ の場合は $D_n = B_d(0, n)$ とすれば定理が成り立ちます. $D \subsetneq \mathbb{R}^d$ の場合を証明します. $x^{(0)} \in D$ とします. $n = 1, 2, \cdots$ に対して

$$D_n = \left\{ x \in D : d(x, x^{(0)}) < n,\, d\left(x, D^c\right) > \frac{1}{n} \right\}$$

とおきます．このとき明らかに

$$\overline{D_n} \subset \left\{ x \in D : d(x, x^{(0)}) < n+1,\, d\left(x, D^c\right) > \frac{1}{n+1} \right\} = D_{n+1}$$

です．以下では $D \subset \bigcup_{n=1}^{\infty} D_n$ を示します．$x \in D$ を任意にとります．$d(x, D^c) > 0$ であることを示しておきます．もしも $d(x, D^c) = 0$ であるとして矛盾を導きます．このとき $x^{(n)} \in D^c$ で $\lim_{n\to\infty} d(x^{(n)}, x) = 0$ となるものが存在します．一方，D は開集合ですから，十分小さな $\delta > 0$ を $B_d(x, \delta) \subset D$ となるようにとれます．十分大きな番号 N を $d(x^{(N)}, x) < \delta$ となるようにとれるので，$x^{(N)} \in B_d(x, \delta) \subset D$ となり $x^{(N)} \notin D$ に矛盾します．

さて，$d(x, D^c) > 0$ ですから，ある自然数 n_0 を $d(x, D^c) > n_0^{-1}$ となるようにとります．$d(x, x^{(0)}) < n_1$ なる自然数 n_1 をとります．$n = \max\{n_0, n_1\}$ とすれば $x \in D_n$ です．よって $D \subset \bigcup_{n=1}^{\infty} D_n$ が示されました．■

参考書 新井 [A]，松坂 [19]，ハイラー/ワナー [13]．

付録 C

p 進小数

ここでは，実数 $x\ (0 \leq x \leq 1)$ を p 進小数で表現できることを証明します．以下，p を 2 以上の自然数とします．整数列 $\{x_n\}_{n=1}^{\infty}$ に対して，次の三つの条件を考えます．

(P1) $0 \leq x_n \leq p-1 \quad (n = 1, 2, \cdots)$

(P2) $0 \leq x_k \leq p-2$ をみたす x_k は無限個存在する．

(P3) $1 \leq x_k \leq p-1$ をみたす x_k が無限個存在するか，さもなくばすべて $x_k = 0$.

はじめに $0 \leq x < 1$ の場合を考えていきます．次の定理が成り立ちます．

定理 C.1 (1) $0 \leq x < 1$ なる実数 x に対して条件（P1）をみたす整数列 $\{x_n\}_{n=1}^{\infty}$ で

$$x = \sum_{n=1}^{\infty} \frac{x_n}{p^n} \tag{C.1}$$

となるものが存在する．

(2) $0 \leq x < 1$ なる実数 x に対して条件（P1），（P2），（C.1）をみたす整数列 $\{x_n\}_{n=1}^{\infty}$ がただ一つ存在する．

(3) $0 \leq x < 1$ なる実数 x に対して条件（P1），（P3），（C.1）をみたす整数列 $\{x_n\}_{n=1}^{\infty}$ がただ一つ存在する．

この定理において (C.1) の右辺を x の p 進小数表示といい,

$$x = 0._{(p)}x_1x_2x_3\cdots$$

と表します. たとえば, $p = 10$ の場合が日常よく使われている 10 進小数です. 本書では, カントル集合等の解析のため, $p = 2, 3, 4$ の場合が使われます.

一般に p 進小数による表記は一意的とは限りません. 実際 $p = 10$ の場合で考えれば,

$$\frac{1}{10} = \frac{0}{10} + \sum_{n=2}^{\infty} \frac{9}{10^n}$$

ですから,

$$0._{(10)}1000\cdots = 0._{(10)}0999\cdots$$

となります. しかし, 特に条件 (P2) を課せば, 右辺の表記が排除されます. また (P3) の条件を課せば左辺の表記が排除されます.

以下, 定理 C.1 の証明をいくつかの主張に分けて証明していくことにします. まず条件 (P1) をみたす整数列 $\{x_n\}_{n=1}^{\infty}$ に対して次のことを証明します.

主張 1 整数列 $\{x_n\}_{n=1}^{\infty}$ が条件 (P1) をみたすとき

$$\sum_{n=1}^{\infty} \frac{x_n}{p^n}$$

は, ある実数 $x\ (0 \leq x \leq 1)$ に収束する. 特に $x_n \leq p - 2$ なる x_n が少なくとも一つあるならば, $0 \leq x < 1$ である.

証明 すべての n に対して

$$\sum_{n=1}^{\infty} \frac{x_n}{p^n} \leq \sum_{n=1}^{\infty} \frac{p-1}{p^n} = 1$$

であることから明らかです. ■

さて, 実数 $x\ (0 \leq x < 1)$ に対して,

$$X_1 = px$$

$$X_{n+1} = p(X_n - [X_n]) \quad (n = 1, 2, \cdots)$$

とおきます（ただし $[X_n]$ は X_n の整数部分，すなわち $[X_n] \leq X_n < [X_n] + 1$ なる整数である）．さらに

$$x'_n = [X_n] \quad (n = 1, 2, \cdots)$$

と定めます．本書では，このように定義された整数列 $\{x'_n\}_{n=1}^{\infty}$ を x の **p 進展開係数**とよぶことにします．

主張 2 実数 x $(0 \leq x < 1)$ の p 進展開係数 $\{x'_n\}_{n=1}^{\infty}$ は条件（P1）と（P2）をみたす整数列である．

証明 明らかに $0 \leq X_1 < p$ なので，$0 \leq x'_1 \leq p - 1$ です．また，

$$0 \leq X_n = p(X_{n-1} - [X_{n-1}]) < p \quad (n \geq 2)$$

ですから，$0 \leq x'_n \leq p - 1$ となります．ゆえに条件（P1）がみたされます．次に（P2）をみたすことを示します．そのため，もしも $0 \leq x'_n \leq p - 2$ なる x'_n が有限個しかないとして矛盾を導きます．有限個しかないので，ある番号 m を十分大きくとれば $n \geq m$ なるすべての n に対して $x'_n = [X_n] = p - 1$ となるようにできます．したがって，$n \geq m$ のとき

$$X_{n+1} = p(X_n - [X_n]) = p(X_n - p + 1)$$

すなわち

$$p - X_n = \frac{1}{p}(p - X_{n+1})$$

が成り立ちます．したがって，

$$0 < p - X_m = \frac{1}{p}(p - X_{m+1}) = \frac{1}{p^2}(p - X_{m+2})$$
$$= \cdots = \frac{1}{p^k}(p - X_{m+k}) \leq \frac{p}{p^k} = \frac{1}{p^{k-1}}.$$

ここで，$k \to \infty$ とすると，$1/p^{k-1} \to 0$ なので矛盾です．よって条件（P2）

が成り立ちます. ∎

定理の主張のうち, x が p 進小数表示できることを示しましょう.

主張 3 $0 \leq x < 1$ とし, x の p 進展開係数を $\{x'_n\}_{n=1}^{\infty}$ とする. このとき,

$$x = \sum_{n=1}^{\infty} \frac{x'_n}{p^n}$$

である.

証明 まず任意の自然数 n に対して

$$x = \sum_{k=1}^{n} \frac{x'_k}{p^k} + \frac{X_{n+1}}{p^{n+1}} \tag{C.2}$$

となることを証明します. はじめに $n = 1$ の場合を示します.

$$X_2 = p(X_1 - [X_1]) = p(px - x'_1)$$

より

$$x = \frac{x'_1}{p} + \frac{X_2}{p^2}$$

です. 次に n のときに (C.2) が正しいとして, $n+1$ の場合を示します. 仮定より

$$\begin{aligned}
X_{n+2} &= p(X_{n+1} - [X_{n+1}]) \\
&= p\left\{ p^{n+1}\left(x - \sum_{k=1}^{n} \frac{x'_k}{p^k} \right) - [X_{n+1}] \right\} \\
&= p^{n+2} x - p^{n+2} \sum_{k=1}^{n} \frac{x'_k}{p^k} - p x'_{n+1}
\end{aligned}$$

ですから

$$x = \sum_{k=1}^{n} \frac{x'_k}{p^k} + \frac{x'_{n+1}}{p^{n+1}} + \frac{X_{n+2}}{p^{n+2}} = \sum_{k=1}^{n+1} \frac{x'_k}{p^k} + \frac{X_{n+2}}{p^{n+2}}$$

が成り立ちます.

さて（C.2）より，

$$\left| x - \sum_{k=1}^{n} \frac{x'_k}{p^k} \right| = \frac{X_{n+1}}{p^{n+1}} < \frac{1}{p^n} \to 0 \; (n \to \infty)$$

となります．■

以上で定理 C.1（1）および（2）の存在の部分の証明ができました．次に定理 C.1（2）の一意性を証明します．

主張 4　$\{a_n\}_{n=1}^{\infty}$ を条件（P1），（P2）をみたす整数列とし，

$$x = \sum_{n=1}^{\infty} \frac{a_n}{p^n}$$

とする．このとき，$\{a_n\}_{n=1}^{\infty}$ は x の p 進展開係数になっている．すなわち，$a_n = x'_n$ である．

証明　主張 1 より $0 \le x < 1$ です．以下では，任意の自然数 m に対して

$$X_m = a_m + \sum_{n=1}^{\infty} \frac{a_{n+m}}{p^n}, \quad x'_m = a_m \tag{C.3}$$

となることを帰納法によって証明します．$m = 1$ の場合，

$$X_1 = px = p \sum_{n=1}^{\infty} \frac{a_n}{p^n} = a_1 + \sum_{n=1}^{\infty} \frac{a_{n+1}}{p^n}$$

です．条件（P2）より $\{a_{n+1}\}_{n=1}^{\infty}$ は少なくとも一つ $p-2$ 以下の項を含むので，主張 1 より，

$$0 \le \sum_{n=1}^{\infty} \frac{a_{n+1}}{p^n} < 1$$

となります．ゆえに $x'_1 = [X_1] = a_1$ も得られます．次に m のときに（C.3）が正しいとして，$m+1$ の場合を示します．仮定より

$$X_{m+1} = p(X_m - [X_m]) = p \left(a_m + \sum_{n=1}^{\infty} \frac{a_{n+m}}{p^n} - a_m \right)$$

$$= a_{m+1} + \sum_{n=1}^{\infty} \frac{a_{n+m+1}}{p^n}$$

です. 条件 (P2) より $\{a_{n+m+1}\}_{n=1}^{\infty}$ は少なくとも一つ $p-2$ 以下の項を含むので, 主張 1 より

$$0 \leq \sum_{n=1}^{\infty} \frac{a_{n+m+1}}{p^n} < 1$$

となります. ゆえに $x'_{m+1} = [X_{m+1}] = a_{m+1}$ が成り立ちます. ■

　最後に定理 C.1 (3) を示しましょう. まず (P1), (P3), (C.1) をみたす x_k の存在を示します. これまでの証明から任意の $0 \leq x < 1$ は

$$x = \sum_{n=1}^{\infty} \frac{x'_n}{p^n}$$

と表せていることがわかります. $x = 0$ の場合は $x_k = 0 \ (k = 1, 2, \cdots)$ とすれば明らかです. そうでない場合, もし x'_n の中に $1 \leq x'_n \leq p-1$ をみたすものが有限個しかないときは, ある $x'_N \neq 0$ が存在し, $m > N$ ならば $x'_m = 0$ となります. そこで $x_n = x'_n \ (n \leq N-1), x_N = x'_N - 1, x_n = p-1 \ (n \geq N+1)$ とすればこれが求めるものになっています.

　次に一意性を証明します. $x \neq 0$ の場合を証明します. x_k, y_k を (P1), (P3), (C.1) をみたす整数とします. まず $x_1 = y_1$ を示します.

$$x_1 + \sum_{n=1}^{\infty} \frac{x_{n+1}}{p^n} = y_1 + \sum_{n=1}^{\infty} \frac{y_{n+1}}{p^n}$$

および条件 (P3) より

$$x_1 - y_1 = \sum_{n=1}^{\infty} \frac{y_{n+1}}{p^n} - \sum_{n=1}^{\infty} \frac{x_{n+1}}{p^n} < \sum_{n=1}^{\infty} \frac{y_{n+1}}{p^n}$$
$$\leq \sum_{n=1}^{\infty} \frac{p-1}{p^n} = 1$$

となっています. 同様にして $y_1 - x_1 < 1$ も示せます. すなわち

$$-1 < x_1 - y_1 < 1$$

となり，したがって $x_1 = y_1$ でなければなりません．$x_1 = y_1$ なので，同様の議論で，条件（P3）を使えば $x_2 = y_2$ が示せます．一般には帰納的に，$x_n = y_n$ が得られます．∎

今まで $0 \leq x < 1$ の場合を考えてきました．$x = 1$ の場合は明らかに

$$1 = 0._{(p)}(p-1)(p-1)\cdots$$

と表せています．また

$$1 = 1._{(p)}00\cdots$$

とも表します．

参考書   赤［22］．

付録 D

可算集合，非可算集合，カントルの定理

二つの集合 A, B を考えます．A から B への写像 f が 1 対 1 対応あるいは**全単射**であるとは

$$\{f(x) : x \in A\} = B \tag{D.1}$$

$$f(x) = f(y) \Longrightarrow x = y \tag{D.2}$$

をみたすことです．特に（D.1）をみたす写像を A から B への**全射**あるいは**上への写像**といい，（D.2）をみたす写像を A から B への**単射**といいます．$\mathbb{N} = \{1, 2, 3, \cdots\}$ とします．$\mathbb{N}$ から集合 X へ全単射が存在するとき，X は**可算集合**あるいは**可算無限集合**といいます．このときその全単射を f とすると，

$$X = \{f(1), f(2), f(3), \cdots\}, \quad f(i) \neq f(j) \ (i \neq j)$$

となっているので，X の元は自然数によって番号付けられたことになります．可算とは番号を付けて数えられるという意味を持っています．有限個の元からなる集合でも可算集合でもない集合を**非可算集合**といいます．

次の定理が成り立ちます．

定理 D.1 $A_1, A_2, \cdots$ が可算集合ならば $\displaystyle\bigcup_{n=1}^{\infty} A_n$ も可算集合である．

証明 $A_1 = \left\{ a_1^{(1)}, a_2^{(1)}, \cdots \right\}$, $A_2 = \left\{ a_1^{(2)}, a_2^{(2)}, \cdots \right\}$, $\cdots$ とおくことがで

きます．このとき $\displaystyle\bigcup_{n=1}^{\infty} A_n$ の元に

$$
\begin{array}{ccccc}
a_1^{(1)} \to & a_2^{(1)} & a_3^{(1)} \longrightarrow & a_4^{(1)} & a_5^{(1)} \longrightarrow \\
& \swarrow \quad \nearrow & \swarrow \quad \nearrow & \swarrow \\
a_1^{(2)} & a_2^{(2)} & a_3^{(2)} & a_4^{(2)} & a_5^{(2)} \\
\downarrow \quad \nearrow & \swarrow \quad \nearrow & \swarrow \\
a_1^{(3)} & a_2^{(3)} & a_3^{(3)} & a_4^{(3)} & a_5^{(3)} \\
& \swarrow \quad \nearrow & \swarrow \\
a_1^{(4)} & a_2^{(4)} & a_3^{(4)} & a_4^{(4)} & a_5^{(4)} \\
\downarrow \quad \nearrow & \swarrow \\
a_1^{(5)} & a_2^{(5)} & a_3^{(5)} & a_4^{(5)} & a_5^{(5)} \\
\swarrow
\end{array}
$$

のように番号をつけて，$\mathbb{N}$ との間に 1 対 1 対応を定義できます．ただし，番号付けの際，すでに番号を付けたものと同じ元に再び当たったら，そこを飛ばして番号付けるものとします．■

　定理 D.2　有理数全体のなす集合 $\mathbb{Q}$ は可算集合である．また，その直積 $\mathbb{Q}^2 = \{(x, y) : x, y \in \mathbb{Q}\}$ も可算集合である．

　証明　$A_n = \left\{0, \dfrac{1}{n}, \dfrac{-1}{n}, \dfrac{2}{n}, \dfrac{-2}{n}, \cdots\right\}$ $(n = 1, 2, \cdots)$ とすると，A_n は可算集合であり，$\mathbb{Q} = \displaystyle\bigcup_{n=1}^{\infty} A_n$ です．したがって定理 D.1 より $\mathbb{Q}$ は可算集合です．また，このことから $\mathbb{Q} = \{r_1, r_2, \cdots\}$ と番号付けられるので，$a_j^{(i)} = (r_i, r_j)$ として，定理 D.1 の証明方法を用いれば定理が証明できます．■

　次の定理より，$\mathbb{R}$ は非可算無限集合です．

　定理 D.3　$(0, 1)$ は非可算集合である．実際，$\mathbb{N}$ から $(0, 1)$ への任意の写像 f に対して $\{f(x) : x \in \mathbb{N}\} \subsetneq (0, 1)$ となっている．

証明 $J = \{f(n) : n \in \mathbb{N}\}$ とおきます．$f(n)$ の 10 進小数表示で，付録 C の条件（P1），（P3）をみたすものを

$$f(1) = 0.a_1^{(1)} a_2^{(1)} a_3^{(1)} \cdots$$
$$f(2) = 0.a_1^{(2)} a_2^{(2)} a_3^{(2)} \cdots$$
$$\vdots$$

とします．（このときたとえば，$0.02000\cdots = 0.01999\cdots$ のような二通りに表記される場合は後者を採用することになります．）ここで

$$b_n = \begin{cases} 1 & a_n^{(n)} \text{が偶数} \\ 2 & a_n^{(n)} \text{が奇数} \end{cases}$$

とおき，$\beta = 0.b_1 b_2 b_3 \cdots$ とすると，$0 < \beta < 1$ ですが，$\beta \notin J$ となります．■

　二つの集合の間に 1 対 1 対応が存在するかどうかを判定するのに，しばしば次の定理が用いられます．証明はたとえば松阪 ［19］ p.63 を参照してください．

　定理 D.4（ベルンシュタインの定理）　集合 A から集合 B への全射と，B から A への全射が存在するならば，A と B の間に 1 対 1 対応が存在する．

付録 E

図形の収束 —— ハウスドルフ収束

$\mathbb{R}^d$ の点列の収束については，本文でも付録でも述べましたが，ここでは図形の収束について述べたいと思います．自己相似集合など図形を何度もアフィン変換して得られる図形について調べる場合，図形の収束について論ずる必要がでてきます．

扱う図形は有界閉集合のみです．$\mathcal{K}(\mathbb{R}^d)$ を $\mathbb{R}^d$ 内の空集合でない有界閉集合全体のなす族であるとします．収束について議論する場合，点列の場合は点と点との距離 $d(x, y)$ を定めて，その距離に関して $d(x^{(n)}, x) \to 0 \ (n \to \infty)$ となる場合に点列 $x^{(n)}$ が x に収束すると定義しました．このことをもとに，まず有界閉集合と有界閉集合の間にある距離を定め，それについて収束を考えます．

$\varnothing \neq A \subset \mathbb{R}^d$ と $\delta \geq 0$ に対して

$$[A]_\delta = \left\{ x : x \in \mathbb{R}^d, \, d(x, A) \leq \delta \right\}$$

（ただし $d(x, A)$ は第 12 章で定めた記号で $d(x, A) = \inf \left\{ d(x, a) : a \in A \right\}$）とします．特に $[A]_0$ を A の**閉包**といい，$\overline{A}$ で表します．容易に $\delta \geq 0$ に対して $A \subset [A]_\delta$ であり，$[A]_\delta$ が閉集合であることがわかります．

$E, F \in \mathcal{K}(\mathbb{R}^d)$ に対して，

$$d_H(E, F) = \inf \left\{ \delta : \delta \geq 0, \, E \subset [F]_\delta, \, F \subset [E]_\delta \right\}$$

とし，これを**ハウスドルフ距離**といいます．ハウスドルフ距離も距離 $d(x, y)$

と同様次の性質を持ちます（証明は読者に委ねます）.

定理 E.1 $E, F, K \in \mathcal{K}(\mathbb{R}^d)$ に対して次のことが成り立つ.

(1) $d_H(E, F) \geq 0$；$d_H(E, F) = 0 \Longleftrightarrow E = F$.

(2) $d_H(E, F) = d_H(F, E)$

(3) $d_H(E, F) \leq d_H(E, K) + d_H(K, F)$

実数には完備性がありましたが, $\mathcal{K}(\mathbb{R}^d)$ に属する図形列にも次のような完備性があります.

定理 E.2 $K_n \in \mathcal{K}(\mathbb{R}^d)$ $(n = 1, 2, \cdots)$ が $\lim_{n,m \to 0} d_H(K_n, K_m) = 0$ をみたすならば, ある $K \in \mathcal{K}(\mathbb{R}^d)$ で, $\lim_{n \to \infty} d_H(K_n, K) = 0$ となるものが存在する.

この定理を証明するため, まず次の補題を示しておきます.

補題 E.3 $E_n \in \mathcal{K}(\mathbb{R}^d)$ $(n = 1, 2, \cdots)$ が $d_H(E_n, E_{n+1}) \leq 2^{-n-1}$ をみたしているならば, ある $E \in \mathcal{K}(\mathbb{R}^d)$ で $\lim_{n \to \infty} d_H(E_n, E) = 0$ なるものが存在する.

証明 仮定より $E_{n+1} \subset [E_n]_{2^{-n-1}}, E_{n+2} \subset [E_{n+1}]_{2^{-n-2}}, \cdots$ なので

$$E_{n+j} \subset [E_n]_{2^{-n-1}+2^{-n-2}+\cdots+2^{-n-j}} \subset [E_n]_{2^{-n}} \quad (j = 1, 2, \cdots)$$

が成り立っています. したがって,

$$F_n := \overline{\bigcup_{k=n}^{\infty} E_k} \subset [E_n]_{2^{-n}} \quad (n = 1, 2, \cdots) \tag{E.1}$$

がわかります. このことから F_n は有界閉集合であり, また明らかに $F_{n+1} \subset F_n$ となっています. 以下では, $E = \bigcap_{n=1}^{\infty} F_n$ が求める集合であることを示します.

明らかに E は有界閉集合です. また空集合でないことも次のようにしてわかります. いま $x^{(n)} \in F_n$ なる元を一つとってくると, $x^{(n)}$ は 有界閉集合 F_1

の点列であるから，ある $x \in F_1$ に収束するある部分列 $x^{n(j)}$ をとることができます．任意の n に対して，$n(k) \geq n$ をみたす k をとると，$x^{n(j)} \in F_n$ $(j \geq k)$ ですから $x \in F_n$ でもあります．したがって $x \in E$ となります．

さて (E.1) より $E \subset [E_n]_{2^{-n}}$ $(n = 1, 2, \cdots)$ です．一方，$E_n \subset [E_{n+1}]_{2^{-n-1}}$, $E_{n+1} \subset [E_{n+2}]_{2^{-n-2}}$,$\cdots$ より $E_n \subset [E_{n+j}]_{2^{-n}}$ $(j = 1, 2, \cdots)$ が示せます．したがって，任意の $x \in E_n$ に対して，ある $y_j \in E_{n+j}$ で $d(x, y_j) \leq 2^{-n}$ なるものが存在します $(j = 1, 2, \cdots)$．$\{y_j\}_{j=1}^{\infty}$ は有界点列なので，ある部分列 $y_{k(j)}$ をある y に収束するようにとれます．

$$y_{k(j)} \in E_{n+k(j)} \subset F_{n+k(j)}$$

ですから $y \in E$ となります．また $d(x, y) = \displaystyle\lim_{j \to \infty} d(x, y_{k(j)}) \leq 2^{-n}$ より $E_n \subset [E]_{2^{-n}}$ がわかります．したがって $d_H(E, E_n) \leq 2^{-n}$ が得られ，補題の証明は終わりです．■

定理 E.2 の証明　仮定より $d_H(K_{n(j)}, K_{n(j+1)}) \leq 2^{-j}$ なる部分列をとることができます．$K_{n(j)}$ に補題 E.3 を適用すると，ある $K \in \mathcal{K}(\mathbb{R}^d)$ で $d_H(K_{n(j)}, K) \to 0$ $(j \to \infty)$ なるものが存在します．このとき $n \leq n(j)$ なる j をとっていけば

$$d_H(K_n, K) \leq d_H(K_n, K_{n(j)}) + d_H(K_{n(j)}, K) \to 0$$

$(n(j) \geq n \to \infty)$ となります．■

縮小相似変換 $\psi_1, \cdots, \psi_m$ に対して，

$$K = \psi_1(K) \cup \cdots \cup \psi_m(K) \tag{E.2}$$

となる有界閉集合 K を自己相似集合といい，その例のいくつかを本文にて紹介しました．ハウスドルフ距離の完備性から，与えられた縮小相似変換 $\psi_1, \cdots, \psi_m$ に対して (E.2) をみたす有界閉集合がただ一つ存在することがわかります．その証明をしましょう．次の「縮小写像の原理」が本質的です．

定理 E.4（縮小写像の原理）　T を $\mathcal{K}(\mathbb{R}^d)$ から $\mathcal{K}(\mathbb{R}^d)$ への写像で，ある

定数 $c \in (0,1)$ で，

$$d_H(T(E), T(F)) \leq c d_H(E, F) \quad (E, F \in \mathcal{K}(\mathbb{R}^d))$$

をみたすものが存在するとする（このような写像を $\mathcal{K}(\mathbb{R}^d)$ 上の**縮小写像**とい
う）．このとき，

$$T(K) = K$$

となる $K \in \mathcal{K}(\mathbb{R}^d)$ がただ一つ存在する．また任意の $K_0 \in \mathcal{K}(\mathbb{R}^d)$ から出発
して，

$$K_1 = T(K_0), K_2 = T(K_1), \cdots, K_n = T(K_{n-1}), \cdots \quad \text{(E.3)}$$

とすると K_n は K にハウスドルフ距離に関して収束する．

証明　証明は定理 10.8 と同様ですが，繰り返しておきます．$K_0 \in \mathcal{K}(\mathbb{R}^d)$
を任意にとります．このとき（E.3）より

$$d_H(K_n, K_{n+j}) = d_H(T(K_{n-1}), T(K_{n-1+j})) \leq c d_H(K_{n-1}, K_{n-1+j})$$
$$= c d_H(T(K_{n-2}), T(K_{n-2+j})) \leq c^2 d_H(K_{n-2}, K_{n-2+j})$$
$$\leq \cdots \leq c^n d_H(K_0, K_j)$$

が成り立っています．また，

$$d_H(K_0, K_j) \leq d_H(K_0, K_1) + d_H(K_1, K_2) + \cdots + d_H(K_{j-1}, K_j)$$
$$\leq (1 + c + \cdots + c^{j-1}) d_H(K_0, K_1)$$
$$\leq (1-c)^{-1} d_H(K_0, K_1)$$

ですから

$$d_H(K_n, K_{n+j}) \leq c^n (1-c)^{-1} d_H(K_0, K_1) \to 0 \quad (n, j \to \infty)$$

となっています．定理 E.2 より，$d_H(K_n, K) \to 0 \ (n \to \infty)$ となるある $K \in \mathcal{K}(\mathbb{R}^d)$ が存在します．さて

$$d_H(K, T(K)) \leq d_H(K, K_n) + d_H(K_n, T(K))$$

$$\leq d_H(K, K_n) + c d_H(K_{n-1}, K) \to 0 \quad (n \to \infty)$$

なので $K = T(K)$ が成り立ちます. 最後に K の一意性を示します. $T(F) = F$ なる $F \in \mathcal{K}(\mathbb{R}^d)$ を考えます. このとき

$$d_H(K, F) = d_H(T(K), T(F)) \leq c d_H(K, F)$$

で, $0 < c < 1$ ですから, $d_H(K, F) = 0$ でなければなりません. よって $K = F$ が得られます. ∎

定理 E.5 $\psi_1, \cdots \psi_m$ を $\mathbb{R}^d$ から $\mathbb{R}^d$ への写像で, ある定数 $0 < c_j < 1$ で

$$d(\psi_j(x), \psi_j(x)) \leq c_j d(x, y) \quad (x, y \in \mathbb{R}^d)$$

をみたすものが存在するとする (このような写像を $\mathbb{R}^d$ 上の**縮小写像**という). このとき

$$K = \psi_1(K) \cup \cdots \cup \psi_m(K)$$

をみたす $K \in \mathcal{K}(\mathbb{R}^d)$ がただ一つ存在する.

この定理によって存在が保証される有界閉集合 K を $\psi_1, \cdots, \psi_m$ の**不変集合**といいます.

証明 $E \in \mathcal{K}(\mathbb{R}^d)$ に対して

$$\psi(E) = \psi_1(E) \cup \cdots \cup \psi_m(E)$$

とおきます. 明らかに ψ は $\mathcal{K}(\mathbb{R}^d)$ から $\mathcal{K}(\mathbb{R}^d)$ への写像になっています (有界閉集合の連続写像による像は有界閉集合です). また, $E, F \in \mathcal{K}(\mathbb{R}^d)$ に対して

$$d_H(\psi(E), \psi(F)) = d_H\left(\bigcup_{i=1}^{m} \psi_i(E), \bigcup_{j=1}^{m} \psi_j(F)\right)$$

$$\leq \max_{1 \leq j \leq m} d_H(\psi_j(E), \psi_j(F))$$

となっています. なぜなら $\psi_i(E) \subset [\psi_i(F)]_{\alpha_i}$ $(\alpha_i > 0)$ とすると

$$\bigcup_{i=1}^{m} \psi_i(E) \subset \bigcup_{i=1}^{m} [\psi_i(F)]_{\alpha_i} \subset \left[\bigcup_{i=1}^{m} \psi_i(F)\right]_{\alpha} \quad \left(\alpha = \max_{1 \le i \le m} \alpha_i\right)$$

であり，E と F を入れ替えても同様の関係が成り立つからです．さらに

$$\max_{1 \le j \le m} d_H(\psi_j(E), \psi_j(F)) \le \max_{1 \le j \le m} c_j \cdot d_H(E, F)$$

です．実際，$E \subset [F]_\delta$ とすると，任意の $x \in E, y \in F$ に対して

$$d(\psi_j(x), \psi_j(y)) \le c_j d(x, y) \le c\delta$$

なので，$\psi_j(E) \subset [\psi_j(F)]_{c\delta}$ が成り立ちます．同様の関係が E と F を入れ替えても成り立つので

$$d_H(\psi_j(E), \psi_j(F)) \le c_j d_H(E, F)$$

が成り立っています．よって

$$d_H(\psi(E), \psi(F)) \le \max_{1 \le j \le m} c_j \cdot d_H(E, F)$$

となっているので，ψ は $\mathcal{K}(\mathbb{R}^d)$ 上の縮小写像になっています．したがって不動点定理から定理が示されます．∎

この定理からわかることは，$\mathbb{R}^d$ 上の写像 $\psi_1, \cdots, \psi_m$ が縮小写像であれば，

$$\psi(E) = \psi_1(E) \cup \cdots \cup \psi_m(E) \quad (E \in \mathcal{K}(\mathbb{R}^d))$$

なる写像によって，どのような空でない有界閉集合 K_0 から出発して

$$K_1 = \psi(K_0), K_2 = \psi(K_1), \cdots, K_n = \psi(K_{n-1}), \cdots$$

と作っていっても，最終的には $\psi(K) = K$ をみたすただ一つのコンパクト集合 K にハウスドルフ距離に関して収束するということです．

参考までにコッホ曲線についてその様子を図示しておきましょう（図 E.1 参照）．コッホ曲線は，図 17.3，図 17.4，図 17.5 のように K_0 として単位線分を考えて作りました．しかし，たとえば次のような図形から始めても同じコッホ曲線になります．

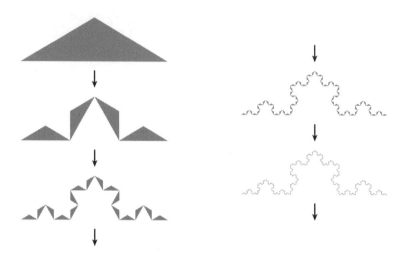

図 E.1

参考書　ファルコナー　[10]．

付録 F

ジョルダン可測性の定義について

　本文でも述べたように，この講義で述べた面積の定義は，ジョルダンの定義を若干アレンジしてあります．しかしジョルダンのもともとの定義と同値なものです．ここではジョルダンの定義を述べ，本書の定義との同値性を証明します．

　まず通常のジョルダン可測性は基本正方形ではなく，基本長方形からはじめます．基本長方形

$$R = [a, a + l_1) \times [b, b + l_2)$$

に対してその面積を $l_1 l_2$ と定め，$|R| = l_1 l_2$ とおきます．

　次に一般の有界な図形 $A \subset \mathbb{R}^2$ が与えられたとします．まず，少なくとも一つ以上の基本長方形が A の中に入れられる場合から述べることにしましょう．この場合，A の中に有限個の基本長方形を重なり合わないように敷き詰めます．この敷詰め方にはさまざまなものがありますが，敷き詰めた基本長方形の面積の総和のもっとも小さな値（正確には下限）を $\underline{J}(A)$ とおきます．すなわち，

$$\underline{J}(A) = \sup\left\{\sum |R_j| : \begin{array}{l} R_j \text{ は互いに交わらない有限個の} \\ \text{基本長方形で，} \bigcup R_j \subset A \end{array}\right\}$$

です．また，もし A の中にはどのような小さな基本長方形も入らない場合は，

$$\underline{J}(A) = 0$$

とします. これがジョルダン内容量に相当するものです.

さて, ジョルダン外容量に相当するものは

$$\overline{J}(A) = \inf \left\{ \sum |R_j| : \begin{array}{l} R_j は有限個の基本長方形で, \\ A \subset \bigcup R_j \end{array} \right\}$$

です. 明らかに $\underline{J}(A) \leq \overline{J}(A)$ が成り立ちます.

ジョルダンによる面積の定義は, 次のものです.

定義 F.1　有界な図形 $A \subset \mathbb{R}^2$ が

$$\underline{J}(A) = \overline{J}(A)$$

をみたすとき, ジョルダンの意味で面積が測定可能であるといい, $\underline{J}(A)(= \overline{J}(A))$ をジョルダンの意味の面積という.

これと定義 1.4 とは見かけ上異なりますが, じつは同値なものです. 実際, 次の定理が証明できます.

定理 F.2　有界な図形 $A \subset \mathbb{R}^2$ に対して

$$c(A) = \underline{J}(A), \quad C(A) = \overline{J}(A).$$

次の補題から証明しましょう.

補題 F.3　R を基本長方形とする. 任意の $\varepsilon > 0$ に対して, ある $\eta_0 > 0$ が存在し, $0 < \eta < \eta_0$ なる任意の η について次をみたす有限個の一辺 η の基本正方形 $Q_1, \cdots, Q_n$ をとることができる.

(i)　$Q_1 \cup \cdots \cup Q_n \subset R^o$

(ii)　$Q_i \cap Q_j = \varnothing \ (i \neq j)$

(iii)　$|R| - \varepsilon \leq |Q_1| + \cdots + |Q_n| \leq |R|$

証明　$R = [a_1, a_1 + l_1) \times [a_2, a_2 + l_2)$ とします. $\varepsilon' > 0$ を

$$0 < \varepsilon' < \min\{\varepsilon, l_1, l_2\}, \quad \varepsilon'(l_1 + l_2 - \varepsilon') < \varepsilon$$

となるようにとっておきます. $\eta_0 = \varepsilon'/2$ とおき, $0 < \eta < \eta_0$ をとります. このとき

$$0 < \frac{l_i}{\eta} - \frac{\varepsilon'}{\eta} < N_i < \frac{l_i}{\eta} \quad (i = 1, 2)$$

なる自然数 N_i をとることができます. なぜなら $\eta < \varepsilon'/2$ より

$$\frac{l_i}{\eta} - \left(\frac{l_i}{\eta} - \frac{\varepsilon'}{\eta} \right) = \frac{\varepsilon'}{\eta} > 2$$

となっているからです. ゆえに $l_i - \varepsilon' < N_i \eta < l_i$ $(i = 1, 2)$ となっています. したがって一辺 η の基本正方形を $N_1 N_2$ 個重ならないように並べたものが R^o の中に含まれるようにできます. その基本正方形を $Q_1, \cdots, Q_{N_1 N_2}$ とおきます. $|Q_j| = \eta^2$ なので

$$|R| = l_1 l_2 > N_1 \eta N_2 \eta = N_1 N_2 \eta^2 = \sum_{j=1}^{N_1 N_2} |Q_j|$$

が成り立ちます. 一方,

$$N_1 \eta N_2 \eta > (l_1 - \varepsilon')(l_2 - \varepsilon') = l_1 l_2 - \varepsilon' l_1 - \varepsilon' l_2 + \varepsilon'^2$$
$$= l_1 l_2 - \varepsilon'(l_1 + l_2 - \varepsilon') > l_1 l_2 - \varepsilon = |R| - \varepsilon$$

ですから, $\displaystyle\sum_{j=1}^{N_1 N_2} |Q_j| > |R| - \varepsilon$ も得られます. ■

定理 F.2 の証明 任意の $\varepsilon > 0$ に対してある基本長方形 $R_1, \cdots, R_n$ で $A \subset \displaystyle\bigcup_{j=1}^{n} R_j$ かつ

$$\overline{J}(A) \le \sum_{j=1}^{n} |R_j| \le \overline{J}(A) + \frac{\varepsilon}{2}$$

なるものがとれます. $\varepsilon' = \varepsilon/(2n)$ とおくと補題 2.15 よりある十分小さな $\eta > 0$ が存在し, 次をみたす一辺の長さが $\eta > 0$ の基本正方形 $I_1^{(j)}, \cdots, I_{k_j}^{(j)}$ $(j = 1, \cdots, n)$ をとることができます.

$$R_j \subset \bigcup_{l=1}^{k_j} I_l^{(j)}, \quad |R_j| \le \sum_{l=1}^{k_j} \left| I_l^{(j)} \right| < |R_j| + \varepsilon' \quad (j = 1, \cdots, n).$$

ゆえに

$$C(A) \le C_\eta(A) \le \sum_{j=1}^{n} \sum_{l=1}^{k_j} \left| I_l^{(j)} \right| < \sum_{j=1}^{n} |R_j| + \frac{\varepsilon}{2} \le \overline{J}(A) + \varepsilon$$

です. したがって $C(A) \le \overline{J}(A)$ となります. 一方, $\overline{J}(A) \le C(A)$ は明らかなので $C(A) = \overline{J}(A)$ です.

任意の $\varepsilon > 0$ に対してある基本長方形 $R_1, \cdots, R_n$ で $R_i \cap R_j = \varnothing \ (i \ne j)$ であり $\bigcup_{j=1}^{n} R_j \subset A$ かつ

$$\underline{J}(A) - \frac{\varepsilon}{2} \le \sum_{j=1}^{n} |R_j| \le \underline{J}(A)$$

なるものがとれます. $\varepsilon' = \varepsilon/(2n)$ とおくと補題 F.3 よりある十分小さな $\eta > 0$ が存在し, 次をみたす一辺の長さが $\eta > 0$ の互いに交わらない基本正方形 $I_1^{(j)}, \cdots, I_{k_j}^{(j)} \ (j = 1, \cdots, n)$ をとることができます.

$$\bigcup_{l=1}^{k_j} I_l^{(j)} \subset R_j, \quad |R_j| - \varepsilon' \le \sum_{l=1}^{k_j} \left| I_l^{(j)} \right| < |R_j| \quad (j = 1, \cdots, n).$$

さて

$$c(A) \ge c_\eta(A) \ge \sum_{j=1}^{n} \sum_{l=1}^{k_j} \left| I_l^{(j)} \right| > \sum_{j=1}^{n} |R_j| - \frac{\varepsilon}{2} \ge \underline{J}(A) - \varepsilon$$

となります. したがって $c(A) \ge \underline{J}(A)$ です. 定義より $c(A) \le \underline{J}(A)$ は明らかです. ∎

参考書 新井 [1].

問題の解答

[問題 1.1] 一辺の長さ $1/n$ メートルの正方形は, 一辺の長さ 1 メートルの正方形の中に n^2 枚敷き詰めることができる. したがって, 一辺の長さ $1/n$ メートルの正方形の土地の面積は $1/n^2 = (1/n)^2$ 平方メートルである.

[問題 2.1] もしも $b < a$ であるとして矛盾を導く. $b < a$ であるとすると $(a-b)/2 > 0$ である. したがって仮定より $a < b + (a-b)/2$ が成り立つ. ところが

$$b + \frac{a-b}{2} = \frac{a+b}{2} < a$$

であるから $a < a$ となって矛盾が起こる.

[問題 2.2] $\bigcup_{j=1}^{n} K_j$ が閉集合であることを示す. $x^{(k)} \in \bigcup_{j=1}^{n} K_j$ かつ $d(x^{(k)}, x) \to 0 (k \to \infty)$ であるとする. 少なくとも一つの K_l に無限個の $x^{(k(i))}$ が含まれている. $d(x^{(k(i))}, x) \to 0 \ (k \to \infty)$ であり, K_l は閉集合であるから $x \in K_l \subset \bigcup_{j=1}^{n} K_j$ である.

$x^{(k)} \in \bigcap_{j=1}^{n} K_j$ かつ $d(x^{(k)}, x) \to 0 \ (k \to \infty)$ の場合, すべての j に対して $x^{(k)} \in K_j$ であるから, $x \in K_j$ である.

[問題 2.3] 閉集合である.

[問題 3.1] $d(K, L) = 0$ とすると, 定義よりある $x^{(n)} \in K$, $y^{(n)} \in L$ で $d(x^{(n)}, y^{(n)}) \to 0 \ (n \to \infty)$ となるものが存在する. K, L は有界閉集合なので, ある部分列 $\left\{ x^{(n(i))} \right\}$ と $x \in K$ で $d(x^{(n(i))}, x) \to 0 \ (i \to \infty)$ が存在する. また部分列 $\left\{ y^{(n(i))} \right\}$ の部分列 $\left\{ y^{(m(i))} \right\}$ と $y \in L$ で $d(y^{(m(i))}, y) \to 0 \ (i \to \infty)$ となるものが存在する. このとき

$$d(x, y) \leq d(x, x^{(m(i))}) + d(x^{(m(i))}, y^{(m(i))}) + d(y^{(m(i))}, y) \to 0 \ (i \to \infty)$$

となり, $x = y$ が導かれる. しかしこれは $K \cap L = \varnothing$ に矛盾する.

326

[問題 3.2]　$x \in \bigcup_{\lambda \in \Lambda} A_\lambda \Leftrightarrow$ "ある $\lambda \in \Lambda$ に対して $x \in A_\lambda$" であるから,

$$x \notin \bigcup_{\lambda \in \Lambda} A_\lambda \Leftrightarrow \text{"すべての } \lambda \in \Lambda \text{ に対して } x \notin A_\lambda\text{"} \Leftrightarrow x \in \bigcap_{\lambda \in \Lambda} A_\lambda^c \text{ である. ゆえに}$$

$$\left(\bigcup_{\lambda \in \Lambda} A_\lambda\right)^c = \bigcap_{\lambda \in \Lambda} A_\lambda^c \text{ である. また}$$

$$\left(\bigcap_{\lambda \in \Lambda} A_\lambda\right)^c = \left(\bigcap_{\lambda \in \Lambda} (A_\lambda^c)^c\right)^c = \left(\left(\bigcup_{\lambda \in \Lambda} A_\lambda^c\right)^c\right)^c = \bigcup_{\lambda \in \Lambda} A_\lambda^c.$$

[問題 3.3]　$x^{(n)} \in \bigcap_{\lambda \in \Lambda} F_\lambda$, $d(x^{(n)}, x) \to 0$ とする. F_λ は閉集合であるから $x \in F_\lambda (\lambda \in \Lambda)$. ゆえに $x \in \bigcap_{\lambda \in \Lambda} F_\lambda$.

[問題 3.4]　$\left(\bigcap_{i=1}^{n} G_i\right)^c = \bigcup_{i=1}^{n} G_i^c$ は問題 2.2 より閉集合である. ゆえに $\bigcap_{i=1}^{n} G_i$ は開集合である. また $\left(\bigcup_{\lambda \in \Lambda} G_\lambda\right)^c = \bigcap_{\lambda \in \Lambda} G_\lambda^c$ も問題 3.3 より閉集合なので $\bigcup_{\lambda \in \Lambda} G_\lambda$ は開集合である.

[問題 3.5]　定理 3.16 (1) $\Rightarrow$ (2) の証明では K として有界閉集合がとられている. また (2) $\Rightarrow$ (1) は明らかである.

[問題 3.6]　F 内の点列 $\{x^{(n)}\}$ がある x に収束しているとする. このとき, ある n_0 が存在し, $n \geq n_0$ ならば $d\left(x, x^{(n)}\right) < 1/10$ となる. いま $x^{(n_0)} \in F_N$ であるとすると, $n \geq n_0$ なるすべての n に対して $x^{(n)} \in F_{N-1} \cup F_N \cup F_{N+1}$ でなければならない ($F_N \subset R_N$ に注意). $F_{N-1} \cup F_N \cup F_{N+1}$ は閉集合なので, $x \in F_{N-1} \cup F_N \cup F_{N+1} \subset F$ である.

[問題 3.7]　$A^c = \mathbb{Q}^2$ であるから, $A^c = \{r_1, r_2, \cdots\}$ と番号付けられる. $r_j = (r_{1j}, r_{2j})\ (r_{1j}, r_{2j} \in \mathbb{Q})$ とおく. 基本開正方形

$$U_j = \left(r_{1j} - 2^{-1}\sqrt{\varepsilon/2^{j+1}}, r_{1j} + 2^{-1}\sqrt{\varepsilon/2^{j+1}}\right)$$
$$\times \left(r_{2j} - 2^{-1}\sqrt{\varepsilon/2^{j+1}}, r_{2j} + 2^{-1}\sqrt{\varepsilon/2^{j+1}}\right)$$

とおくと $A^c \subset \bigcup U_j$ である. $K = (\bigcup U_j)^c$, $G = \mathbb{R}^2$ が求める例になっている. 実際,

$$m(G \setminus K) \leq \sum m(U_j) = \sum \varepsilon/2^{j+1} < \varepsilon.$$

[問題 4.1] 定義から $B_n \subset A_n$. ゆえに $\bigcup_{n=1}^{\infty} B_n \subset \bigcup_{n=1}^{\infty} A_n$ である. 逆向きの包含関係を示す. $A_1 = B_1$ であり,

$$B_1 \cup B_2 = A_1 \cup (A_2 \cap A_1^c) = A_1 \cup A_2.$$

したがって,

$$B_1 \cup B_2 \cup B_3 = A_1 \cup A_2 \cup (A_3 \cap (A_1 \cup A_2)^c) = A_1 \cup A_2 \cup A_3$$

である. 一般に $\bigcup_{j=1}^{n} B_j = \bigcup_{j=1}^{n} A_j \ (n = 1, 2, \cdots)$ が数学的帰納法で証明できる. 任意に $x \in \bigcup_{n=1}^{\infty} A_n$ をとる. このとき定義から, ある n が存在し $x \in A_n$ である. $A_n \subset \bigcup_{j=1}^{n} A_j = \bigcup_{j=1}^{n} B_j$ より, ある j が存在し $x \in B_j$ である. ゆえに $x \in \bigcup_{n=1}^{\infty} B_n$ である.

[問題 4.2] $E \subset \bigcup_j Q_j$ を E の基本正方形による任意の被覆とする. $\delta_\lambda(E) \subset \bigcup_j \delta_\lambda(Q_j)$ であり, 明らかに $|\delta_\lambda(Q_j)| = \lambda^2 |Q_j|$ であるから, $m^*(\delta_\lambda(E)) \leq \lambda^2 \sum_j |Q_j|$. したがって, $m^*(\delta_\lambda(E)) \leq \lambda^2 m^*(E)$ が成り立つ. このことから

$$m^*(E) = m^*(\delta_{\lambda^{-1}}(\delta_\lambda(E))) \leq \lambda^{-2} m^*(\delta_\lambda(E))$$

でもあるから, 結局 $\lambda^2 m^*(E) = m^*(\delta_\lambda(E))$ を得る.

次に $E \supset K$ なる任意の有界閉集合 K を考える. $\delta_\lambda(E) \supset \delta_\lambda(K)$ で, 明らかに $\delta_\lambda(K)$ は有界閉集合であるから, $m_*(\delta_\lambda(E)) \geq m^*(\delta_\lambda(K)) = \lambda^2 m^*(K)$ となっている. したがって, $m_*(\delta_\lambda(E)) \geq \lambda^2 m_*(E)$ である. これより

$$m_*(E) = m_*(\delta_{\lambda^{-1}}(\delta_\lambda(E))) \geq \lambda^{-2} m_*(\delta_\lambda(E))$$

であるから, $\lambda^2 m_*(E) = m_*(\delta_\lambda(E))$ を得る. よって次が成り立つ.

$$m^*(\delta_\lambda(E)) = \lambda^2 m^*(E) = \lambda^2 m_*(E) = m_*(\delta_\lambda(E)).$$

[問題 4.2 (別解)] 基本長方形 Q に対しては, 明らかに $m(\delta_\lambda(Q)) = \lambda^2 m(Q)$ が成

328

り立つ. 任意の空でない開集合 G に対して, $G = \bigcup\limits_{k=1}^{\infty} Q_k$ なる互いに交わらない 2 進正方形 Q_k をとれば

$$m(\delta_\lambda(G)) = \sum_{k=1}^{\infty} m(\delta_\lambda(Q_k)) = \lambda^2 m(G)$$

である. したがって (4.7) より, 任意の $A \subset \mathbb{R}^2$ に対して $m^*(\delta_\lambda(A)) = \lambda^2 m^*(A)$ を得る. よって補題 4.7 より問題 4.2 が得られる.

[問題 6.1]　$d = 2$ の場合と同様に示せる.

[問題 6.2]　任意の $\varepsilon > 0$ に対して, $R_n = [-n,n] \times \cdots \times [-n,n] \subset \mathbb{R}^{d-1}$, $E_n = R_n \times \left[-\varepsilon n^{-d-1}, \varepsilon n^{-d-1}\right]$ とおく. $m_d(E_n) = 2^d \varepsilon n^{d-1} n^{-d-1} = 2^d \varepsilon n^{-2}$ である. $E \subset \bigcup\limits_{n=1}^{\infty} E_n$ より $m_d^*(E) \leq 2^d \varepsilon \sum\limits_{n=1}^{\infty} n^{-2}$. ε は任意の正数であるから, $m_d(E) = 0$.

[問題 7.1]　$f(x), g(x), c$ を実部と虚部に分けて考えれば, 命題 7.8 に帰着できる.

[問題 7.2]　f が連続であるとする. $x \in E$ とする. 任意の $\varepsilon > 0$ に対して $U = \{r : r \in \mathbb{R}, |f(x) - r| < \varepsilon\}$ は開集合であるから, 定義より $f^{-1}(U) = E \cap V$ なる開集合 $V \subset \mathbb{R}^d$ が存在する. $x \in V$ であるから, ある $\delta > 0$ が存在し,

$$B(x,\delta) = \left\{y : y \in \mathbb{R}^d, |x - y| < \delta\right\} \subset V$$

である. これより, $y \in E$ かつ $|x - y| < \delta$ ならば $y \in f^{-1}(U)$ であるから $|f(x) - f(y)| < \varepsilon$ を得る. 次に逆を示す. $G \subset \mathbb{R}$ を開集合とする. $f^{-1}(G) = \varnothing$ の場合は $\varnothing$ も開集合であるから明らかである. そうでない場合, 任意に $x \in f^{-1}(G)$ をとる. このとき, $x \in E, f(x) \in G$ である. したがって,

$$U = \{r : r \in \mathbb{R}, |f(x) - r| < \varepsilon\} \subset G$$

なる $\varepsilon > 0$ がとれる. 仮定より, ある $\delta > 0$ が存在し,

$$y \in E, |x - y| < \delta \Longrightarrow |f(x) - f(y)| < \varepsilon.$$

このような δ の一つを $\delta(x)$ とおく. $B(x, \delta(x)) \cap E \subset f^{-1}(U) \subset f^{-1}(G)$ がわかる. また, $V = \bigcup\limits_{x \in f^{-1}(G)} B(x, \delta(x))$ とすると, V は開集合でしかも $V \supset f^{-1}(G)$, $V \cap$

$E = f^{-1}(G)$ を得る.

[問題 7.3]　$\alpha = -\inf(-f_n(x))$ とおく. このときすべての n に対して, $-\alpha \leq -f_n(x)$, すなわち $\alpha \geq f_n(x)$ であり, 任意の $\varepsilon > 0$ に対して $-f_{n_0}(x) < -\alpha + \varepsilon$ なる n_0 が存在する. これはすべての n に対して $\alpha \geq f_n(x)$ であり, 任意の $\varepsilon > 0$ に対して $\alpha < f_{n_0}(x) + \varepsilon$ となる n_0 が存在すると言い換えることができる. これは $\alpha = \sup_{n \geq 1} f_n(x)$ を意味している.

[問題 7.4]　$s(x) = \sum_{j=0}^{n} a_j \chi_{A_j}(x)$ を命題 7.13 の正規表現とし, $s(x) = \sum_{j=0}^{m} b_j \chi_{B_j}(x)$ を別の正規表現とする.

$$\{a_0, \cdots, a_n\} = \{s(x) : x \in E\} = \{b_0, \cdots, b_m\}$$

$$0 \leq a_0 < a_1 < \cdots < a_n, \ 0 \leq b_0 < b_1 < \cdots < b_m$$

より明らかに $n = m$, $a_j = b_j (j \geq 0)$ である. また

$$x \in A_j \Leftrightarrow s(x) = a_j \Leftrightarrow s(x) = b_j \Leftrightarrow x \in B_j.$$

[問題 8.1]　$s(x) = \sum_{j=0}^{n} a_j \chi_{A_j}(x)$ を正規表現とする. このとき $a = 0$ とすると

$$s(x)\chi_A(x) = \sum_{j=0}^{n} a_j \chi_{A \cap A_j}(x) = \sum_{j=0}^{n} a_j \chi_{A \cap A_j}(x) + a\chi_{E \setminus A}(x).$$

ゆえに $a_0 > 0$ ならば $s(x)\chi_A(x)$ は E 上の可測単関数である. $a_0 = 0$ ならば

$$s(x)\chi_A(x) = a_0 \chi_{(A \cap A_0) \cup (E \setminus A)}(x) + \sum_{j=1}^{n} a_j \chi_{A \cap A_j}(x)$$

と表せるので $s(x)\chi_A(x)$ は E 上の可測単関数である. また

$$s(x)\chi_A(x) = \sum_{j=0}^{n} a_j \chi_{A \cap A_j}(x)$$

であり, $\bigcup_{j=1}^{n} A \cap A_j = A$ より, A 上の可測単関数でもある. これらのことから

$$\int_E s(x)\chi_A(x)dx = \sum_{j=1}^{n} a_j m_d(A \cap A_j) = \int_A \sum_{j=0}^{n} a_j \chi_{A \cap A_j}(x)dx$$

$$= \int_A s(x)\chi_A(x)dx.$$

[問題 8.2]　$F_n(x) = \sum_{j=1}^{n} f_j(x)$ とおくと命題 8.6 より

$$\int_E F_n(x)dx = \sum_{j=1}^{n} \int_E f_j(x)dx$$

である. $F_n(x) \nearrow \sum_{j=1}^{\infty} f_j(x)$ であるから単調収束定理より

$$\int_E \sum_{j=1}^{\infty} f_j(x)dx = \lim_{n \to \infty} \int_E F_n(x)dx = \sum_{j=1}^{\infty} \int_E f_j(x)dx.$$

[問題 8.3]　$A = \{x \in E : f(x) = \infty\}$ とする. 仮定より

$$\int_A f(x)dx < \infty.$$

いま $s_n(x) = n\chi_A(x)$ とすると, $s_n(x) \nearrow f(x)\chi_A(x)$ であり, したがって

$$m_d(A) = \frac{1}{n} \int_A s_n(x)dx \le \frac{1}{n} \int_A f(x)dx \to 0 \ (n \to \infty).$$

[問題 8.4]　$N_n = \{x : x \in E, \ P_n(x)$ が成り立たない $\} \ (n = 1, 2, \cdots)$

$$F = \{x : x \in E, \ \text{すべての } P_n(x) \text{ が成り立つ} \}$$

とすると, $E \setminus F \subset \bigcup_{n=1}^{\infty} N_n$ であり, 次のことが成り立つ.

$$m_d^*(E \setminus F) \le \sum_{n=1}^{\infty} m_d^*(N_d) = 0.$$

[問題 9.1]　1 変数の場合と同様にして証明ができるので省略する.（注：多変数関数の リーマン積分可能性にはいくつかの同値な条件があるが, 本書で採用した定義はその同 値な命題の一つで, いわゆる上積分と下積分が一致するというものである. 他の同値な 条件についてはたとえば, 杉浦 [25], pp.216–217 参照.）

[問題 10.1]　ミンコフスキーの不等式より

$$\|f - g\|_{L^p(E)} \leq \|f - f_n\|_{L^p(E)} + \|f_n - g\|_{L^p(E)} \to 0 \ (n \to \infty).$$

したがって定理 8.17 から $f(x) = g(x)$ a.e. $x \in E$.

[問題 10.4]　(i)　ヘルダーの不等式から

$$N_q(g) \leq \sup\left\{ \|f\|_{L^p(E)}\|g\|_{L^q(E)} : f \in S(E),\ \|f\|_{L^p(E)} = 1 \right\} = \|g\|_{L^q(E)}.$$

(ii)　$\|g\|_{L^q(E)} \leq N_q(g)$ を示す．まず $1 \leq q < \infty$ の場合を証明する．$E_k = E \cap B(0, k)(k = 1, 2, \cdots)$ とおき，h_n を $h_n(x) \nearrow |g(x)|$[1]なる E 上の非負値可測単関数とし，$g_n(x) = h_n(x)\chi_{E_n}(x)$ とする．また

$$sgn(g)(x) = \begin{cases} \dfrac{\overline{g(x)}}{|g(x)|} & (g(x) \neq 0) \\ 0 & (g(x) = 0) \end{cases}$$

とおく．このとき $g(x)sgn(g)(x) = |g(x)|$ となっている．

$$f_n(x) = \begin{cases} \|g_n\|_{L^q(E)}^{1-q}|g_n(x)|^{q-1}\,sgn(g)(x) & \left(\|g_n\|_{L^q(E)} \neq 0\right) \\ 0 & \left(\|g_n\|_{L^q(E)} = 0\right) \end{cases}$$

と定める．このとき $f_n \in S(E)$ であり，$\|g_n\|_{L^q(E)} \neq 0$ ならば $\|f_n\|_{L^p(E)} = 1$ が容易に示せる（$q \neq 1$ のときは $q = (q-1)p$ であることに注意）．さらに

$$\int_E |f_n(x)g_n(x)|\,dx = \|g_n\|_{L^q(E)}^{1-q}\int_E |g_n(x)|^q\,dx = \left(\int_E |g_n(x)|^q\,dx\right)^{1/q}$$

であり，また $g_n(x) \nearrow |g(x)|$ であるから，ファトゥーの補題より

$$\left(\int_E |g(x)|^q\,dx\right)^{1/q} \leq \liminf_{n \to \infty}\left(\int_E |g_n(x)|^q\,dx\right)^{1/q} = \liminf_{n \to \infty}\int_E |f_n(x)g_n(x)|\,dx$$

$$\leq \liminf_{n \to \infty}\int_E |f_n(x)g(x)|\,dx = \liminf_{n \to \infty}\int_E f_n(x)g(x)dx$$

$$\leq N_q(g).$$

$q = \infty$ の場合を示す．任意の $\varepsilon > 0$ に対して

$$F_\varepsilon = \{x \in E : |g(x)| \geq N_\infty(g) + \varepsilon\}$$

---

[1] $a_n \nearrow a$ は $a_n \leq a_{n+1}\ (n = 1, 2, \cdots)$ で $a_n \to a\ (n \to \infty)$ を意味する記号とします．

が $m_d(F_\varepsilon) = 0$ となることを証明すれば，$\|g\|_{L^\infty(E)} \leq N_\infty(g)$ が得られる．いまもし，ある $\varepsilon > 0$ に対して $m_d(F_\varepsilon) > 0$ であるとすると，$F' \subset F_\varepsilon$ を $0 < m_d(F') < \infty$ となるようにとれる．そこで

$$f(x) = \frac{1}{m_d(F')} sgn(g)(x)\chi_{F'}(x)$$

とおくと，$\|f\|_{L^1(E)} = 1$ であり，一方

$$N_\infty(g) \geq \int_E f(x)g(x)dx \geq \frac{1}{m_d(F')} \int_{F'} |g(x)|\,dx$$
$$\geq \frac{1}{m_d(F')} \int_{F'} (N_\infty(g) + \varepsilon)\,dx = N_\infty(g) + \varepsilon$$

となってしまい矛盾が生ずる．■

[問題 11.1]　$A_i = G_i \setminus N_i, G_i \supset N_i$ なる X_i の G_δ 集合 G_i と X_i の零集合 N_i が存在する．

$$A_1 \times A_2 = G_1 \times G_2 \setminus ((G_1 \times N_2) \cup (N_1 \times G_2))$$

である．$G_i = \bigcap_{n=1}^\infty G_{in}$ なる開集合 G_{in} が存在する．したがって

$$G_1 \times G_2 = \bigcap_{n=1}^\infty \bigcap_{m=1}^\infty (G_{1n} \times G_{2m})$$

であるから $G_1 \times G_2$ は $X_1 \times X_2$ の G_δ 集合である．N_i の等測包を U_i とする．このとき，$G_1 \times N_2 \subset G_1 \times U_2$ であり，$G_1 \times U_2$ は G_δ 集合であるので，$G_1 \times U_2 \in \mathfrak{M}_d$ である．したがってフビニの定理より

$$m_d(G_1 \times U_2) = \int_{\mathbb{R}^d} \chi_{G_1 \times U_2}(z)dm_d(z)$$
$$= \int \chi_{G_1}(x) \left(\int \chi_{U_2}(y)dm_2'(y) \right) dm_1'(x) = 0$$

である．したがって，$G_1 \times N_2$ は $\mathbb{R}^d$ の零集合であるから，$G_1 \times N_2 \in \mathfrak{M}_d$ である．同様にして，$N_1 \times G_2 \in \mathfrak{M}_d$ も得られる．よって $A_1 \times A_2 \in \mathfrak{M}_d$ である．■

[問題 11.2]　問題 11.1 より $g(x_1, x_2) = f(x_1, x_2)\chi_{A_1 \times A_2}(x_1, x_2)$ とおくと g は $\mathbb{R}^d$ 上の可測関数になる．この g に対してフビニの定理を適用すればよい．■

[問題 11.3]　$0 \leq s_n(x) \nearrow |f(x)|$ なる可測単関数列 $s_n(x)$ をとる.

$$H_n = \{(y,s) : y \in E, \ s \in [0,\infty), \ s_n(y) > s\}$$

$$H = \{(y,s) : y \in E, \ s \in [0,\infty), \ |f(y)| > s\}$$

とおくと, $H = \bigcup_n H_n$ である. また, $H_n \in \mathfrak{M}_{d+1}$ である. なぜなら, たとえば $s_n(x) = \sum_{k=1}^{m} a_k \chi_{A_k}(x)$ を s_n の正規表現とすると,

$$H_n = \bigcup_{k=0}^{m} (A_k \times [0, a_k))$$

(ただし, $a_0 = 0$ の場合は, k は 1 から和をとる).

[問題 11.4]　（1）　$f(x) = \chi_{B(0,1)}(x)|x|^{-1}$ とおくと,

$$\int_{B(0,1)} |x|^{-\alpha}\, dx = \int_{\mathbb{R}^d} |f(x)|^{\alpha}\, dx = \alpha \int_0^{\infty} t^{\alpha-1} m_d(\{|f| > t\}) dt$$

$$= \alpha \int_0^{\infty} t^{\alpha-1} m_d\left(\{x \in B(0,1) : |x| < t^{-1}\}\right) dt$$

$$= \alpha \int_0^1 t^{\alpha-1} m_d\left(B(0,1)\right) dt + \alpha \int_1^{\infty} t^{\alpha-1} m_d\left(B(0,t^{-1})\right) dt$$

ここで, $\chi_{B(0,r)}(x)$ は $B(0,r)$ を含むような十分大きな立方体 Q 上のリーマン積分可能な関数で,

$$(R)\int_Q \chi_{B(0,r)}(x) dx = \frac{\pi^{d/2}}{\Gamma(d/2+1)} r^d$$

であることを用いる（たとえば杉浦［25］, 定理 9.7, p.299 参照）. したがって, リーマン積分可能な関数に対してはルベーグ積分とリーマン積分は一致するから, $c_d = \pi^{d/2}/\Gamma(d/2+1)$ とおくと $m_d(B(0,r)) = c_d r^d$ であることがわかる. ゆえに

$$\int_{B(0,1)} |x|^{-\alpha}\, dx = c_d + \alpha c_d \int_1^{\infty} t^{\alpha-1-d} dt = c_d\left(1 - \frac{\alpha}{\alpha-d}\right) = c_d \frac{d}{d-\alpha}$$

である. （2）も同様に計算できる.

[問題 12.1]　$B_n \subset \Omega \ (n = 1,2,\cdots)$ を有限な測度をもつルベーグ可測集合で

$$B_1 \subset B_2 \subset \cdots, \ \bigcup_{n=1}^{\infty} B_n = \Omega$$

をみたすものとする. $f_n(x) = \chi_{B_n}(x) \min\{f(x), n\}$ $(x \in \Omega)$ とおく. 明らかに f_n は非負値ルベーグ可積分で, 題意をみたす.

[問題 12.2] $x, w \in \mathbb{R}^d$ とする. 任意に $a \in K$ をとる. このとき

$$d_K(x) \leq |x - a| \leq |x - w| + |w - a|.$$

ゆえに $d_K(x) - |x - w| \leq |w - a|$ が成り立つ. ここで a は K の任意の点であるから $d_K(x) - |x - w| \leq d_K(w)$. したがって, $d_K(x) - d_K(w) \leq |x - w|$. ここで x と w を入れ替えて考えれば $d_K(w) - d_K(x) \leq |w - x| = |x - w|$. 以上より

$$|d_K(x) - d_K(w)| \leq |x - w|$$

が成り立つ. これより d_K の連続性が導かれる.

[問題 12.3] もしも $d_E(x) = 0$ であるとして矛盾を導く. $d_E(0) = 0$ ならば定義より $x^{(n)} \in E^c$ $(n = 1, 2, \cdots)$ で $\lim_{n \to \infty} d(x^{(n)}, x) = 0$ となるものが存在する. E は閉集合であるから, $x \in E$ である. これは $x \notin E$ の前提に反する.

[問題 12.4] 問題 12.2 より d_{V^c} は $\mathbb{R}^d$ 上で連続である. 問題 12.3 より $x \in K$ ならば $d_{V^c}(x) > 0$ である. K は有界閉集合であるから, d_{V^c} は K 上で最小値をとり, その最小値をとる K の (一つの) 点を $x^{(0)}$ とおく. また $\delta = d_{V^c}(x^{(0)})$ とおく. $\delta > 0$ である. このとき, 任意の $x \in K$ に対して $d_{V^c}(x) \geq d_{V^c}(x^{(0)}) = \delta > 0$ である.

いま $\varepsilon = \delta/2$ とおく. $[K]_\varepsilon \subset V$ を示す. もしもそうでないとすると, $x \in [K]_\varepsilon$ かつ $x \in V^c$ となる x が存在する. $d(x, K) \leq \varepsilon$ より, ある $x' \in K$ で $|x - x'| < 2\varepsilon = \delta$ なるものが存在する. これより $d_{V^c}(x') \leq |x' - x| < \delta$ であるが, これは d_{V^c} の K 上での最小値が δ であることに反する. よって $[K]_\varepsilon \subset V$ である.

[問題 14.1] C の点 $t = 0._{(3)}(2a_1) \cdots (2a_n)(2a_{n+1})(2a_{n+2}) \cdots$ に対し, t に収束する点 t_n を次のように定める.

$$t_n = 0._{(3)}(2a_1) \cdots (2a_n)(2b_{n+1})(2a_{n+2}) \cdots, \text{ ただし } b_{n+1} = \begin{cases} 0 & a_{n+1} = 1 \\ 1 & a_{n+1} = 0 \end{cases}.$$

このとき, $|t - t_n| = 2 \cdot 3^{-n-1}$ であり, $|f_C(t) - f_C(t_n)| = |a_{n+1} - b_{n+1}|/2^{n+1} = 2^{-n-1}$ である. したがって

$$\left| \frac{f_C(t) - f_C(t_n)}{t - t_n} \right| = \frac{1}{2^{n+1}} \frac{3^{n+1}}{2} \to \infty \ (n \to \infty).$$

[問題 14.2]　まず $\boldsymbol{L}(t)$ が $[0,1] \setminus \bigcup_{n,i} J_i^{(n)} = C$ 上に制限された関数として連続である

ことを証明する．$t \in C$ とする．$s \in C$ かつ $|s-t| < 3^{-2n}$ のとき，

$$t = 0._{(3)}(2t_1) \cdots (2t_{2n})(2t_{2n+1})(2t_{2n+2}) \cdots$$

$$s = 0._{(3)}(2t_1) \cdots (2t_{2n})(2s_{2n+1})(2s_{2n+2}) \cdots$$

となっている．したがって，

$$\boldsymbol{f}(t) - \boldsymbol{f}(s) = \left(\begin{array}{c} \dfrac{1}{2^{n+1}}(t_{2n+1} - s_{2n+1}) + \dfrac{1}{2^{n+2}}(t_{2n+3} - s_{2n+3}) + \cdots \\ \dfrac{1}{2^{n+1}}(t_{2n+2} - s_{2n+2}) + \dfrac{1}{2^{n+2}}(t_{2n+4} - s_{2n+4}) + \cdots \end{array} \right)$$

となるので

$$d(\boldsymbol{L}(t), \boldsymbol{L}(s)) = d(\boldsymbol{f}(t), \boldsymbol{f}(s)) \leq \sqrt{2}\, 2^{-n}$$

を得る．このことから L は C 上では連続であることがわかる．C は有界閉集合なので C 上で一様連続になっている．すなわち，任意の $1 > \varepsilon > 0$ に対して，ある $\delta \in (0, \varepsilon)$ が存在し，$s, s' \in C$, $|s - s'| < 2\delta$ ならば $d(\boldsymbol{L}(s), \boldsymbol{L}(s')) < \varepsilon$ が成り立っている．

さて，$t \in C$ を任意にとり固定する．$(t - \delta^2, t + \delta^2) \cap J_i^{(n)} \neq \varnothing$ なる $J_i^{(n)}$ と任意の $s \in (t - \delta^2, t + \delta^2) \cap J_i^{(n)}$ に対して $d(\boldsymbol{L}(s), \boldsymbol{L}(t)) = d(\boldsymbol{f}(t), \boldsymbol{f}(s)) < C\varepsilon$ を証明する．

$J_i^{(n)} = (a, b)$ とする．カントル集合の定義から $a, b \in C$ である．まず $J_i^{(n)} \not\subseteq (t - \delta^2, t + \delta^2)$ の場合を示す．このとき，$t < a < t + \delta^2 < b$ の場合と，$a < t - \delta^2 < b < t$ の場合があるが，前者の場合を証明する（後者の場合は前者の場合と同様にして証明できる）．$t < a < s < t + \delta^2 < b$ より

$$\boldsymbol{L}(s) - \boldsymbol{L}(a) = (s - a)\frac{\boldsymbol{f}(b) - \boldsymbol{f}(a)}{b - a}$$

であるので，$|b - a| \geq 2\delta$ であれば，

$$d(\boldsymbol{L}(s), \boldsymbol{L}(a)) \leq \frac{\delta^2}{2\delta} d(\boldsymbol{f}(b), \boldsymbol{f}(a)) \leq \frac{\delta}{2}\sqrt{2} < \varepsilon$$

である．また $|b - a| < 2\delta$ であれば，

$$d(\boldsymbol{L}(s), \boldsymbol{L}(a)) \leq \frac{s - a}{b - a} d(\boldsymbol{f}(b), \boldsymbol{f}(a)) \leq d(\boldsymbol{f}(b), \boldsymbol{f}(a)) < \varepsilon.$$

したがって，いずれにせよ $d(\boldsymbol{L}(s), \boldsymbol{L}(a)) < \varepsilon$ が成り立っている．ゆえに

$$d(\boldsymbol{L}(s), \boldsymbol{L}(t)) \leq d(\boldsymbol{L}(s), \boldsymbol{L}(a)) + d(\boldsymbol{L}(a), \boldsymbol{L}(t)) < 2\varepsilon.$$

次に $J_i^{(n)} \subset \left(t - \delta^2, t + \delta^2\right)$ の場合を示す．$J_i^{(n)}$ は t の右側にあるか左側にあるが，右側にある場合を証明する（他の場合も同様にして証明できる）．このとき $|b - a| < \delta^2 < \delta$ より $d(\boldsymbol{f}(b), \boldsymbol{f}(a)) < \varepsilon$ であるから上の議論を使って，$d(\boldsymbol{L}(s), \boldsymbol{L}(t)) < 2\varepsilon$ が証明できる．∎

[問題 14.3]　問題 14.1 の解答と同様の方法でできる．

[問題 15.1]　下図のように移動させればよい．

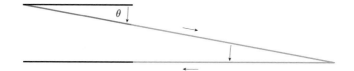

[問題 15.2]　ベシコヴィッチ・モンスターにおいて，二つの平行な，しかし離れた長さ 1 の線分があっても，問題 15.1 の方法を用いれば，非常に小さな面積の範囲の中で連続的に一方を他方に移動させることができる．これによりベシコヴィッチ・モンスターから求める図形を作ることができる．

[問題 16.1]　任意の $\varepsilon > 0$ に対して，ある分割 $a = t_0 < \cdots < t_n = b$ で，

$$l(x) - \frac{\varepsilon}{3} < \sum_{i=0}^{n-1} d(x(t_i), x(t_{i+1})) \leq \varepsilon$$

をみたすものが存在する．$\delta' = \min_{0 \leq i \leq n-1} |t_i - t_{i+1}|$ とおく．$x(t)$ の一様連続性から，ある $\delta'' > 0$ で，$|t - s| < \delta''$ ならば $d(x(t), x(s)) < \varepsilon/(3n)$ をみたすのも存在する．$\delta = \min(\delta', \delta'')$ とおく．いま，

$$a = s_0 < \cdots < s_m = b, \quad \max_{0 \leq i \leq m-1} |s_i - s_{i+1}| < \delta$$

なる任意の分割をとる．このとき，任意の $i \in \{1, \cdots, n-1\}$ に対して，ある $k(i) \in \{1, \cdots, m-1\}$ で

$$k(1) < k(2) < \cdots < k(n-1), \quad s_{k(i)} \leq t_i < s_{k(i)+1} \ (1 \leq i \leq n-1)$$

をみたすものが存在する. $k(0) = 0$, $k(n) = m$ とおくと $i = 0, \cdots, n-1$ に対して,

$$d(x(t_i), x(t_{i+1})) \leq d(x(t_i), x(s_{k(i)})) + d(x(s_{k(i)}), x(s_{k(i)+1}))$$
$$+ \cdots + d\left(x(s_{k(i+1)-1}), x(s_{k(i+1)})\right) + d\left(x(s_{k(i+1)}), x(t_{i+1})\right)$$
$$< 2\frac{\varepsilon}{3n} + \sum_{k(i) \leq j \leq k(i+1)-1} d\left(x(s_j), x(s_{j+1})\right).$$

したがって,

$$l(x) - \frac{\varepsilon}{3} < \sum_{i=0}^{n-1} d(x(t_i), x(t_{i+1})) \leq \frac{2\varepsilon}{3} + \sum_{j=0}^{m-1} d(x(s_j), x(s_{j+1}))$$

であるから, $l(x)$ の定義と合わせて次を得る.

$$l(x) - \varepsilon < \sum_{j=0}^{m-1} d(x(s_j), x(s_{j+1})) \leq l(x).$$

[問題 16.2]　任意の $\varepsilon > 0$ に対して, ある $\delta > 0$ で

$$\tau, \tau' \in [a, b], \ |\tau - \tau'| < \delta, \ \tau < \tau' \Longrightarrow l(\tau, \tau') < \varepsilon$$

となるものが存在することを示せばよい. $x(t)$ の一様連続性から, ある $\delta' > 0$ で $|t - s| < \delta'$ ならば $|x(t) - x(s)| < \varepsilon/2$ となるものが存在する. また問題 16.1 より, ある $\delta'' > 0$ で,

$$a = t_0 < \cdots < t_n = b, \quad \max_{0 \leq i \leq n-1} |t_i - t_{i+1}| < \delta''$$

をみたす任意の分割に対して

$$l(x) - \frac{\varepsilon}{2} < \sum_{i=1}^{n-1} d(x(t_i), x(t_{i+1})) \leq l(x)$$

をみたすものが存在する. そこで $\delta = \min\left(\delta', \delta''\right)$ とおく. $a \leq \tau < \tau \leq b'$ で $|\tau - \tau'| < \delta$ なるものを任意にとる. さて,

$$\tau = v_0 < \cdots < v_p = \tau', \quad \left(\text{ゆえに} \max_{0 \leq i \leq p-1} |v_i - v_{i+1}| < \delta\right)$$

をみたす $[\tau, \tau']$ の任意の分割をとり,

338

$$\Delta = \sum_{i=0}^{p-1} d(x(v_i), x(v_{i+1}))$$

とおく．このとき，$[a,\tau]$, $[\tau',b]$ の分割で

$$a = s_0 < \cdots < s_m = \tau, \quad \max_{0 \le i \le m-1} |s_i - s_{i+1}| < \delta$$

$$\tau' = u_0 < \cdots < u_\mu = b, \quad \max_{0 \le i \le \mu-1} |u_i - u_{i+1}| < \delta$$

となる分割をとり，

$$S_1 = \sum d(x(s_i), x(s_{i+1})), \quad S_2 = \sum d(x(u_i), x(u_{i+1}))$$

とおくと

$$l(x) - \varepsilon/2 < S_1 + d(x(\tau), x(\tau')) + S_2 \le S_1 + \Delta + S_2 \le l(x)$$

が成り立つ．したがって，

$$0 \le \Delta - d(x(\tau), x(\tau')) < \frac{\varepsilon}{2}$$

より，$0 \le \Delta < \varepsilon$ を得る．よって $l(\tau, \tau') < \varepsilon$ が示される．

残りの主張は明らかである．

[問題 16.4] $s_1 < s_2$ ならば

$$l(\tau(s_1)) = s_1 < s_2 = l(\tau(s_2))$$

であり，$l(t)$ は狭義単調増加だから $\tau(s_1) < \tau(s_2)$ でなければならない．もし $\tau(s)$ がある点 s_0 で連続でないとして矛盾を導く．s_0 で連続でないとすると，$s_n \to s_0$ かつ $|\tau(s_n) - \tau(s_0)| \ge \delta > 0$ なる点列 $s_n \in [0,l]$ と正数 δ が存在する．$t_n = \tau(s_n)$, $t_0 = \tau(s_0)$ とすると，$l(t_n) = s_n \to s_0 = l(t_0)$ である．ところで $t_n \in [0,1]$ であるから，ある部分列 $t_{n(i)}$ とある点 $t \in [0,1]$ で $t_{n(i)} \to t$ となるものが存在する．$l(\cdot)$ の連続性から，$l(t_{n(i)}) \to l(t)$ である．したがって，$l(t) = l(t_0)$ であるが，狭義単調増加性から，$t = t_0$ でなければならない．これは $|t_n - t_0| \ge \delta$ に矛盾する．

[問題 16.5] $\{x(u) : u \in [s, t-1/n]\}$ は閉集合であるから $\mathfrak{M}_{\mathcal{H}^1}$ に属する．ゆえに

$$\{x(u) : u \in [s,t)\} = \bigcup_{n=1}^{\infty} \{x(u) : u \in [s, t-1/n]\} \in \mathfrak{M}_{\mathcal{H}^1}.$$

[問題 16.6]　Q を一辺の長さ 1 の基本正方形とする．$\delta > 0$ に対して，$\delta > 1/N$ なる自然数 N を考え，一辺の長さ $1/N$ の基本正方形により，Q を N^2 等分する．その小正方形を $Q_j(j=1,\cdots,N^2)$ とおく．このとき，

$$\mathcal{H}_\delta^s(Q) \leq \sum_{j=1}^{N^2} d(Q_j)^s = N^2 \left(\frac{\sqrt{2}}{N}\right)^s = \left(\sqrt{2}\right)^s N^{2-s} \to 0 \quad (N \to \infty).$$

[問題 16.7]　(i)　$U \subset \mathbb{R}^2$ に対して $d(T(U)) = cd(U)$ である．また

$$d(x,y) = d(TT^{-1}(x), TT^{-1}(y)) = cd(T^{-1}(x), T^{-1}(y))$$

である．ゆえに $d(T^{-1}(U)) = c^{-1}d(U)$．これらのことと命題 16.17 の証明方法を用いて (i) が示せる．

(ii)　任意の $B \subset \mathbb{R}^2$ に対して，

$$B \cap T(A) = T(T^{-1}(B) \cap A), \ B \cap T(A)^c = T(T^{-1}(B) \cap A^c)$$

であることがわかる．ここでは 2 番目の等号を示しておく．

$$x \in B \cap T(A)^c \Longleftrightarrow x \in B \ かつ \ x \notin T(A)$$
$$\Longleftrightarrow T^{-1}(x) \in T^{-1}(B) \ かつ \ T^{-1}(x) \notin A$$
$$\Longleftrightarrow T^{-1}(x) \in T^{-1}(B) \cap A^c \Longleftrightarrow x \in T(T^{-1}(B) \cap A^c)$$

ゆえに

$$\mathcal{H}^s(B \cap T(A)) + \mathcal{H}^s(B \cap T(A)^c)$$
$$= \mathcal{H}^s(T(T^{-1}(B) \cap A)) + \mathcal{H}^s(T(T^{-1}(B) \cap A^c))$$
$$= c^s \left\{ \mathcal{H}^s(T^{-1}(B) \cap A) + \mathcal{H}^s(T^{-1}(B) \cap A^c) \right\}$$
$$= c^s \mathcal{H}^s(T^{-1}(B)) = \mathcal{H}^s(B).$$

[問題 17.1]　定理 E.4, 定理 E.5 およびその証明の記号を用いる．$\psi(\overline{U}) \subset \overline{\psi(U)}$ である．なぜなら $y = \psi(x) \in \psi(\overline{U})$ とすると $x_j \in U, x_j \to x$ が存在するので，ψ の連続性から $\psi(U) \ni \psi(x_j) \to y$ となる．したがって $\psi(\overline{U}) \subset \overline{\psi(U)} \subset \overline{U}$ がわかる．このことから $\psi^n(\overline{U}) = \psi(\psi^{n-1}(\overline{U}))$ とすると $\psi^2(\overline{U}) = \psi(\psi(\overline{U})) \subset \psi(\overline{U}) \subset \overline{U}$ が得られる．同様にして $\psi^n(\overline{U}) \subset \overline{U}$．ゆえに定理 E.4 より $K \subset \overline{U}$ である．

340

[問題 17.2] 次の事実を用いる. $[0,1]$ から $\mathbb{R}^2$ への連続写像全体のなす集合を $C[0,1]$ とおく. $f, h \in C[0,1]$ は

$$f(t) = (f_1(t), f_2(t)), \ h(t) = (h_1(t), h_2(t)) \ (t \in [0,1])$$

と表せるが, $a, b \in \mathbb{R}$ に対して

$$(af + bh)(t) = (af_1(t) + bh_1(t), af_2(t) + bh_2(t))$$

と定めると, この演算によって $C[0,1]$ は線形空間になる. また,

$$\|f\|_\infty = \sup_{t \in [0,1]} \sqrt{f_1(t)^2 + f_2(t)^2}$$

は $C[0,1]$ のノルムとなり, さらにこのノルムによって $C[0,1]$ はバナッハ空間になる. (これは $[0,1]$ 上の連続関数の一様極限関数が連続になるという事実と $L^p(E)$ の完備性を証明したときの方法を利用して証明できる.)

さて, g_n を次のようにして $[0,1]$ をパラメータとする連続曲線として表す.

$$g^{i_1 i_2 \cdots i_n} = \psi_{i_1} \psi_{i_2} \cdots \psi_{i_n}(g_0) \quad (i_1, i_2, \cdots, i_n \in \{0,1,2,3\})$$

とする. 次に

$$\varphi_0(t) = \frac{1}{3}t, \quad \varphi_1(t) = \frac{1}{6}t + \frac{1}{3}, \quad \varphi_2(t) = \frac{1}{6}t + \frac{1}{2}, \quad \varphi_3(t) = \frac{1}{3}t + \frac{2}{3}$$

とし, $I = [0,1]$ に対して $I^{i_1 i_2 \cdots i_n} = \varphi_{i_1} \cdots \varphi_{i_n}(I)$ とおく. そして, 線分 $g^{i_1 i_2 \cdots i_n}$ をパラメータの範囲が $I^{i_1 i_2 \cdots i_n}$ となるように $\left\{ \gamma^{i_1 i_2 \cdots i_n}(t) : t \in I^{i_1 i_2 \cdots i_n} \right\}$ と表示し,

$$\gamma_n(t) = \gamma^{i_1 i_2 \cdots i_n}(t) \quad (t \in I^{i_1 i_2 \cdots i_n}, \ i_1, \cdots, i_n \in \{0,1,2,3\})$$

が $g_n = \{\gamma_n(t) : t \in [0,1]\}$ なる連続曲線となるようにつなぎ合わせる. 次のことに注意する. $n \geq 2$ のとき, $i_1, \cdots, i_{n-1} \in \{0,1,2,3\}$ ならば

$$\left\{ \gamma_n(t) : t \in I^{i_1 \cdots i_{n-1} 0} \cup I^{i_1 \cdots i_{n-1} 3} \right\} = \left\{ \gamma_{n-1}(t) : t \in I^{i_1 \cdots i_{n-1} 0} \cup I^{i_1 \cdots i_{n-1} 3} \right\}$$

であり, $t \in I^{i_1 \cdots i_{n-1} 1} \cup I^{i_1 \cdots i_{n-1} 2}(i_1, \cdots, i_{n-1} \in \{0,1,2,3\})$ ならば

$$d(\gamma_n(t), \gamma_{n-1}(t)) \leq \left(\frac{1}{3}\right)^{n-1}.$$

したがって,

$$\|\gamma_n - \gamma_{n+m}\|_\infty = \left\|\sum_{j=1}^m \left(\gamma_{n+j-1} - \gamma_{n+j}\right)\right\|_\infty \le \sum_{j=1}^m \|\gamma_{n+j-1} - \gamma_{n+j}\|_\infty$$

$$\le \sum_{j=1}^m \frac{\sqrt{3}}{2} 3^{-n-j} < \frac{\sqrt{3}}{2} 3^{-n} \sum_{j=1}^\infty 3^{-j} \to 0 \ (n, m \to \infty).$$

したがって $C\,[0,1]$ がバナッハ空間であることより，ある $\gamma \in C\,[0,1]$ が存在し，

$$\lim_{n \to \infty} \|\gamma_n - \gamma\|_\infty = 0$$

となる．$g = \{\gamma(t) : t \in [0,1]\}$ が求めるコッホ曲線である．

最後にコッホ曲線の長さが無限大になっていることを証明する．任意の分割

$$0 = t_0 < t_1 < \cdots < t_N = 1$$

をとる．このとき，γ_n の作り方から

$$\sum_{j=1}^N |\gamma_n(t_j) - \gamma_n(t_{j-1})| \le \sum_{j=1}^N |\gamma_{n+1}(t_j) - \gamma_{n+1}(t_{j-1})| \le \cdots$$

$$\to \sum_{j=1}^N |\gamma(t_j) - \gamma(t_{j-1})|$$

となる．したがって，

$$l(g) \ge l(g_n) \ge \left(\frac{4}{3}\right)^n \to \infty \ (n \to \infty).$$

[問題 17.3]　(1)　仮定 (i) より $U_{i_1 \cdots i_k i_{k+1}} \subset U_{i_1 \cdots i_k}$ であるから

$$A \cap \overline{U_{i_1 \cdots i_k i_{k+1}}} \ne \varnothing \Longrightarrow A \cap \overline{U_{i_1 \cdots i_k}} \ne \varnothing.$$

したがって，

$$(i_1, \cdots, i_k, i_{k+1}) \in I_{k+1}(A) \Longrightarrow (i_1, \cdots, i_k) \in I_k(A).$$

ゆえに $\lambda_{k+1}(A) \le \lambda_k(A)$．したがって (1) が証明された．(2) は $I_k(A) \subset I_k(B)$ より明らか．(3) は

$$(i_1, \cdots, i_k) \in I_k(A_1 \cup A_2)$$

$$\Longrightarrow (i_1, \cdots, i_k) \in I_k(A_1) \text{ または } (i_1, \cdots, i_k) \in I_k(A_2)$$

であることに注意すれば

$$\lambda_k(A_1 \cup A_2) \leq \lambda_k(A_1) + \lambda_k(A_2)$$

がわかり,

$$\mu_k(A_1 \cup A_2) \leq \mu_k(A_1) + \mu_k(A_2)$$

を得る. これより (3) が $n = 2$ の場合に証明された. $n = 2$ の場合を利用して

$$\mu_k(A_1 \cup A_2 \cup A_3) \leq \mu_k(A_1 \cup A_2) + \mu_k(A_3)$$

$$\leq \mu_k(A_1) + \mu_k(A_2) + \mu_k(A_3)$$

と $n = 3$ の場合が示せる. 一般の n に対しても帰納的に証明すればよい.

最後に (4) を証明する. $K \subset \overline{U}$ より

$$K_{i_1 \cdots i_k} \subset \psi_{i_k} \left(\cdots \psi_{i_2} \left(\psi_{i_1} \left(\overline{U} \right) \right) \cdots \right).$$

$\psi(x) = \psi_{i_k} \left(\cdots \psi_{i_2} \left(\psi_{i_1} (x) \right) \cdots \right)$ とおくと, ψ は連続写像であるから, $\psi(\overline{U}) \subset \overline{\psi(U)}$ である. 実際, $x \in \psi(\overline{U})$ とすると, ある $y \in \overline{U}$ によって $x = \psi(y)$ と表される. さらにある $y_j \in U (j = 1, 2, \cdots)$ で, $y_j \to y$ なるものをとれるので, $\psi(U) \ni \psi(y_j) \to \psi(y)(j \to \infty)$ である. ゆえに $x = \psi(y) \in \overline{\psi(U)}$ である. したがって

$$K_{i_1 \cdots i_k} \subset \overline{\psi(U)} = \overline{U_{i_1 \cdots i_k}}.$$

ここで補題 17.7 から, すべての $i_1, \cdots, i_k \in \{1, \cdots, m\}$ に対して $K \cap \overline{U_{i_1 \cdots i_k}} \neq \varnothing$ がわかる. したがって $\mu_k(K) = 1$. ∎

[問題 18.3]　$A_n \in \mathcal{F}_0 \ (n = 1, 2, \cdots)$ が, $A_j \cap A_k = \varnothing \ (j \neq k)$ かつ $\bigcup_{n=1}^{\infty} A_n \in \mathcal{F}_0$ をみたしているとする. $A = \bigcup_{n=1}^{\infty} A_n$ とし, $B_n = A \setminus \bigcup_{k=1}^{n} A_k$ とすると, 仮定より $\lim_{n \to \infty} \mu_0(B_n) = 0$ である. $\mu_0(B_n) = \mu_0(A) - \sum_{k=1}^{n} \mu_0(A_k)$ より (18.7) が得られる.

[問題 18.4]　$x_n \in F_n$ とする. $\{x_n\}_{n=1}^{\infty}$ は有界数列であるから, 収束部分列 $\{x_{n_k}\}_{k=1}^{\infty}$ が存在する. $x = \lim_{k \to \infty} x_{n_k}$ とおく. 任意に n をとる. このとき $n < n_k$ をみたす k が存在する. $k \leq l$ ならば $x_{n_l} \in F_{n_l} \subset F_{n_k} \subset F_n$ で, F_n は閉集合であるから, $x \in F_n$ である. ゆえに $x \in \bigcap_{n=1}^{\infty} F_n$.

参考文献

　第1章および第2章のルベーグ積分の導入に関する部分は新井［1］によっています．また本書全般について話の進め方はほぼ［1］によります．

　第2章の後半から第13章までは，ルベーグ積分に関する古典的な議論の進め方をしています．この部分を書くにあたっては，Edger［8］，Folland［12］，伊藤［16］，竹之内［27］，辻［28］をしばしば参考にしました．ただしボレルの定理8.19はHawkins［14］で知ったものです．第14.3節は主にザーガン［21］を参考にしました．ザーガン［21］には空間充填曲線のさまざまな例が紹介されています．第15章のベシコヴィッチ集合の構成は，Stein［24］ならびにファルコナー［10］に依っています．掛谷問題の歴史，ベシコヴィッチ集合と実解析との関連について，より詳しく知りたい方は新井［3］を参照してください．第16章，第17章はFalconer［10］，［11］，マンデルブロ［18］を参考にしました．ただし天下り的な定義は避け，なるべくハウスドルフ測度の定義の意味を理解できるよう工夫して説明したつもりです．なお命題16.10の証明はDiBenedetto［7］に依ります．また定理17.6の証明は山口他［30］の議論にもとづいています．定理17.9のより一般的な場合の証明は［30］，Falconer［10］を参照してください．

　付録A–Dは標準的な議論なのですが，特に付録Cは赤［22］を参考にしました．

　本書の初版出版後にもルベーグ積分に関する書籍が国内外で数多く刊行されました．ここでは特にスタイン他［S1］，［S2］を挙げておきます．［S1］，［S2］ではルベーグ積分に関する解析学のさまざまな話題を学べます．

　今回の改訂では第18.6節で，確率論との関連を取り上げましたが，確率論のより詳しい事柄については［I］，［W］を参照すると良いでしょう．また，［K］は測度論的確率論の創始者によるもので，初学者にもわかりやすい入門書になっています．本書の確率論に関する部分を執筆する際にも［I］，［W］，

［K］は参考にしました.

[1] 新井仁之, 測度, 数学のたのしみ 11 号 (1999), pp.83–99, (『現代数学の土壌』, 日本評論社 2000, pp.18–40 に再録).

[2] 新井仁之, 新・フーリエ解析と関数解析学, 培風館, 2010.

[3] 新井仁之, 実解析, 掛谷問題とコロナ問題——日本発の二つの問題, 数理科学 38 巻 12 号 (2000), 56–65.

[4] 新井仁之, 掛谷問題のはじまり 掛谷宗一の直筆ノートより, 数学セミナー 2002 年 8 月号, 12–15.

[5] 新井仁之, フーリエ解析学, 朝倉書店, 2003.

[6] J. Bourgain, Besicovitch type maximal operators and appplications to Fourier analysis, Geometric and Functional Analysis, 1 (1991), 147–187.

[7] E. DiBenedetto, Real Analysis, Birkhäuser, 2002.

[8] G. A. Edger, Measure, Topolpgy, and Fractal Geometry, Springer-Verlag, 1990.

[9] L. C. Evans and R. F. Gariepy, Measure Theory and Fine Properties of Functions, CRC Press, 1992.

[10] K.J. ファルコナー (畑政義訳), フラクタル集合の幾何学, 近代科学社, 1989.

[11] K. Falconer, Fractal Geometry, Mathematical Foundations and Applications, John Wiley & Sons, 1990.

[12] G. B. Folland, Real Analysis, Modern Techniques and Their Applications, John Wiley & Sons, 1984.

[13] E. ハイラー / G. ワナー (蟹江幸博訳), 解析教程 下, シュプリンガー・フェアラーク東京, 1997.

[14] T. Hawkins, The origin of modern theories of integration, in "From the Calculus to Set Theory 1630–1910, An Introductory History" (I. Grattan-Guinness ed.), pp. 149–180, Princeton Univ. Press, 1980.

[15] J. E. Hutchinson, Fractals and self-similarity, Indiana Univ. Math. J., 30 (1980), 713–747.

[16] 伊藤清三, ルベーグ積分入門, 裳華房, 1963.

[17] アンリ・ルベーグ（吉田耕作，松原稔訳），積分・長さおよび面積，共立出版，1969（原著 1902）.

[18] ベンワー・マンデルブロ（広中平祐監訳），フラクタル幾何学，日経サイエンス社，1985.

[19] 松坂和夫，集合・位相入門，岩波書店，1968.

[20] P. A. P. Moran, Additive functions of intervals and Hausdorff measure, Proc. Cambridge Phil. Soc., 42（1948），15–23.

[21] H. ザーガン（鎌田清一郎訳），空間充填曲線とフラクタル，シュプリンガー・フェアラーク東京，1998（原著 1994）.

[22] 赤攝也，実数論講義，SEG 出版，1996.

[23] 志賀浩二，ルベーグ積分 30 講，朝倉書店，1990.

[24] E. M. Stein, Harmonic Analysis, Princeton Univ. Press, 1992.

[25] 杉浦光夫，解析入門 I，東京大学出版会，1980.

[26] 杉浦光夫，解析入門 II，東京大学出版会，1985,

[27] 竹之内脩，ルベーグ積分，培風館，1980.

[28] 辻正次，実函数論，槇書店，1962.

[29] 鶴見茂，測度と積分. 理工学社，1965.

[30] 山口昌哉，畑政義，木上淳，フラクタルの数理，岩波講座，応用数学，1993.

[31] 吉田耕作，測度と積分，岩波講座基礎数学，岩波書店，1976.

[32] T. Wolff, Recent work connected with the Kakeya problem, in "Prospects in Mathematics" pp. 129–162, Amer. Math. Soc. 1999.

【本書の初版（2003 年）出版後に出版された関連文献】

[A] 新井仁之，これからの微分積分，日本評論社，2019.

[S1] E.M. Stein and R. Shakarchi, Real Analysis, Measure Theory, Integration & Hilbert Spaces, Princeton Univ. Press. 2005（新井仁之・杉本充・髙木啓行・千原浩之訳：実解析，測度論，積分およびヒルベルト空間，日本評論社，2017）.

[S2] E.M. Stein and R. Shakarchi, Functional Analysis, Introduction to Further Topics in Analysis, Princeton Univ. Press, 2011.

【確率論に関する参考文献】

[I] 伊藤清, 確率論, 岩波数学基礎選書, 岩波書店, 1991.

[K] A. N. コルモゴロフ (坂本實訳), 確率論の基礎概念, ちくま学芸文庫, 2010 (ただし原著は 1998, 原著初版 1933).

[W] 渡辺信三, 確率微分方程式, ちくま学芸文庫, 2018.

索　引

●欧文

a.e.　124

C^1 微分同相写像　182

δ-被覆　227

d 次元開球　88

d 次元掛谷集合　267

d 次元基本直方体　85

d 次元基本立方体　85

d 次元実数空間　84

d 次元ベシコヴィッチ集合　267

d 次元ルベーグ外測度　85

d 次元ルベーグ可測集合　87

d 次元ルベーグ測度　88

d 次元ルベーグ測度零集合　91

ε の世界　20

F_σ 集合　67, 90

$\mathcal{F}$-可測　273

$\mathcal{F}$-可測単関数　273

G_δ 集合　67, 90

L^p 空間　142

σ-加法性　40

σ-集合体　269

s 次元ハウスドルフ外測度　238

s 次元ハウスドルフ測度　241, 243, 245

s-集合　247

●ア 行

アフィン変換　166

1 次元カントル集合　200

1 次元実数空間　7

1 次元ハウスドルフ測度　230

1 次元ハウスドルフ外測度　228

1 対 1 対応　311

一辺が l の基本正方形　9

ウィーナー測度　288

上に有界　22, 297

上への写像　311

裏返し　71

●カ 行

開球　301

開集合　52, 88, 301

開集合条件　255

概収束　131

回転　71

下界　297

確率空間　287

掛谷集合　211

掛谷問題　210

掛谷予想　267

可算集合　311

可算無限集合　311

数え上げ測度　271

可測関数　96

可測空間　270

可測単関数　103

合併　9

カラテオドリの意味で可測　77

完全加法性　40, 63

348

カントルの悪魔の階段　　206

基本正方形　　9

基本長方形　　8

基本閉正方形　　25

基本閉長方形　　25

逆フーリエ変換　　212

共役指数　　143

共通部分　　9

距離　　24

距離（集合間の）　　41

空間図形　　7

広義の基本長方形　　36

広義の実数　　22

合成積　　169

コッホ曲線　　259

コンパクト台　　172

●サ 行

3 次元実数空間　　7

シェルピンスキー・ガスケット　　260

自己相似集合　　255

下に有界　　22, 297

実数値関数　　96

実数の完備性　　299

集積点　　204

収束　　24, 87

収束する　　300

縮小写像　　317

縮小写像の原理　　152, 316

シュバルツの不等式　　143

上界　　297

上限　　298

ジョルダン外容量　　13

ジョルダン可測　　14

ジョルダン弧　　232

ジョルダン内容量　　12

ジョルダンの意味で面積が測定可能　　14

ジョルダンの意味の面積　　14

図形　　7

零集合　　30, 91

全射　　311

全単射　　311

測度　　270

測度空間　　270

●タ 行

第 n 世代の 2 進正方形　　54

ダニエル積分　　291

単射　　311

単調収束定理　　112, 132

等測核　　68, 90

等測包　　68, 90

特性関数　　97

●ナ 行

内部　　33

長さ　　224

長さをもつ　　224

2 次元実数空間　　7

2 次元ハルナック集合　　16

2 進正方形　　54

2 進正方形網　　54

2 進分解　　54

ノルム　　150

ノルム空間　　150

●ハ 行

ハウスドルフ距離　　314

ハウスドルフ次元　　248

バナッハ空間　150
非可算集合　311
非負値可測単関数　103
非負値可測単関数の正規表現　106
非負値関数　96
微分可能　207
ファトゥーの補題　134
フーリエ変換　212
複素数値関数　96
フビニの定理　156, 160, 163
不変集合　318
ブラウン運動　288
分布等式　164
閉球　301
平行移動　71
閉集合　24, 87
閉包　33, 314
ペイリー・ウィーナー・ジグムントの定理　290
ベシコヴィッチ集合　211
ベシコヴィッチ・モンスター　219
ベシコヴィッチ・モンスター族　219
平面図形　7
ヘルダーの不等式　143
ヘルダーの不等式の逆　149
ベルンシュタインの定理　313
補集合　53
ほとんどすべての点で成り立つ　124
ボルツァノ・ワイエルシュトラスの定理　301
ボレル可測　271
ボレル測度　271

●マ 行

交わり　9

ミンコフスキーの積分不等式　165
ミンコフスキーの不等式　144
無限の世界　21
面積 0 の図形　30

●ヤ 行

有界　22
有界な図形　10
有界閉集合　25, 87, 300
有限加法的測度　279

●ラ 行

リーマン積分可能　48
ルベーグ外測度　24
ルベーグ可測関数　95
ルベーグ可測集合　30, 60
ルベーグ積分可能　118
ルベーグ測度　30, 60
ルベーグ内測度　28
ルベーグの意味で面積測定可能な集合　30
ルベーグの収束定理　133
劣加法性　40
連続曲線　207
連続曲線の軌跡　207

●ワ 行

和　9

新井 仁之 （あらい・ひとし）

略歴

1959年 横浜に生まれる.

1984年 早稲田大学大学院理工学研究科修士課程修了.

現在 早稲田大学教育・総合科学学術院教授, 東京大学名誉教授.
理学博士.

主な著書

新・フーリエ解析と関数解析学（培風館）

線形代数——基礎と応用（日本評論社）

これからの微分積分（日本評論社）

フーリエ解析とウェーブレット（朝倉書店）

ほか.

ルベーグ積分講義 [改訂版]
せきぶんこうぎ　かいていばん
——ルベーグ積分と面積0の不思議な図形たち
せきぶん　めんせき　　　ふしぎ　ずけい

2003年1月30日　第1版第1刷発行
2023年5月25日　改訂版第1刷発行

著　者　　　　　　　　　　　　新　井　仁　之
発行所　　　　　　　株式会社　日　本　評　論　社
〒170-8474 東京都豊島区南大塚3-12-4
電話　(03) 3987-8621 [販売]
(03) 3987-8599 [編集]
印　刷　　　　　　　　　　　　　三美印刷
製　本　　　　　　　　　　　　　松岳社
装　幀　　　　　　　　　　　　　妹尾浩也